建筑工程施工监理人员岗位丛书

建筑地基与基础工程监理

谭跃虎　主编

中国建筑工业出版社

图书在版编目(CIP)数据

建筑地基与基础工程监理/谭跃虎主编.—北京:中国建筑工业出版社,2003

(建筑工程施工监理人员岗位丛书)

ISBN 7-112-05709-4

Ⅰ.建… Ⅱ.谭… Ⅲ.地基—基础(工程)—建筑工程—监督管理—技术培训—自学参考资料 Ⅳ.TU47

中国版本图书馆CIP数据核字(2003)第027769号

建筑工程施工监理人员岗位丛书

建筑地基与基础工程监理

谭跃虎 主编

*

中国建筑工业出版社出版、发行(北京西郊百万庄)

新 华 书 店 经 销

北京建筑工业印刷厂印刷

*

开本:787×1092毫米 1/16 印张:14¾ 字数:357千字

2003年6月第一版 2004年3月第二次印刷

印数:5,001—8,000册 定价:**24.00**元

ISBN 7-112-05709-4

F·449(11348)

本社网址:http://www.china-abp.com.cn

网上书店:http://www.china-building.com.cn

丛 书 前 言

工程建设监理在中国已实行了十五年的时间，在全体监理工作者的探索下，基本形成了一套监理工作的理论和方法，对我国的工程建设起到了巨大的推动作用，有效地提高了工程项目的投资建设效益，尤其保证了工程质量。

在国家颁布《建设工程质量管理条例》之后，建设领域关于质量管理的改革进一步深化，建设部围绕工程质量问题发布了一系列的管理规定或规范，如见证取样和送检的规定、验收备案制度、《建设工程监理规范》、旁站监理规定，施工质量验收规范的集中修订并在2003年全部实施等。这些规定与规范均强化了监理工作，对监理工作提出了新的要求。作为监理人员必须努力学习新规范、新标准和新制度，适应新形势对监理工作的要求。

质量是监理人员永恒的主题，而监理人员如何依据最新的标准在施工现场进行检查、巡视、旁站、检测、验收等质量控制工作，落实《建设工程监理规范》与其他施工质量验收规范的要求，进一步提高质量控制的效果，是摆在所有监理人员面前的重要课题。本套丛书力求向从事建筑工程质量监理的人员揭示其中的一些方法。

为此我们在中国建筑工业出版社的支持下组织了解放军理工大学、同济大学监理公司、江苏建科监理公司、上海上咨监理公司等相关单位的一些具有较高理论水平和丰富监理工作经验的人员，依据近年所发布的施工验收规范、材料标准、监理规范和资料管理规范等，编写了这套适用于建筑工程监理人员现场工作的工具书，并可兼作监理人员上岗培训教材。

监理人员从事现场的质量控制工作主要有：第一、对原材料进行检查验收；第二、监理人员了解施工工艺并针对性地采取相应的监理措施；第三、通过巡视与旁站来控制工程的质量；第四、监理人员要在现场进行一些见证取样试验或平行检测；第五、监理人员要依据施工质量验收标准对各分项工程进行验收。本套丛书中有五本就是以上述五个方面的监理工作为主线论述了地基基础、主体结构、防水、装饰装修、强电弱电和空调、给排水等所有建筑工程主要分部工程监理工作的要点。

在本套丛书中的《建筑工程监理基础知识》简要介绍了监理和监理工作的法律、法规，质量、进度与造价控制的基本方法，合同管理的基本知识及监理资料管理的要求。本套丛书还列举了若干个建筑工程监理的案例。

本丛书的书名分别是：

《建筑工程监理基础知识》

《建筑地基与基础工程监理》

《主体结构与防水工程监理》

《建筑装饰装修工程监理》

《建筑水暖与通风空调工程监理》

《建筑电气与电梯工程监理》

《建筑材料质量控制监理》

《建筑工程监理案例》

这套丛书的编制是一个新的尝试,作者试图从现场监理工作的角度论述监理工作的要点,希望对从事建筑工程监理工作的人员有所启发和帮助。由于时间有限,更由于作者的水平所限,对监理工作理解难免有所偏差,请广大读者多多批评指正。

丛书主编:杨效中

2003年3月

前　言

在建筑结构的建造过程中，直接由于地基与基础工程质量问题而使得建筑物的墙体和楼盖开裂，影响使用和耐久，有碍观瞻并使人有不安全感，甚至建（构）筑物倒塌的事例屡见不鲜。在建筑结构的设计与施工过程中，人们普遍认为最难驾驭的，并不是上部结构，而是该工程的地基与基础问题。建筑物的上部结构尽管千变万化、复杂万分，但是在电子计算机得到普遍应用的今天，他们基本上都是在设计和施工中可以被预知和掌握的，而对于建筑物所在场地的地下土层分布则不然，通过实验手段只能知道其少数信息，往往要凭经验加以处理。这就会产生误差，甚至错误，造成建筑物的质量问题。而且，地基与基础都是地下隐蔽工程，工程竣工后难以检查，使用期间出现事故的苗头也不易察觉。一旦发生事故，难以补救，甚至造成灾难性后果。因此在地基与基础工程监理工作中，质量控制至关重要。

为了满足广大监理工作者的实际需要，我们根据国家新颁布的地基与基础工程施工规范内容，按照预控、巡视、旁站、验收监理程序，编写了这本旨在服务于监理员、监理工程师的《建筑地基与基础工程监理》，内容反映了我国地基与基础工程技术的当前先进水平，注意了指导性与实践性的结合。

本书由杨效中具体策划指导，第二、三、四章由黄翀编写，第五、六、七、八章由张凡编写，谭跃虎负责统稿，蒋美蓉、徐迎参与了部分编写工作。

在编写过程中，参考和引用了许多专家学者的一些著作、资料，在此深表谢忱。

由于编者水平所限，书中难免有不妥之处，恳望读者批评指正。

编者

2003年3月

目　录

第一章 概 述

第一节 地基与基础工程监理的基本概念

一、工程建设监理的一般概念

工程建设监理是建设领域为适应中国经济体制深化改革,为发展社会主义市场经济的需要而兴起的,是对工程建设各环节的行为进行监理的一种新体制。工程建设监理制是国家将工程建设监理作为工程建设领域的一项制度,并通过法规加以规定,作为共同遵守的权益关系和行动准则。自1988年7月建设部发出要求开展工程建设监理试点工作的通知以来,已有14年的时间,工程建设监理有了比较迅速的发展。

工程建设监理是指监理单位受业主(项目法人)的委托,依据国家批准的工程项目建设文件、有关工程建设的法律、法规、技术标准和工程建设监理合同及其他有关合同,综合运用法律、经济、行政和技术手段,对工程建设参与者的行为和他们的责权利,进行必要的协调、监督和管理,以保障工程井然有序,顺畅地进行,取得最大的投资效益。通过专业的监理单位以优秀的技能和丰富的经验为基础,由派驻工程现场实施监理业务的监理机构,通过监理工程师行使工程建设监理合同中业主(委托方)赋予的职权,提供工程建设监理的技术服务以保证该工程项目各环节能够按合同规定在预定的投资、进度和质量目标内实现。

工程建设监理单位以专业化、社会化的型式接受业主的委托,按照国家规定的监理酬金标准收取监理费、根据合同和有关法律、法规代表业主对承建工程的某个环节(方面)或整个项目在实施过程中的行为进行监督管理;在组织关系上,建设监理单位(监理机构)是处于独立的地位,不受业主的支配,只是按合同和有关法律、法规行事;在处理业主与第三方之间的权益利害矛盾问题上,监理单位(监理机构)要不偏不倚地站在公正立场上维护双方的正当利益;在工作上,建设监理单位不仅要忠于职守,认真进行监理,同时要尽可能协助承建商解决有关问题。

二、地基与基础工程监理的基本概念

地基与基础工程监理是工程建设监理中的重要部分。地基与基础工程监理是指对解决和处理某个具体工程建设项目中涉及地基的调查、研究、利用、整治或改造以及基础施工的各个环节(方面)参与者的行为和他们的责权利,依据有关的法律、法规和技术标准,综合运用法律、经济和技术手段,按照业主委托的合同,进行必要的协调约束,保证地基与基础工程施工的各环节(方面)行为有条不紊地快速进行,以取得工程的高质量和投资的高效益以及良好的环境效益及社会效益。

第二节　工程建设监理和地基与基础工程监理的业务范围

一、工程建设监理的业务范围(参见本丛书中的《建筑工程、监理基础知识》附录四)

1. 大、中型工程项目;
2. 市政、公用工程项目;
3. 政府投资兴建和开发建设的办公楼、社会发展事业项目和住宅工程项目;
4. 外资、中外合资、国外贷款、赠款、捐款建设的工程项目。

二、地基与基础工程监理的业务范围

地基与基础工程监理的业务范围如表 1-1 所示。

地基与基础工程监理的业务范围　　**表 1-1**

<table>
<tr><td rowspan="7">地基与基础工程</td><td rowspan="2">地 基 工 程</td><td>天 然 地 基</td></tr>
<tr><td>地　基</td></tr>
<tr><td rowspan="5">基 础 工 程</td><td>桩 基 础</td></tr>
<tr><td>土 方 工 程</td></tr>
<tr><td>基 坑 支 护</td></tr>
<tr><td>特 殊 基 础</td></tr>
<tr><td>降　水</td></tr>
</table>

第三节　地基与基础工程质量特点分析

以地面为界,工程通常可以分为地面以下部分与地面以上部分,地基与基础工程监理工程师研究和解决问题的主要对象是地面以下部分,同时也为地面以上部分服务,最终目的是为保证整个工程的正确性、可靠性和经济性。地基与基础工程监理工作主要有以下四个特点:

1. 复杂性　由于岩土,特别是土体是非均质的,特殊性岩土需要专门的工程勘察、设计和施工方法,工程类型繁多,遇到的工程问题可以有多种多样,这就要求承担监理任务的监理工程师要有坚实的理论基础,丰富的实践经验和灵活有效的处理问题的能力,也就是要求高智能型的人才承担地基与基础工程的监理工作,特别是复杂的地基与基础工程条件的工程更需要如此。

2. 风险性　由于岩土的非均质性,特别是在复杂条件下场地条件的多变性,有时会严重影响地基与基础工程评价和监控的精度,给地基与基础工程监理带来风险性,这就要求监理工程师要采用适当的先进技术进行监控,对复杂重大的地基与基础工程项目(或某个方面)应有科学的周密的验证。

3. 时效性　由于地基与基础工程的隐蔽性,在其各环节参与者行为进行的过程中,如不及时监控检测,过后一般就难以补救,监理的时效性特别强,这就要求监理工程师对关键部位进行旁站监理,要坚持跟踪控制,防止遗漏任何关键的监控数据。

4. 综合性　由于地基与基础工程监理是服务并指导于工程建设的全过程,地基与基础工程监理的对象可以是单方面的,也可以是多方面的,涉及的专业往往是多种多样的,诸如地基与基础工程(与结构)、工程施工、工程技术经济、工程原位测试以及工程测量、水文地质、环境工程地质等,因此在组建地基与基础工程监理机构时,须根据任务的规模和复杂程度配备具有所需专业特长的监理工程师和其他监理人员。

第四节　地基与基础工程施工质量监理的主要工作方法

质量控制工作的主要工作方法是:

1. 严格的检查、监督

检查监督的方式有:1)通过会议或交谈直接进行;2)察看分析原始记录、会计报表、统计数据等书面材料;3)深入现场具体了解实际情况,即巡视;4)旁站或跟踪监理,就是在现场对工程的重要环节或关键部位,实施全过程的察看监督。

2. 引导或纠正

引导纠偏措施有两种:一种是负反馈控制,即当实际情况偏离计划值超过允许限度时,需要采取纠正措施;另一种是正反馈控制,即当实际情况在计划值以内并超出预期的程度时,应根据整体利益决定给予鼓励或是采取适当措施作必要的调整;

3. 全面的组织协调,就是解决有关各方的矛盾,以保证系统的正常运转。

第五节　地基与基础工程质量监理对监理员的要求

1. 业务精通

地基与基础工程施工监理员应既懂技术,又懂管理。

(1) 技术。主要是指工程结构、岩土工程、特别是地基与基础工程施工等工程技术。

(2) 管理。主要是指项目管理。地基与基础工程施工监理员要掌握一定的管理和监测手段。

另外,作为一个地基与基础工程施工监理员,还必须有丰富的地基与基础工程施工实践经验和较强的工作能力。

2. 及时监控

地基与基础工程具有隐蔽性,地基与基础工程监理还具有时效性,不及时进行监控,往往就难以补救,这就要求监理员在现场不断进行跟踪监督、监测,及时按要求进行记录,以免错过时机。

3. 严字当头

地基与基础工程监理工作的优劣往往会影响上部结构工程,甚至决定整个工程的效果。因此在监理过程中监理员必须坚持按法律、法规、技术标准和合同办事,对工程要严密控制,严格要求,原则问题要一丝不苟,绝不含糊;在工作中要严守岗位,认真细致,不遗留任何一点隐患;对有损于地基与基础工程效果的行为,要坚决予以制止和纠正。

4. 全局观点

要明确地基与基础工程监理单位(机构)与业主(项目法人)之间是委托与被委托的合同关系;与被监理单位是监理与被监理的关系。同时,在开展地基与基础工程监理工作中,要坚持“公正、独立、自主”的原则。对有关各方的业务和利益矛盾，要坚持公正立场，不偏向任何一方，积极进行协调，秉公处理，努力维护各方的正当权益，密切各方的相互关系；在处理微观经济效益与宏观社会经济效益时，要二者并重；要坚持经济效益、社会效益和环境效益三者有机的统一。如遇到自己职权范围内难以解决的问题，应向总监理工程师及时汇报，由总监决定解决处理的方法。

5. 热情服务

对业主要积极地及时地主动提出合理化建议，以改进地基与基础工程的实施方案和管理；对施工单位的困难要积极热情地进行帮助，建议或支持施工单位改进地基与基础工程实施的方案。

6. 以理服人

对有关方面不符合要求的缺陷，首先要耐心说服有关行为者进行改正，尽可能使对方在认识上能够达成一致；当需要采取权力强制措施时，也应尽可能结合说服的办法。

第二章　地　　基

第一节　灰　土　地　基

当建筑物基础下的持力层为软弱土层，且不能满足上部结构对地基的强度和变形要求时，常采用换(填)土垫层来处理地基，即先挖去地基下处理范围内的软弱土层，然后分层换(填)强度较高的材料，灰土地基即换填灰土(石灰加黏性土)。换填土处理属浅层处理，处理深度一般不应超过地表下5.0m。

灰土地基的垫层是用石灰与黏性土拌合均匀，灰土的土料，可采用地基槽挖出的土。凡有机质含量不大的黏性土都可用作灰土的土料。表面的耕土不宜采用。土料应过筛，粒径不宜大于15mm。用作灰土的熟石灰应过筛，粒径不宜大于5mm，并不得夹有未熟化的生石灰和含有过多的水分。

一、灰土地基的施工工艺过程

先挖去地基下处理范围内的软弱土层，然后分层换(填)灰土(石灰加黏性土)，再采用振动碾或振动压实机等进行压实。

二、灰土地基的监理巡视检查

(一) 预控

1. 开挖基坑时，预留30cm由人工清理，监理员应严格履行验槽手续。

2. 监理员要严把进料关，定期对填料进行抽样检验，体积配合比宜为2:8或3:7。土料宜用黏性土及塑性指数大于4的粉土，不得含有松软杂质，并应过筛，其颗粒不得大于15mm。灰土宜用新鲜的消石灰，其颗粒不得大于5mm。

3. 监理员需督促施工单位采取防雨、防冻及排水措施，并禁止在垫层邻近地方实施挖掘。

4. 垫层底部有古井、古墓、洞穴、旧基础、暗塘等软硬不均的部位时，监理员应要求施工方先予清理，并经检查合格后，方可用灰土逐层回填夯实。

(二) 过程质量

1. 监理员要注意灰土料的施工含水量应控制在最优含水量±2%的范围内，最优含水量可以通过击实实验确定，也可按当地经验取用。

2. 垫层铺筑厚度、夯打遍数等按设计要求的干密度通过现场试验确定。监理员要注意检查在垫层分段施工时，不得在桩基、墙角及承重窗间墙下接缝，上下两层的缝距不得小于0.5m，接缝处应夯压密实，灰土应拌和均匀并应当铺填压实，灰土压实后3天内不得受水浸泡，冬季应防冻。

3. 监理员要检查分层的铺筑厚度、压实遍数等施工参数是否符合现场压实试验确定的结果。

4. 监理员对垫层搭接部位要严格控制,增加质量抽检次数。

5. 监理员在巡视检查时应注意:每一铺填层都应在同一标高上,表面平整度允许偏差为15mm,如深度不同或垫层有搭接的地方,应着重检查搭接部位的处理是否满足设计或密实度的要求。

6. 每一层铺筑完毕后,监理员应进行质量检验并认真填写分层检测记录,当某一填层不合乎质量要求时,监理工程师应责令承建商(施工单位)立即采取补救措施。各垫层分层质量检验方法及检测数量可参见表2-1。

7. 监理员通过观察和尺寸检查对基坑开挖的边界线进行验收;当基坑开挖涉及到边坡或邻近建筑物的稳定时,监理员应评价是否符合有关规定或检查是否采取了相应的围护措施。

8. 基坑开挖完毕后,监理员要组织施工方、设计方、勘察方及其他有关人员共同进行基底验槽,检查基底标高、基底土质是否符合设计要求,检查基底土层是否遭受过部分扰动或有无浮土存在,当确认基底的处理已满足设计要求和施工规范规定时,方可签字同意下道工序施工。

垫层的每层铺设厚度及压实遍数 **表2-1**

压实机具	每层虚铺厚度(mm)	每层压实遍数	土质环境
平碾 (8~12t)	200~300	6~8	软弱土,素填土
羊足碾 (5~16t)	200~350	8~16	软弱土
振动碾 (8~15t)	600~1500	6~8	砂土、湿陷性黄土,碎石土等
振动压实机	1200~1500	10	
插入式振动器	200~500		
平板式振动器	150~250		
重锤夯(1000kg 落距 3~4m)	1200~1500	7~12	非饱和黏性土,湿陷性黄土,砂土
蛙式夯(200kg)	250	3~4	狭窄场地
人工夯(50~60kg 落距 50cm)	180~220	4~5	

(三) 常见的问题

灰土地基施工中的常见质量问题及产生的原因见表2-2。

常见的问题 **表2-2**

常见质量事故	产生原因
基坑基底不符合质量要求	机械开挖时超挖,局部软弱土未予处理
填料不合乎质量要求	灰土土料、配合比不符合设计要求,灰土搅拌不均匀
分层铺设密度不均匀	施工方法不得当及质量检测没跟上
已完成的垫层遭到破坏	垫层遭受水浸、雨淋、冻胀、在垫层邻近地方实施挖掘

(四) 灰土地基质量控制的关键点

施工过程中监理员应着重注意的几点:(1)分层铺设的厚度;(2)分段施工时上下两层的

搭接长度;(3)夯实时加水量;(4)夯实遍数。

三、灰土地基的见证试验

垫层的质量检验应随施工分层进行,检验方法主要有环刀取样法和贯入测定法两种。

(一) 环刀取样法

在压实后的垫层中,用容积不小于 200cm^3 的环刀压入每层 2/3 的深度处取样,测定干密度,其值不应小于灰土料在中密状态的干密度值为合格。

(二) 贯入测定法

先将垫层表面 3cm 左右的填料刮去,然后用贯入仪、钢叉或钢筋以贯入度的大小来定性地检查垫层质量。应根据垫层的控制干密度预先进行相关性试验确定要求的贯入度值。

1. 钢筋贯入法:用直径 20mm,长度 1250mm 的平头钢筋,自 700mm 高处自由落下,插入深度以不大于根据该垫层的控制干密度测定的深度为合格。

2. 钢叉贯入法:用水撼法使用的钢叉,自 500mm 高处自由落下,插入深度以不大于根据该垫层的控制干密度测定的深度为合格。

检测的布置原则,当采用贯入仪或钢筋检验垫层的质量时,检验点的间距应小于 4m。当取样检验垫层的质量时,大基坑每 50~100m^2 不应少于一个检验点;对于基槽每 10~20m^2 不应少于一个点;每个单独柱基不应少于一个点。

垫层填筑工程竣工质量验收可用(1)静荷载试验法、(2)标准贯入试验法、(3)动力触探法、(4)静触探法中的几种或某一种方法进行检测。

四、灰土地基的监理验收

当全部垫层施工完毕,应采用包括静载试验法、标准贯入试验法、动力触探试验法、静触探试验法等在内的一种或几种方法检验灰土地基的承载力、垫层的密实度和均匀性。

灰土地基施工竣工后,监理员应进行竣工验收工作,灰土地基的质量验收标准应符合表 2-3 的规定。竣工验收阶段的监理工作可分三个步骤,即实地验收,室内验收、签署灰土地基工程竣工验收证明。

灰土地基质量检验标准 **表 2-3**

项	序	检查项目	允许偏差或允许值		检查方法
			单位	数值	
主控项目	1	地基承载力	设计要求		按规定方法
	2	配合比	设计要求		按拌和时的体积比
	3	压实系数	设计要求		现场实测
一般项目	1	石灰粒径	mm	≤5	筛分法
	2	土料有机质含量	%	≤5	试验室焙烧法
	3	土颗粒粒径	mm	≤15	筛分法
	4	含水量(与要求的最优含水量比较)	%	±2	烘干法
	5	分层厚度偏差(与设计要求比较)	mm	±50	水准法

1. 实地验收为监理员通过现场观察和尺量检查灰土垫层的外观尺寸,如平整度、顶面标高,其中平整度允许偏差为 15mm;顶面标高允许偏差为 ±15mm,此外,竣工后的垫层如

不能马上进行基础施工,应采取防雨淋、防水浸、防冻害等措施,监理员应检查这些防护措施是否恰当有效。

2. 室内验收包括监理员审核竣工图、分层质量检验报告、竣工质量检验报告、填料化验单、设计变更单等有关技术文件,查验承建商(施工单位)的归档材料是否齐备完整。

3. 当实地验收及室内验收全部合格,监理员应及时签署工程竣工报告,并由总监理工程师核签后生效,然后监理员应认真整理资料,建立档案,为下一步编写监理报告做准备;当验收不合格时,监理员应提出限期整改意见,并向总监理工程师汇报。

第二节 砂和砂石地基

当建筑物基础下的持力层为软弱土层,且不能满足上部结构对地基的承载力和变形要求时,常采用换(填)土垫层来处理地基,即先挖去地基下处理范围内的软弱土层,然后分层换(填)强度较高的材料,砂和砂石地基即换填砂和砂石。换填土处理属浅层处理,处理深度一般不应超过地表下5.0m。

砂垫层和砂石垫层所用的材料,宜采用颗粒级配良好、质地坚硬的中砂、粗砂、砾砂、碎(卵)石、石屑或其他工业废粒料,人工级配的砂石,应拌和均匀。所用砂石材料,不得含有草根、垃圾等有机杂物。碎石和卵石的最大粒径不宜大于50mm。

砂和砂石地基施工一般先挖去地基下处理范围内的软弱土层,然后分层换(填)砂和砂石,再采用振动碾和振动压实机等进行压实。

一、砂和砂石地基的监理巡视检查

(一) 预控

1. 开挖基坑时,预留30cm由人工清理,监理员要严格履行验槽手续。

2. 监理员要严把进料关,定期对填料进行抽样检验,应级配良好,不含植物残体、垃圾等杂质。当使用粉细砂时,应掺入25%～30%的碎石或卵石。最大粒径不宜大于50mm。

3. 监理员需督促施工单位采取防雨、防冻及排水措施,并禁止在垫层邻近地方实施挖掘。

4. 垫层底部有古井、古墓、洞穴、旧基础、暗塘等软硬不均的部位时,监理员应要求施工单位予先清理后,再用灰土逐层回填夯实。并经检查合格后,方可铺填施工。

(二) 过程质量

1. 垫层铺筑厚度,夯打遍数等按设计要求的干密度通过现场试验确定。监理员要注意检查在垫层分段施工时,不得在桩基、墙角及承重窗间墙下接缝,上下两层的缝距不得小于0.5m,接缝处应夯压密实,灰土应拌和均匀并应当日铺填压实,灰土压实后3d内不得受水浸泡,冬期应防冻。

2. 监理员要检查分层的铺筑厚度、压实遍数等施工参数是否符合现场压实试验确定的结果。

3. 监理员对垫层搭接部位要严格控制,增加质量抽检次数。

4. 监理员可根据施工方法不同控制砂石料的最优含水量。用平板式振动器时,最优含水量为15%～20%,用平碾及蛙式夯时,则最优含水量为8%～12%,当用插入式振动器时,宜为饱和的碎石、卵石。

5．监理员在巡视检查时应注意：每一铺填层都应在同一标高上，表面平整度允许偏差为15mm，如深度不同或垫层有搭接的地方，应着重检查搭接部位的处理是否满足设计或密实度的要求。

6．每一层铺筑完毕后，监理员应进行质量检验并认真填写分层检测记录，当某一填层不合乎质量要求时，监理员应责令承建商（施工单位）立即采取补救措施。各垫层分层质量检验方法及检测数量可参见表2-4。

垫层的每层铺设厚度及压实遍数 **表2-4**

压实机具	每层虚铺厚度(mm)	每层压实遍数	土质环境
平碾 (8～12t)	200～300	6～8	软弱土，素填土
羊足碾 (5～16t)	200～350	8～16	软弱土
振动碾 (8～15t)	600～1500	6～8	砂土、湿陷性黄土，碎石土等
振动压实机	1200～1500	10	
插入式振动器	200～500		
平板式振动器	150～250		
重锤夯 (1000kg落距3～4m)	1200～1500	7～12	非饱和黏性土，湿陷性黄土，砂土
蛙式夯(200kg)	250	3～4	狭窄场地
人工夯 (50～60kg落距50cm)	180～220	4～5	

7．监理员通过观察和尺寸检查对基坑开挖的边界线进行验收；当基坑开挖涉及到边坡或邻近建筑物的稳定时，监理员应评价是否符合有关规定或检查是否采取了相应的围护措施。

8．基坑开挖完毕后，监理员要组织施工方、设计方、勘察方及其他有关人员共同进行基底验槽，检查基底标高、基底土质是否符合设计要求，检查基底土层是否遭受过部分扰动或有无浮土存在，当确认基底的处理已满足设计要求和施工规范规定时，方可签字同意下道工序施工。

（三）常见的问题

砂和砂石地基地基施工中的常见质量问题及产生的原因见表2-5。

常见的问题 **表2-5**

常见质量事故	产生原因
基坑基底不符合质量要求	机械开挖时超挖，局部软弱土未予处理
填料不合乎质量要求	砂石级配不符合设计要求
分层铺设密度不均匀	施工方法不得当及质量检测没跟上
已完成的垫层遭到破坏	垫层遭受水浸、雨淋、冻胀、在垫层邻近地方实施挖掘

(四) 砂和砂石地基质量控制的关键点

施工过程中监理员应着重注意的几点:(1)分层铺设的厚度;(2)分段施工时上下两层的搭接长度;(3)夯实时加水量;(4)夯实遍数。

二、砂和砂石地基的见证试验

垫层的质量检验应随施工分层进行,检验方法主要有环刀取样法和贯入测定法两种。

三、砂和砂石地基的监理验收

当全部垫层施工完毕,应采用包括静载试验法、标准贯入试验法、动力触探试验法、静力触探试验法等在内的一种或几种方法检验砂和砂石地基的承载力、垫层的密实度和均匀性。

砂和砂石地基施工竣工后,监理员应进行竣工验收工作,砂和砂石地基的质量验收标准应符合表2-6的规定。

砂和砂石地基质量检验标准 **表 2-6**

项	序	检 查 项 目	允许偏差或允许值		检 查 方 法
			单 位	数 值	
主控项目	1	地基承载力	设 计 要 求		按规定方法
	2	配合比	设 计 要 求		检查拌和时的体积比或重量比
	3	压实系数	设 计 要 求		现场实测
一般项目	1	砂石料有机质含量	mm	≤5	焙烧法
	2	砂石料含泥量	%	≤5	水洗法
	3	石料粒径	mm	≤100	筛分法
	4	含水量(与要求的最优含水量比较)	%	±2	烘干法
	5	分层厚度偏差(与设计要求比较)	mm	±50	水准法

第三节 土工合成材料地基

在我国沿江、沿海及其他地区,大量的工程建设项目都面临着软土地基的增强处理,一般简单的处理方法是换土或在软土基上铺一层砾石或碎石后压实。换土法费工费料、不经济,铺筑砾石后压实,粒料被挤入软土中,粒料相混,降低材料强度,在重压作用下将出现沉陷。如果把土工格栅直接铺设在软土上,再铺粒料基层,这样不但能保证粒料与基土不相混合,而且由于格栅和粒料间咬合作用加强,基层具有抗拉强度,从而改善软土地基的承载能力。

土工合成材料包括土工格栅和土工织物。土工格栅可以在较小的应变下发挥作用;土工织物则透水性较好,目前土工布原料大多采用高分子聚合物,其中用得多的是聚丙烯原料(包括纤维)。

土工聚合物在土工中应用的主要作用有反滤、排水、隔离和加固补强四种。

土工纤维设置在两种不同土或材料之间,或者土与其他材料之间把它们相互隔开,避免混杂产生不良的效果。利用土工纤维的高强度,韧性等力学性能,能分散荷载,增大土体的刚度模量,改善土体或作为筋材构成加筋土以及各种复合土工结构,从而提高土体的强度。

土工合成材料地基是把土工合成材料直接铺设在软土上，再铺粒料基层，然后采用振动碾和振动压实机等进行压实。

一、土工合成材料地基的监理巡视检查

(一) 预控

1. 开挖基坑时，预留 30cm 由人工清理，监理员要严格履行验槽手续。

2. 监理员严把进料关，施工前对土工合成材料的物理性能(单位面积的质量、密度)、强度、延伸率以及土、砂石料等做检验。土工合成材料以 $100m^2$ 为一批，每批应抽查 5%。所用土工合成材料的品种与性能和填料土类，应根据工程特性和地基条件，通过现场试验确定，垫层材料宜用黏性土、中砂、粗砂、砾砂、碎石等内摩阻力高的材料。如工程要求垫层排水，垫层材料应具有良好的透水性。

3. 监理员要督促施工方采取防雨、防冻及排水措施，并禁止在垫层邻近地方实施挖掘。

4. 垫层底部有古井、古墓、洞穴、旧基础、暗塘等软硬不均的部位时，监理员要督促施工方先予清理，并经检查合格后，方可用灰土逐层回填夯实。

(二) 过程质量

1. 监理员要检查分层的铺筑厚度、压实遍数等施工参数是否符合现场压实试验确定的结果。

2. 监理员对垫层搭接部位要严格控制，增加质量抽检次数。

3. 监理员可根据施工方法不同控制砂石料的最优含水量。用平板式振动器时，最优含水量为 15%～20%，用平碾及蛙式夯时，则最优含水量为 8%～12%，当用插入式振动器时，宜为饱和的碎石、卵石。

4. 监理员在巡视检查时应注意：每一铺填层都应在同一标高上，表面平整度允许偏差为 20mm，如深度不同或垫层有搭接的地方，应着重检查搭接部位的处理是否满足设计或密实度的要求。

5. 土工合成材料的连接宜用搭接法、缝接法和胶接法。搭接法的搭接长度宜为 300～1000mm，基底较软者应选取较大的搭接长度。当采用胶接法时，搭接长度不应小于 100mm，并均应保证主要受力方向的连接强度不低于所采用材料的抗拉强度。如用缝接法或胶接法连接，应保证主要受力方向的连接强度不低于所采用材料的抗拉强度。监理员应注意：在铺筑土工合成材料时，土层表面应均匀平整，防止土工合成材料被刺穿、顶破。铺设时端头固定或回折锚固，且避免长时间曝晒或暴露。

6. 监理员通过观察和尺寸检查对基坑开挖的边界线进行验收；当基坑开挖涉及到边坡或邻近建筑物的稳定时，监理员要评价是否符合有关规定或检查是否采取了相应的围护措施。

7. 基坑开挖完毕后，监理员要组织施工方、设计方、勘察方及其他有关人员共同进行基底验槽，检查基底标高、基底土质是否符合设计要求，检查基底土层是否遭受过部分扰动或有无浮土存在，当确认基底的处理已满足设计要求和施工规范规定时，方可签字同意下道工序施工。

(三) 常见的问题

土工合成材料地基施工中的常见质量问题及产生的原因见表 2-7。

常见的问题 表 2-7

常见质量事故	产生原因
基坑基底不符合质量要求	机械开挖时超挖，局部软弱土未予处理
填料不合乎质量要求	土工合成材料的物理性能、强度、延伸率不符合设计要求
分层铺设密度不均匀	施工方法不得当及质量检测没跟上
已完成的垫层遭到破坏	垫层遭受水浸、雨淋、冻胀、在垫层邻近地方实施挖掘

(四) 土工合成材料地基质量控制的关键点

施工过程中监理员应着重注意(1)清基、回填料铺设厚度；(2)土工合成材料接缝搭接长度；(3)土工合成材料与结构的连接状况等。

二、土工合成材料地基的见证试验

垫层的质量检验应随施工分层进行，检验方法主要有环刀取样法和贯入测定法两种。

三、土工合成材料地基的监理验收

当全部垫层施工完毕，应采用包括静载试验法、标准贯入试验法、动力触探试验法、静力触探试验法等在内的一种或几种方法检验土工合成材料地基的承载力、垫层的密实度和均匀性。

土工合成材料地基施工竣工后，监理员应进行竣工验收工作，土工合成材料地基的质量验收标准应符合表 2-8 的规定。

土工合成材料地基质量检验标准 表 2-8

项	序	检查项目	允许偏差或允许值		检查方法
			单位	数值	
主控项目	1	土工合成材料强度	%	≤5	置于夹具上做拉伸试验(结果与设计标准相比)
	2	土工合成材料延伸率	%	≤3	置于夹具上做拉伸试验(结果与设计标准相比)
	3	地基承载力	设计要求		按规定方法
一般项目	1	土工合成材料搭接长度	mm	≥300	用钢尺量
	2	土石料有机质含量	%	≤5	焙烧法
	3	层面平整度	mm	≤20	用 2m 靠尺
	4	每层铺设厚度偏差	mm	±25	水准法

第四节 粉煤灰地基

当建筑物基础下的持力层为软弱土层，且不能满足上部结构对地基的承载力和变形要求时，常采用换(填)土垫层来处理地基，即先挖去地基下处理范围内的软弱土层，然后分层换(填)强度较高的材料，粉煤灰地基即换填粉煤灰。换填土处理属浅层处理，处理深度一般不应超过地表下 5.0m。

粉煤灰地基施工一般先挖去地基下处理范围内的软弱土层，然后分层换(填)粉煤灰，再采用振动碾和振动压实机等进行压实。

一、粉煤灰地基的监理巡视检查

(一) 预控

1. 粉煤灰的最大干密度和最优含水量与粉煤灰颗粒粗细、形态结构和压实能量有关，粉煤灰的压实干密度和最优含水量应因地制宜地制定技术指标。分层摊铺粉煤灰，逐层振密或压实。铺填和压实厚度应根据机具功能大小、设计要求通过试验确定。

2. 煤灰填筑前，监理员需督促施工方先清除天然地基的植物根茎、杂草、淤泥和积水；对表层土进行碾压加密；对填筑区的洞、沟、塘、浜采取技术处理，质量检验合格后进行施工。

3. 开挖基坑时，预留 30cm 由人工清理，监理员要严格履行验槽手续。

4. 监理员要严把进料关，定期对填料进行抽样检验，体积配合比宜为 2:8 或 3:7。土料宜用黏性土及塑性指数大于 4 的粉土，不得含有松软杂质，并应过筛，其颗粒不得大于 15mm。灰土宜用新鲜的消石灰，其颗粒不得大于 5mm。

5. 监理员要督促施工方采取防雨、防冻及排水措施，并禁止在垫层邻近地方实施挖掘。

(二) 过程质量

1. 监理员要检查分层的铺筑厚度、压实遍数等施工参数是否符合现场压实试验确定的结果。

2. 监理员要对垫层搭接部位要严格控制，增加质量抽检次数。

3. 监理员在巡视检查时要注意：每一铺填层都应在同一标高上，表面平整度允许偏差为 15mm，如深度不同或垫层有搭接的地方，应着重检查搭接部位的处理是否满足设计或密实度的要求。

4. 每一层铺筑完毕后，监理员应进行质量检验并认真填写分层检测记录，当某一填层不合乎质量要求时，监理员应责令承建商(施工单位)立即采取补救措施。各垫层分层质量检验方法及检测数量可参见表 2-1。

5. 监理员通过观察和尺寸检查对基坑开挖的边界线进行验收；当基坑开挖涉及到边坡或邻近建筑物的稳定时，监理员应评价是否符合有关规定或检查是否采取了相应的围护措施。

6. 基坑开挖完毕后，监理员要组织施工方、设计方、勘察方及其他有关人员共同进行基底验槽，检查基底标高、基底土质是否符合设计要求，检查基底土层是否遭受过部分扰动或有无浮土存在，当确认基底的处理已满足设计要求和施工规范规定时，方可签字同意下道工序施工。

(三) 常见的问题

粉煤灰地基施工中的常见质量问题及产生的原因见表 2-9。

常见的问题 **表 2-9**

常见质量事故	产生原因
基坑基底不符合质量要求	机械开挖时超挖，局部软弱土未予处理
填料不合乎质量要求	灰土土料、配合比不符合设计要求，灰土搅拌不均匀
分层铺设密度不均匀	施工方法不得当及质量检测没跟上
已完成的垫层遭到破坏	垫层遭受水浸、雨淋、冻胀、在垫层邻近地方实施挖掘

(四) 粉煤灰地基施工质量控制的关键点

施工过程中监理员应着重注意的几点：(1)分层铺设的厚度、(2)碾压遍数、(3)搭接区碾压程度、(4)压实系数。

二、粉煤灰地基的见证试验

垫层的质量检验,应随施工分层进行。检验方法主要有环刀取样法和贯入测定法两种。

三、粉煤灰地基的监理验收

当全部垫层施工完毕,应采用包括静载试验法、标准贯入试验法、动力触探试验法、静力触探试验法等在内的一种或几种方法检验粉煤灰地基的承载力、垫层的密实度和均匀性。

粉煤灰地基施工竣工后,监理员应进行竣工验收工作,粉煤灰地基的质量验收标准应符合表 2-10 的规定。

粉煤灰地基质量检验标准 **表 2-10**

项	序	检查项目	允许偏差或允许值		检查方法
			单位	数值	
主控项目	1	压实系数	设计要求		现场实测
	2	地基承载力	设计要求		按规定方法
一般项目	1	粉煤灰粒径	mm	0.001~2.000	过筛
	2	氧化铝及二氧化硅含量	%	≤5	试验室化学分析
	3	烧失量	mm	≤100	试验室烧结法
	4	每层铺筑厚度	%	±2	水准法
	5	含水量(与最优含水量比较)	mm	±50	取样后试验室确定

第五节 强 夯 地 基

强夯法适用于处理碎石土、砂土、低饱和度的粉土和黏性土、湿陷性黄土、杂填土和素填土等地基。对高饱和度的粉土和黏性土等地基,当采用在夯坑内回填块石、碎石或其他粗颗粒材料进行强夯置换时,应通过现场试验确定其适用性。

强夯施工前,监理员应在施工现场有代表性的场地上选取一个或几个试验区,进行试夯或试验性施工。试验区数量应根据建筑场地复杂程度、建设规模及建筑类型确定。

一、强夯地基的施工工艺过程

强夯施工过程包括以下三个阶段:

1. 准备阶段:(1)夯前勘察;(2)初步方案的拟订;(3)施工准备工作;(4)试夯程序;(5)其他准备工作。

2. 施工阶段

强夯施工监理员应按正式施工方案及试夯确定的技术参数进行。

(1) 强夯施工步骤:1)在已平整好的场地上标出第一遍夯点位置,并测量场地高程;2)起重机就位,使夯锤对准夯点位置;3)测量夯前锤顶高程;4)将夯锤起吊到预定高度,待夯锤脱钩自由下落后,放下吊钩,测量锤顶高程;5)重复步骤 4),按设计规定的夯击次数及控制标准完成一个夯点的夯击;6)重复步骤 2)至 5),完成第一遍全部夯点的夯击;7)用推土机将夯坑填平,并测量场地高程,停歇规定时间,待超孔隙水压力消散;8)按上述步骤逐次完成全部夯击遍数，再用低能量“满夯”将场地表层松土夯实，并测量夯后场地高程。

(2) 强夯施工结束后，监理员应间隔一定时间方能对地基质量进行检验。对于碎石土和砂土地基，其间隔时间可取1～2周；对粉土和黏性土地基可取2～4周。检测内容包括变形、强度、压力、振动和施工工艺控制等。还应检查强夯施工过程中的各项测试数据和施工记录，不符合设计要求时应补夯或采取其他有效措施。

3. 收尾阶段

二、强夯地基的监理巡视检查

(一) 预控

1. 监理员事前应检查好测量仪器检定和使用情况，核对夯击点位置及标高，仔细审核测量及计算结果。

2. 在吊车就位时，监理员要注意：吊车要对正夯击点，安装稳固，避免错位、坑底倾斜或当锤自由落下时过大颤动。

3. 监理员要落实试夯各项工作，明确任务，应派人监理，并准备第二套方案。

4. 监理员需明确操作人员、记录人员的应注意事项，并作出规定，在作业时精神集中，夯锤升降平稳，夯坑错位或坑底倾斜过大要及时纠正。

5. 监理员要注意防止地面特别是夯坑积水，避免黏性土增大含水量，排水要符合要求。

6. 监理员要督促施工方加强现场管理和提高人员素质。

(二) 过程质量

1. 开夯前，监理员应检查夯锤重和落距，以确保单击夯击能量符合设计要求。

2. 在每遍夯击前，监理员应对夯点放线进行复核，夯完后检查夯坑位置，发现偏差或漏夯应及时纠正。

3. 监理员主要检查每个夯点的夯击次数和每击的夯沉量以及两遍之间的时间间隔等。

4. 监理员要按规定做好质量检验与夯击效果检验，未达到要求或预期效果时应及时补救。

5. 监理人员应在施工人员完成本工序的自检、互检的基础上进行工序质量交接检查，坚持上道工序不合格不能转入下道工序施工。如试夯没达到要求则不能进行大面积施工等。

6. 根据承建商(施工单位)在大面积强夯施工中地基密实度的检验情况，监理人员要选择有代表性的位置进行抽查。

(三) 常见的问题

强夯地基施工中的常见质量问题及产生的原因见表2-11。

常见的问题 **表2-11**

序号	质量控制点	常见事故隐患或常见通病	产生原因
1	放线、定位测高程	(1)位置或高程有错误；(2)超出允许的精度；(3)建(构)筑物的相对关系搞错	(1)操作人员观测记录或计算马虎；(2)仪器没按规定检定；(3)没认真检查
2	试夯	(1)试夯区代表性差；(2)结论不当或效果不明显	(1)资料熟悉不够；(2)方案不当；(3)取得的对比数据少；(4)未及时调整工艺参数

续表

序号	质量控制点	常见事故隐患或常见通病	产生原因
3	强夯工艺及操作	(1)夯击顺序不当;(2)夯锤升降不稳、夯坑偏移大,坑底倾斜大;(3)击数、遍数有误、有漏夯;(4)最后满夯搭接不当,夯击能量偏大	(1)方案不合理;(2)指挥或司机操作不熟练;(3)记录不及时,不准确;(4)地面平整得不合标准
4	技术间歇	两遍之间的间歇时间短,孔隙水压力还未消散就夯下一遍	(1)对孔隙水压力未消散的影响认识不足;(2)为了赶工期
5	检测	(1)检测的方法不当或方法单一;(2)取得的数据有误;(3)数据少;(4)片面追求省钱、省时而牺牲质量;(5)操作不符合要求	(1)检测的方案不当;(2)仪器设备出故障或带病使用;(3)操作人员素质差
6	处理效果	(1)没达到处理的目的(如消除液化,消除湿陷性,出现橡皮土造成施工效果不好、处理深度没达到要求等);(2)地基承载力、变形模量未达到要求,处理后密实度不够,不均匀	(1)强夯施工方案未及时调整;(2)施工质量差;(3)夯击能量不够;(4)没有根据变化情况调整参数;(5)地面排水或地基垂直排水不当

(四) 强夯地基施工质量控制关键点

施工过程中监理员应检查以下几点:(1)落距;(2)夯击遍数;(3)夯点位置;(4)夯击范围。

三、强夯地基的见证试验

质量检验的方法宜根据土性选用原位测试,如静力触探或十字板试验,一般工程应采用两种或两种以上的方法检验,对于重要工程应增加检验项目,也可做现场大压板载荷试验和室内土工试验。

质量检验的数量应根据场地复杂程度和建筑物的重要性确定,对简单场地上的一般建筑物,每个建筑物地基的检验点不应少于3处;对于复杂场地或重要建筑物的地基应增加检验点数,检验深度应不小于设计处理的深度。

试夯完后,待孔隙水压力消散后,在试夯区前次原位测试或取土处进行取样试验或测试,以便对比分析。

用于强夯的监测与测试项目主要有:测量土体变形(如地面沉降、四周隆起和水平位移等)、孔隙水压力及挤压应力(总应力)观测、地面振动测量、载荷试验、十字板剪切试验、旁压仪试验、动力(包括标准贯入试验)和静力触探。

室内土工试验项目主要有:抗剪强度、压缩模量或压缩系数、重力密度、含水量、塑性指数、特殊土的性能指标(湿陷性等)以及动力固结试验指标等。

四、强夯地基的监理验收

(一) 现场验收内容

1. 对现场原有建(构)筑物的拆迁、地上地下障碍的清除以及周围环境影响(如振动)的解决等,进行验收。

2. 对施工现场测量标桩、测量放线、夯点定位及高程水准点等进行验收。

验收的重点是:监理员复测强夯场地拟建筑规划红线、强夯边线和夯点位置是否正确,放线和定位是否满足精度要求,检查施工测量控制点是否会受强夯振动的影响,抽检夯前高程测量成果是否正确并满足精度要求。

(二) 强夯施工质量的检验评定

强夯地基质量检验标准应符合表2-12的规定。

强夯地基质量检验标准 **表 2-12**

项	序	检查项目	允许偏差或允许值		检查方法
			单位	数值	
主控项目	1	地基强度	设计要求		按规定方法
	2	地基承载力	设计要求		按规定方法
一般项目	1	夯锤落距	mm	±300	钢索设标志
	2	锤重	kg	±100	称重
	3	夯击遍数及顺序	设计要求		计数法
	4	夯点间距	mm	±500	用钢尺量
	5	夯击范围(超出基础范围距离)	设计要求		用钢尺量
	6	前后两遍间歇时间	设计要求		

1. 强夯施工的质量检验,应在强夯施工结束后间隔一定时间方能对地基质量进行检验。对碎石土和砂土地基,其间隔时间可取1～2周,低饱和度的粉土和黏性土地基可取2～4周。

质量检验的数量,应根据场地复杂程度和建筑物的重要性确定。对于简单场地上的一般建筑物,每个建筑物地基的检验点不应少于3处;对于复杂场地或重要建筑物地基应增加检验点数。检验深度应不小于设计处理的深度。

2. 强夯施工的验收,监理员应检查施工记录及各项技术参数,并应在夯击过的场地选点做检验,一般可采用标准贯入试验、动力触探、静力触探、十字板剪力试验、旁压试验、波速测定、载荷试验等原位测试方法。

室内试验主要通过夯击前后土的物理力学性质指标的变化来判断其加固效果。

第六节 高压喷射注浆地基

高压喷射注浆地基适用于处理淤泥、淤泥质土、黏性土、粉土、黄土、砂土、人工填土和碎石土等地基。当土中含有较多的大粒径块石、坚硬黏性土、大量植物根茎或过多的有机质时,应根据现场试验结果确定其适用程度。注浆地基的注浆形式分旋喷注浆、定喷注浆和摆喷注浆等三种类别。根据工程需要和机具设备条件,可分别采用单管法、二重管法和三重管法。加固形状可分为柱状、壁状和块状。注浆地基方案确定后,应进行现场试验、试验性施工或根据工程经验确定施工参数及工艺。

一、高压喷射注浆地基的施工工艺过程

高压喷射注浆地基施工程序包括:

(1)钻机就位;(2)钻孔;(3)插管;(4)喷射作业;(5)拔管;(6)清洗器具;(7)移开机具;(8)回填注浆。

二、高压喷射注浆地基的监理巡视检查

(一) 预控

1. 钻机布置的原则是材料搬运距离短,水电接头方便,机具设备配套要相互紧密联系,便于集中指挥,尽量缩短高压软管的长度,一般以不超过30m为宜。

2. 监理员要切实把握地质分层资料,对密实程度大的土层制定详细的注浆工艺措施。当在一个孔中地层软硬相差悬殊,或上面特别软、下面特别硬时,必然会形成直径不均匀或上粗下细的固结体。因此在喷射长桩或地层软硬相差悬殊时,应根据地层剖面,在不同深度采用不同的旋喷参数,以获得较为均匀的旋喷桩,同样调节喷射压力、喷射方向、提升速度和注浆量可以控制水泥土固结体的形状。

圆柱形桩——边旋转边提升。

圆盘状——只旋转不提升或少提升。

糖葫芦状——变换不同深度的旋转提升速度和压力。

大底状——在底部喷射时,加大压力做重复旋喷或减低旋转提升速度。

大帽状——旋转到顶端时加大压力或做重复旋喷,或减低旋转提升速度。

(二) 过程质量

在施工过程中,施工人员要严格执行下列操作要领,监理员要严格监督:

1. 钻机或旋喷机就位时机座要平稳,立轴或转盘要与孔位对正,倾角与设计误差一般不得大于0.5°。

2. 喷射注浆前监理员要检查高压设备和管路系统。设备的压力和排量必须满足设计要求。管路系统的密封圈必须良好,各通道和喷嘴内不得有杂物。

3. 根据施工设计控制喷射技术参数注意冒浆情况的观察,并做好记录。

4. 所用水泥浆,水灰比要按设计规定不得随意更改。禁止使用受潮或过期的水泥。在喷射注浆过程中应防止水泥浆沉淀。

5. 在喷射注浆过程中,监理员应观察冒浆的情况,以及时了解土层情况,喷射注浆的大致效果和喷射参数是否合理。采用单管或二重管喷射注浆时,冒浆量小于注浆量20%为正常现象;超过20%或完全不冒浆时,应查明原因并采取相应的措施。若系地层中有较大空隙引起的不冒浆,可在浆液中掺加适量速凝剂或增大注浆量;如冒浆过大,可减少注浆量或加快提升和回转速度,也可缩小喷嘴直径,提高喷射压力。采用三重管喷射注浆时,冒浆量则应大于高压水的喷射量,但其超过量应小于注浆量的20%。

(三) 常见的问题

高压旋喷注浆地基施工中的常见质量问题及产生的原因见表2-13。

常见的问题 **表2-13**

序号	质量通病	原因分析
1	断桩	注浆管分段提升时,接头处搭接长度不够甚至未搭接
2	缩颈或桩径偏小	土层密实度偏大,喷射压力偏小,提升速度过快,喷射过程出现故障等
3	注浆中管道与喷嘴堵塞	注浆管内有碎渣等硬物或橡胶密封件破碎后进入管内

续表

序号	质量通病	原因分析
4	注浆压力骤降或上升	注浆泵工作不正常，吸浆管进浆不正常，工作人员控制压力不熟练，注浆管堵塞
5	孔口大量冒浆	注浆管密封不良，或接头处损坏，土层密实程度大，浆液切割土体范围小或喷嘴尺寸过大
6	成桩桩顶凹穴	浆液析水后收缩或过早停止注浆
7	旋喷封闭结构渗水漏水	孔位偏差大，钻孔倾斜度大，桩体直径不均匀，桩键间隙大
8	桩体截面抗压强度偏低	浆液水灰比过大，喷浆流量偏小，提升速度过快
9	桩体形状上粗下细	人土深度深，土层密实度上松下紧，喷射工艺自上到下无变化

（四）高压旋喷地基质量控制的主要环节

1．施工过程中监理员着重注意施工参数（压力、水泥浆量、提升速度、旋转速度等）及施工顺序。

2．在喷射注浆过程中，监理员应观察冒浆的情况，以及时了解土层情况，喷射注浆的大致效果和喷射参数是否合理。采用单管或二重管喷射注浆时，冒浆量小于注浆量20％为正常现象；超过20％或完全不冒浆时，监理员应查明原因并采取相应的措施。若系地层中有较大空隙引起的不冒浆，可在浆液中掺加适量速凝剂或增大注浆量；如冒浆过大，可减少注浆量或加快提升和回转速度，也可缩小喷嘴直径，提高喷射压力。

三、高压喷射注浆地基的见证试验

钻孔检查：包括(1)钻孔取样观察，并做成试件进行物理力学性能试验；(2)渗透试验，包括钻孔压力注水渗透试验和钻孔抽水渗透试验（见图2-1、图2-2所示）；(3)标准贯入试验。一般距注浆孔中心0.15～0.20m，每隔一定深度做一个。

载荷试验：包括平板载荷试验和孔内载荷试验。

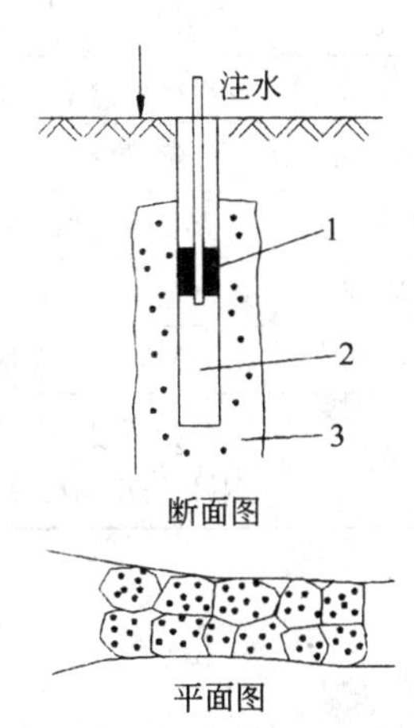

图2-1　钻孔压力注水渗透试验

1—塞子；2—钻孔；3—旋转固结体防渗墙

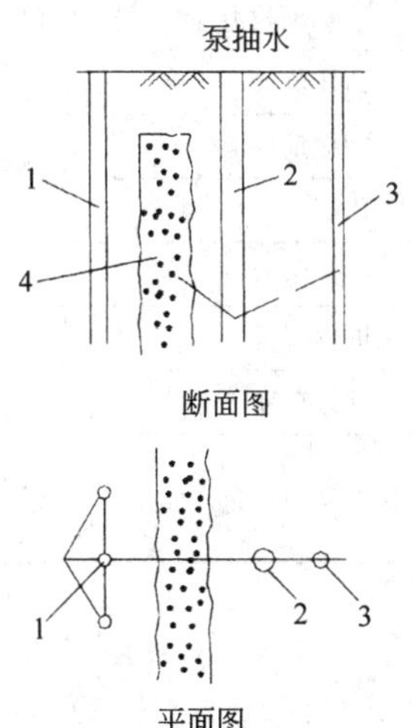

图2-2　钻孔抽水渗透试验

1—观察孔；2—扬水孔；3—观察孔；4—防渗墙

(1) 平板静载荷试验:分垂直方向和水平推力载荷试验两种。

垂直载荷试验时,需在顶部0.5~1.0m范围内浇筑0.2~0.3m厚的钢筋混凝土桩帽;水平推力载荷试验时,需在固结体加载荷受力部位浇筑0.2~0.3m厚的钢筋混凝土加载荷面。混凝土的等级不得低于C18。

(2) 孔内载荷试验:1)气压或液压膨胀法:在钻孔中,用气压或液压使胶囊膨胀,从膨胀量可知横向荷重和位移关系,求得变形系数和地层反力系数。2)载荷板法。

四、高压喷射注浆地基的监理验收

施工结束后,监理员应检查桩体强度、平均直径、桩身中心位置、桩体质量及承载力等。

验收内容包括监理员查对现场的高压喷射注浆孔的孔位布置,注浆孔数是否与竣工图和设计图一致,各孔孔深是否达到设计要求,所用材料等是否符合要求。并根据竣工文件资料,查明旋喷固结体的有效直径、整体性、均匀性、抗渗性、抗冻性、抗压强度、承载力试验等具体数据。竣工文件中必须包括质量检验报告。质量检验工作除在高压喷射注浆施工过程中或竣工时进行外,一般应在高压喷射注浆结束4周后进行。检验点的数量为施工注浆孔数的2%~5%,且每个加固工程至少检验2个点。检验点应布置在工程的重点部位,帷幕中心线上、施工中出现异常情况及地质条件较复杂的地方。

高压喷射注浆质量检验,可采用开挖检查、钻孔取蕊、标准贯入、载荷试验或压水试验等方法进行。高压喷射注浆地基质量检验标准应符合表2-14的规定。

高压喷射注浆地基质量检验标准 表2-14

项	序	检查项目	允许偏差或允许值		检查方法
			单位	数值	
主控项目	1	水泥及外掺剂质量	符合出厂要求		查产品合格证书或抽样送检
	2	水泥用量	设计要求		查看流量表及水泥浆水灰比
	3	桩体强度或完整性检验	设计要求		按规定方法
	4	地基承载力	设计要求		按规定方法
一般项目	1	钻孔位置	mm	≤50	用钢尺量
	2	钻孔垂直度	%	≤1.5	经纬仪测钻杆或实测
	3	孔深	mm	±200	用钢尺量
	4	注浆压力	按设定参数指标		查看压力表
	5	桩体搭接	mm	>200	用钢尺量
	6	桩体直径	mm	≤50	开挖后用钢尺量
	7	桩身中心允许偏差		≤0.2D	开挖后桩顶下500mm处用钢尺量,D为桩径

第七节 预压地基

预压排水固结法可大面积预压固结加固软基,消除80%以上的地基变形预沉降。预压地基采用的材料应符合:

1．砂料以纯净的中粗砂为宜；袋装砂井及砂垫层用砂含泥量不大于3%；堆载预压物料以容易搬运及无污染环境的碎石料、杂土料、混合碎石为宜，容器充水预压以清水为宜或其他无腐蚀无污染的液体亦可。真空预压滤水层的砂料不能含有尖石利器，以免刺破密封膜，冬期施工宜用干砂为好。

2．塑料编织袋、塑料排水带、塑料密封膜的质量应符合国家行业的有关规定标准。膜的质量主要是抗拉强度，一般应大于16～18MPa，伸长率在低温时应大于20%～45%，厚度目前多用0.12～0.17mm。还应具耐高温、耐低温性、抗腐蚀、抗老化特性。

一、预压地基的施工工艺过程

预压排水固结施工工艺可分为加压系统和排水系统。排水系统又分为竖向排水和水平排水两大类。

(一) 竖向排水通道施工

竖向排水的通道目前有砂井、袋装砂井、塑料排水板井三种形式。

陆上砂井直径一般20～30cm，水下砂井直径为30～40cm，井径比为8～10。砂料为中、粗砂，含泥量要求小于3%，不含其他杂物。袋装砂直径一般为7～10cm，井径比为15～30。塑料编织袋选用抗拉力强、抗腐蚀和紫外线能力强，透水性能好，不外露砂料的材料制作。国内采用过的砂袋材料有麻布袋和聚丙烯编织袋。

塑料排水板是一种新型塑料排水材料，由竖向排水孔道和滤水层组成。受到土压力后不发生变形(过水断面不减小)，耐酸、耐碱，滤膜与土体接触后，有滤土能力，并保持较好的渗透性和强度。目前常见的几种塑料排水板总起来可分为两类：

第一类是微孔板式，它由单一材料制成，表层为两片聚乙烯(或其他高分子材料)微孔薄片粘合(或压合)而成，中间具有多孔管道。

第二类是带滤膜套式，用两种材料组合而成，中间为带有多种通水孔道的芯板或乱丝芯板，外面包裹一层土工织物滤膜。

1．施工机械

塑料排水板的施工质量在很大程度上取决于施工机械的性能，有时会成为制约施工的重要因素。打设机一般由行走装置、驱动装置和工作装置组成。由于打设机大多在软弱地基上施工，因此要求行走装置具有：1)机械移位迅速，对位准确；2)整机稳定性好，施工安全；3)对地基土扰动小，接地压力小等性能。

行走装置的形式有履带式、轨道式、滚动式、步履式、履带浮箱式等，其中以履带式和轨道式最为常用。工作装置包括导架、套管、驱动装置和电器控制装置等。

塑料板施工所用套管具有：1)入土阻力小；2)对土扰动小和足够刚度；3)套管尖平端与导管靴应配合适当，避免错缝；4)塑料排水板需接长时，必须采用滤膜内芯板平搭接的连接方式，搭接长度不宜大于20cm。

套管上拔和下插的驱动方式有静力和振动两种。振动式入土阻力小，施工速度快，静力压入式入土阻力和上拔力均较大，打设机需有较大重量和接地面积。

2．打设工艺

(1) 塑料排水板和砂袋砂井施工，见表2-15。

(2) 砂井施工采用的方法有：沉管法、冰冲法、钻孔法、沉管法(包括静压沉管法、膛击沉管法和振动沉管法)。

塑料排水板和砂袋砂井施工 **表 2-15**

	质量要求	施工要点	施工程序
砂袋砂井	①平面位置允许偏差,水下20cm,陆地 10cm;②垂直度允许偏差 1.5cm/m;③井底标高符合设计要求,砂袋顶端高出地面,外露长度 30±2cm;④砂袋入井下沉时,严禁发生扭结、断裂现象;⑤砂袋灌砂率必须大于 95%	①定位准确;②导架上设有明显标志,控制打入深度;③编织袋避免裸晒,防止老化;④"桩头"与套管要配合好,防止进泥,⑤套管进料口处应设滚轮,套管内壁要光滑,避免挂破编织袋;⑥套管拔起后,及时向砂袋内补灌砂至设计高程;⑦砂井验收后,及时按要求埋入砂垫层	先把套管对准井位,整理好"桩尖",开动机器把套管打至设计深度,然后把砂袋从套管上部侧面进料口投入,随之灌水,以便拔起套管移至下一井位
塑料排水板	①平面位置允许偏差小于10cm;②板底标高偏差必须小于10cm;③板顶端必须高出地面,外露长度 30±3cm;④垂直度允许偏差 5cm/m;⑤严禁出现扭结、断裂和撕破滤膜现象	①选择合适的打设机械和锚靴;②锚靴要与塑料板连接好,与套管扣紧,防止套管进泥;③打设机上设有进尺标志,控制塑料板打设深度;④地面上每个井位应有明显标志:⑤塑料板施工完毕验收后,按要求埋入砂垫层	打设塑料板前,应有明显标志把塑料板井位置于砂面上标出,并将塑料板从套管上端入口处穿入套管至桩头,与锚靴连接好。对准点位,开机将套管打至设计深度,然后上拔套管至地面,剪断塑料板,即完成一个塑料排水板的打设

(二) 水平排水层施工

在地基固结过程中,铺设排水层的目的是:把地基土中由于固结而排出的水排泄到施工场地以外;防止土颗粒被排出的水带走。

1. 排水层的尺寸

(1) 确定排水层平面尺寸和厚度时,须考虑加固场地的面积、加固地基单位时间的排水量、排水层材料的渗透系数和地基处理所采用的施工工艺。一般陆上排水垫层厚度为 20～50cm 水下垫层为 80～100cm。

(2) 当排水层兼作持力层时,则还应满足承载力的要求。对于天然地面承载力较低而不能满足正常施工的地基,可适当加大砂垫层的厚度,或采取其他措施处理软弱表层;

(3) 排水砂垫层宽度等于铺膜场地宽度,砂料不足时,可用砂沟代替砂垫层;

(4) 砂沟的宽度为 2～3 倍砂井直径,一般深度为 40～60cm;

(5) 盲沟的尺寸与其布置形式和数量有关,设计时可采用达西定律。

2. 水平排水垫层施工

水平排水垫层的施工要求与铺设方法见表 2-16。

(三) 预压荷载的施工

排水固结法施工中,施加荷载可采用散料堆载、利用建筑物自身重力、在不施加外部荷载的情况下,减小地基土中的孔隙水压力(即真空负压)或采取综合利用以上荷载的真空联合堆载预压等形式。

1. 堆载预压施工

(1) 堆载预压一般采用碎石、杂土、水等不易污染环境的材料作为预压荷载。预压后需卸荷的工程,其预压荷载面积大于建筑物的面积。荷载分布要与建筑物设计荷载分布基本相同且不少于相应部分的设计荷载。有时为了加快预压工程的进度,可使用超载预压,超载部分可达设计荷载的0.2～0.6倍。但是在场地外不设反压平衡情况下,施加的荷载在任何时候都不得超过当时地基的极限承载力,以免地基在预压过程中可能发生土体滑移而失稳破坏。

水平排水垫层施工 表2-16

施工要求	砂垫层铺设方法	
	按砂源供应情况采用	按场地情况采用
①垫层平面尺寸和厚度符合设计要求。厚度误差为±h/10(h为垫层设计厚度),每100m^{2}挖坑检验;②与竖向排水通道连接好,不允许杂物堵塞或隔断连接处;③不得扰动天然地基;④不得将泥土或其他杂物混入垫层;⑤真空预压垫层,其面层4cm厚度范围内不得有带棱角的硬物	①一次铺设:砂源丰富时,可一次铺设砂层至设计厚度;②分层铺设:砂源供应不及时,可分层铺设,每次铺设厚度为设计厚度的1/2,铺完第1层后,进行垂直排水通道施工,再铺第2层	①机械施工法:地基能承受施工机械运行时,可用机械铺砂;②人力铺设法:地基较软不能承受机械碾压时,可用人力车或轻型传递带由外向里(或由一边向另一边)铺设,当地基很软施工人员无法上去施工时,可采用铺设荆笆或其他透水性好的编织物的办法

(2)堆载预压中,加荷速率应与软土地基强度增加的速度相适应,并及时把地基土固结而溢出地面的水排到场外。

(3)堆载施工时,分级加荷的堆载高度偏差不应大于本级荷载折算堆载高度的±5%,最终堆载高度不应小于设计总荷载的折算高度,卸载时也应分期分级进行,并继续作好各项观测。如果卸载过快则造成附加应力与孔隙水压力相差悬殊,不利于地基的稳定。

2.利用建筑物自重预压

对于以承载力作为控制标准的建筑物,如路堤、土坝或整片基础的建(构)筑物等,如果工期许可,在建造过程中,利用其自身重量作为"预压荷载"加固软土地基,既经济又可靠,利用建筑物自重预压就是在未经预压的天然软土地基上直接建造建筑物,但该部分施工的分级荷重不能超过天然地基承载力,在该级荷载作用下,天然软土地基得到加固,土体强度得以提高,然后建造下一部分建筑物,地基土强度得到进一步提高,依次进行。随着建筑物的建造,天然地基土的强度不断提高,最终达到设计承载力。利用建筑物自重预压处理地基,应考虑给建筑物预留沉降高度,保证建筑物预压后,其标高满足设计标高。

3.真空预压施工

真空预压工艺中关键部分是射流真空装置和密封系数。

(1)加固区划分,是真空预压施工的重要环节,理论计算结果和实际加固效果均表明,每块真空预压加固场地的面积易大不易小。目前国内单块真空预压面积已达2000～4000m^2。但如果受施工能力或场地条件限制,需要把场地划分几个加固区域,分期加固,则划分区域时应考虑以下几个因素:

1)按建筑物分布情况,应确保每个建筑物位于一块加固区域之内,建筑边线距加固区有效边线的距离,根据地基加固厚度可取2～4m或更大些。应避免两块加固区的分界线横过建筑物。否则将会由于两块加固区分界区域的加固效果差异而导致建筑物发生不均匀沉降。

2)应考虑竖向排水体打设能力,加工大面积密封膜的能力,大面积铺膜的能力与经验及射流装置与滤管的数量等方面的综合指数。

3）应以满足建筑工期要求为依据，一般加固面积6000～10000m^2为宜。

4）在风力很大的地区施工时，应在可能情况下适当减小加固区面积。

5）加固区之间的距离应尽量减小或者共用一条封闭沟。

（2）抽真空工艺设备包括真空源和一套膜内、膜外管路。

1）真空源目前国内大多采用射流真空装置，射流真空装置由射流箱和离心泵等组成。

2）膜外管路连接着射流装置和回阀、截止阀，由管路组成。过水断面应能满足排水量，且能承受100kPa径向力而不变形破坏的要求。

3）膜内水平排水滤管，目前常用直径为$\phi60$～$\phi70$的铁管或硬质塑料管。

为了使水平排水滤管标准化并能适应地基沉降变形，滤水管一般加工成长5m一根，滤水部分钻有$\phi8$～$\phi10$的滤水孔，孔距5cm，三角形排列。滤水管外绕3mm钢丝（圈距5cm），外包一层尼龙窗纱布，再包滤水材料构成滤水层。目前常用的滤水层材料为土工聚合物。

4）滤水管的布置与埋设，滤水管的平面布置一般采用条形或鱼刺形排列，遇到不规则场地时，应因地制宜地进行滤水管排列设计，保证真空负压快速而均匀地传至场地各个部位。

滤水管的排距一般为6～10m，最外层滤水管距场地边的距离为2～5m。滤水管之间的连接采用软连接，以适应场地沉降。滤水管埋设在水平排水砂垫层的中部，其上应有10～20cm砂覆盖层，防止滤水管上尖利物体刺破密封膜。

（3）抽气阶段施工要求与监理员检查时的质量要求：

1）膜上覆水一般应在抽气后，膜内真空度达80kPa，确信密封系统不存在问题方可进行，这段时间一般为7～10d；

2）保持射流箱内满水和低温；射流装置空载情况下均应超过96kPa；

3）经常检查各项记录，发现异常现象，如膜内真空度值小于80kPa等，监理员应尽快分析原因并采取措施补救；

4）冬季抽气，应避免过长时间停泵，否则，膜内、外管路会发生冰冻而堵塞，抽气很难进行。

5）下料时应根据不同季节预留塑料膜伸缩量；热合时，每幅塑料膜的拉力应基本相同。防止密封膜形状不正规，不符合设计要求。

6）在气温高的季节，加工完毕的密封膜应堆放在阴凉通风处；堆放时给塑料膜之间适当撒放滑石粉；堆放的时间不能过长，以防互相粘连。

7）在铺设滤水管时，滤水管之间要连接牢固，选用合适滤水层且包裹严实，避免抽气后杂物进入射流装置。

8）铺膜前应用砂料把砂井孔填充密实；密封膜破裂后，可用砂料把井孔填充密实至砂垫层顶面，然后分层把密封膜粘牢。以防砂井孔内砂料下沉密封膜破裂。

9）抽气阶段质量要求达到膜内真空度大于80kPa；停止预压时地基固结度要求大于80%；预压的沉降稳定标准为连续5d，实测沉降速率不大2mm/d。

4．真空联合堆载预压

该工艺既能加固超软土地基，又能较高地提高地基承载力，其工艺流程为：

（1）铺砂垫层；（2）打设竖向排水通道；（3）铺膜；（4）抽气；（5）堆载；（6）结束。

真空联合堆载预压施工时，除了要按真空预压和堆载预压的要求进行以外，监理员还应注意以下几点：

(1) 堆载前要采取可靠措施保护密封膜，防止堆载时刺破密封膜；

(2) 堆载底层部分应选颗粒较细且不含硬块状的堆载物，如砂料等；

(3) 选择合适的堆载时间和荷重。

堆载部分的荷重为设计荷载与真空等效荷载之差。如果堆载部分荷重较小，可一次施加；荷重较大时，应根据计算分级施加。

堆载时间应根据理论计算确定，现场可根据实测孔隙水压力资料计算当时地基强度值来确定堆载时间和荷重。一般可在膜内真空值达 80kPa 后 7～10d 开始堆载；若天然地基很软，可在膜内真空度值达 80kPa 后 20d 左右开始堆载。

二、预压地基的监理巡视检查

(一) 预控

1. 监理员要根据沉降量的预估值，检查排水坡度。

2. 开挖时监理员要注意验槽，看是否可切断透气层。

3. 在预压设备安装时监理员可要求施工人员一块适当多接出一至两个出膜装置，以备发现真空度较长时间上升缓慢时再增射流泵。

4. 供水系统的检查主要是指真空预压及充水预压施工供水系统，水源最好选择清洁水。冬期施工的管道、用水设备最好采取防冻措施，监理员应严格检查。

5. 冬期施工监理员要检查严防砂袋和塑带冻裂或拉断的措施。

(二) 过程质量

1. 人工制作砂袋时，监理员要检查施工中振捣情况。

2. 对场地放线定位及整平工作，监理员要检查各分块加固区边线定位，场地高程整平误差不超过 25cm。

3. 砂垫层一般按厚度分两期铺设，待塑料排水带或袋砂井打设后再铺另一半，保证砂袋、塑带头预留长度全部埋在砂垫层之中。铺设厚度误差不超过厚度的 1/10。大面积铺设砂垫层要 $100m^2$ 做一个厚度的检查点，面积小的要加密检查。

4. 真空预压的目的是以降低孔隙水压力，使地基排水固结，真空负压力越高越好；而其他方法如堆载预压、充水预压、建(构)筑物自重预压等均会引起孔隙水压力增加。表现为垂直压缩、水平膨胀变形，监理员要严格控制其变形速率，超过规定就会造成地基失稳而导致工程的失败，因此需要严格按程序进行。预压参数包括孔隙水压力、真空压力、地面沉降、深层沉降、水平位移等。真空预压重点监控压力、地面沉降量两个观测参数及曲线变化；加载预压重点监控孔隙水压力、地面沉降及水平位移量变化。

5. 加载预压一般包括堆载预压、容器充水预压、建(构)筑物自重预压、降低地下水位地基增重预压、堆载联合其他方法预压等。加荷的载物，一般通常选用不污染环境的散料为宜；建(筑)物的自重预压是利用其砌体、控制分期施工荷载的重量来完成的。为了加快工程进度或需要获得较高的地基承载力，常采取两种方法同时并用的联合预压方法对地基进行加固。但监理员要注意施加的荷载重力在任何时候都不得超过当时的地基极限承载力，否则会造成地基破坏。

6. 各种形式的加载预压法施工，除设有袋装砂井或塑料排水带及水平排水砂垫层外，一般还在垫层下设有排水盲沟、四周设有排水沟及集水井,以利于畅通排水,加快工程进度。监理员应抽查各种沟、井是否符合施工图纸要求,否则给予及时纠正。

7. 加载的堆料在施工时必须严格按设计加载部位、顺序及规定时间内进行,不得过快或过慢,观测参数出现异常监理员应立即要求停止加荷,查找原因及时处理;对于独立的容器或独立构筑物出现不允许的偏斜时,监理员要及时督促施工部门按事先准备好的方案进行纠偏处理。

8. 终止预压主要根据设计要求标准或用总沉降量及固结度来控制。工程常用的终止预压标准是连续 5d,每天平均沉降量小于 2mm 以及按观测资料计算平均固结度已达 80%。

9. 预压终止后即可开始卸荷工作,一般卸荷要求分级进行以便进行地基变形回弹观测。终止回弹观测时间一般在最后一级卸荷完毕后延续观测 2~3d。

(三) 常见的问题

预压地基施工中的常见质量问题及产生的原因见表 2-17。

常见的问题 **表 2-17**

部位(环节)		质量偏差	主要原因
袋装		砂袋施工后,上部袋空	人工制作砂袋时灌砂密实度不足
砂井		砂袋达不到预定深度	桩头挂泥阻力大或套管内有毛刺
塑料排水带		带底达不到位	锚靴的泥土阻力小
堆载预压	水平排水(砂垫层排水沟)、竖向排水(砂井)	预压排水不畅	考虑的排水坡度有问题
真空预压	密封沟	真空度上升缓慢或达不到要求	开挖密封沟时,未能准确的地切断透气层与加载区内外联系
			密封膜漏气
	冬期铺设管道	局部真空度上升缓慢或达不到要求	水平过滤管及出膜装置等处存水结冰,造成堵塞
	射流泵	整个场地真空度上升缓慢	每台射流真空泵控制面积过大

(四) 预压地基施工质量控制的关键点

1. 在预压排水固结过程中:

(1) 砂袋灌砂充满率大于 95%以上;(2)井位误差应小于井径或塑料排水带宽;(3)砂袋或塑带的地面上剩余长度应不小于砂垫层厚度。

2. 在真空预压施工过程中:

(1) 膜上覆水一般应在抽气后,膜内真空度达 80kPa,确信密封系统不存在问题方可进行;

(2) 保持射流箱内满水和低温;射流装置空载情况下均应超过 96kPa;

(3) 监理员应经常检查各项记录,发现异常现象,如膜内真空度值小于 80kPa 等,应尽快分析原因并采取措施补救;

(4) 下料时应根据不同季节预留塑料膜伸缩量;热合时,每幅塑料膜的拉力应基本相同。防止密封膜形状不正规,不符合设计要求。

(5) 在铺设滤水管时,滤水管之间要连接牢固,选用合适滤水层且包裹严实,避免抽气后杂物进入射流装置。

(6) 铺膜前应用砂料把砂井孔填充密实;密封膜破裂后,可用砂料把井孔填充密实至砂垫层顶面,然后分层把密封膜粘牢。以防砂井孔处下沉密封膜破裂。

三、预压地基的监理验收

预压地基质量检验标准应符合表 2-18 的规定。

预压地基质量检验标准 **表 2-18**

项	序	检 查 项 目	允许偏差或允许值		检 查 方 法
			单 位	数 值	
主控项目	1	预压载荷	%	≤2	水准仪
	2	固结度(与设计要求比)	%	≤2	根据设计要求采用不同的方法
	3	承载力或其他性能指标	设 计 要 求		按规定方法
一般项目	1	沉降速率(与控制值比)	%	±10	水准仪
	2	砂井或塑料排水带位置	mm	±100	用钢尺量
	3	砂井或塑料排水带插入深度	mm	±200	插入时用经纬仪检查
	4	插入塑料排水带时的回带长度	mm	≤500	用钢尺量
	5	塑料排水带或砂井高出砂垫层距离	mm	≥200	用钢尺量
	6	插入塑料排水带的回带根数	%	<9	目测

注:如真空预压,主控项目中预压载荷的检查为真空度降低值<2%

第八节 振 冲 地 基

振动水冲法,简称振冲法。它是以压力水和振冲器振动的联合作用,在土层中边冲、边振扩造孔、边使造孔周围土层变密实,在孔内填入碎石等粗粒料,振密形成一根根柱状的桩体。这样,桩体和加固的地基土共同构成复合地基,以此来提高地基强度,消除地震液化。

振冲法施工属隐蔽工程施工,影响因素较复杂,加固机理目前仍处在半经验半理论状态,复合地基加固质量主要取决于施工质量。因此,施工过程的监控是振冲施工质量控制的关键。根据以往完成的工程看,相同的岩土工程条件和施工条件,由于施工质量控制标准要求不同,加固效果大不一样。制定振冲施工监理办法,加强施工全过程、全方位、全天候严密科学的监理,以保证工程达到预期的要求。

填料是振冲施工的主要材料。填料可以是碎石、卵石、角砾或圆砾,对填料的质量要求,合同文件中的图纸、图纸说明内都有具体明确的要求和规定。材质一定是新鲜坚硬的岩石。碎石粒径大小为 20~50mm,最大不宜超过 80mm。粒径过大易卡料,影响施工进度,加快振冲器的磨损破坏,缩短使用寿命。填料质量的好坏将直接影响工程质量,加强填料质量监控是振冲施工质量控制工作的源头。

一、振冲地基的施工工艺过程

振冲地基施工过程包括以下几步:

1. 就位:吊机起吊振冲器对准桩位(误差应小于 10cm),开启供水泵,待振冲器下端喷水口出水后,起动振冲器。检查水压、电压和振冲器空载电流是否正常。

2. 造孔:吊机下放振冲器,使其贯入土中(一般可以 1～2m/min 速度下沉)。造孔过程中应保持振冲器呈悬垂状态,以保证垂直成孔。当电流值超过电机额定电流时,应减速或暂停振冲下沉或者上提振冲器,待电流值下降后再继续向下造孔。若孔口不返水,应加大供水量。并记录造孔时的电流值、造孔速度及返水情况。当造孔达到设计深度即可终止,并将振冲器上提 30～50cm。

3. 清孔:造孔终止后,当返水中含泥量很高,或孔中被泥土淤塞以及孔中有强度很高的黏性土,成孔直径小时,一般需要清孔。即把振冲器提出孔口(或提到需要清孔的位置),然后再次下沉振冲器,(一般地层往复 1～2 遍),清除孔内泥土,保证填料畅通。

4. 填料:造孔(清孔)后即向孔内填料。填料方式有连续填料、间断填料两种。采用连续填料法时,振冲器停留在设计深度 30～50cm 以上位置,向孔内不断回填石料,并在整个制桩过程中石料均处于满孔状态;采用间断填料时,应将振冲器提出孔口,每往孔内倒 0.15～0.5m^3 石料,下降振冲器至填料中振捣一次。如此反复直至制桩结束。两种填料方式各有优缺点,连续填料法比较简单,操作方便,适合机械化作业。间断填料法操作比较繁琐,但适合人工推车填料并可大致估计造孔段填料数量。

5. 加固(加密):依靠振冲器水平振动力将填入孔中的石料不断挤向侧壁土层中,同时使填料挤密,直到满足设计要求。不论哪种填料方式都必须保证加密,自孔底开始,以每段 30～50cm 长度逐段自下而上直至孔口(或设计标高)。

6. 制桩结束:制桩加固至孔口(或设计标高)时,先停止振冲器,再停止供水泵。

制桩顺序:碎石桩施工顺序一般可以按一个方向推进。对软黏土或极易液化的粉土,可采取跳打或围打。

二、振冲地基的监理巡视检查

(一) 预控

1. 施工机具监控

振冲施工主要机具包括:振冲器、起吊机械、装运料机具、供水泵、排浆泵、电控系统、料斗、水箱、配套电缆、胶管、经纬仪、修理机具等。

监理员主要检查各设备是否符合设计需要,是否与组织设计中提供的设备内容相一致。

2. 填料监控

检查填料是否充足,能否满足计划进度施工的需要。

3. 场地及施工环境

(1) 监理人员应督促业主在开工前及早平整场地、拆除施工障碍,修好通行道路,将水源接到场地附近。

(2) 向施工队伍提供场区岩土工程勘察报告或其他所需技术数据资料,提供施工放线所必须的城市建筑坐标点、水准点及有关数据资料。

(二) 过程质量

1. 振冲施工工序监理

工序监理是施工过程监控的核心工作,是保持振冲施工的各工序处于稳定状态的活动。它是动态控制,是全过程全方位的质量控制。振冲施工工序质量控制就是使影响施工质量的各种因素始终处于控制状态的一种管理办法。振冲施工各工序主要技术质量要求指标见表2-19。

振冲施工各工序主要技术质量要求指标 **表 2-19**

工 序 名 称	主要技术质量要求指标
放 线 布 桩	轴线两端标志桩误差≤1cm；桩位偏差≤3cm
振冲器对准桩位	振冲器与桩位中心误差＜10cm
造 孔	振冲器应保持悬垂状态；水压 400～600kPa；水量 200～400L/min 振冲器应徐徐沉入土中，下沉速度 1.2m/min
清 孔	造孔后振冲器应徐徐上提至孔口，再下沉至孔底，往复 1～2 遍
填 料	填料量应大于理论值，充盈系数≥1.05
振 密 制 桩	密实电流 45～60A(ZCQ—30)；留振时间 10～20s；上提振密间隔为每段 30～50cm

2. 工地巡视检查

在整个施工过程中，监理人员应当每天有计划地巡视工地各部位，目测并记录观察到的情况，劝告、引导并建议承建商改进工作。挑选质量可能有缺陷的、有代表性的桩点，进行检测试验，做到用数据说话。

(三) 常见的问题

振冲地基施工中的常见质量问题及产生的原因见表 2-20。

常 见 的 问 题 **表 2-20**

工序部位	易出现的问题	易产生的质量隐患	造成的原因	预防及补救措施
放线布桩	漏桩、偏位	1. 地基土加固不均匀；2. 复合地基承载力达不到设计要求	1. 桩位标志桩埋藏太浅；2. 每排桩两端标志木桩离施工范围近，施工时破坏，无法对照；3. 施工前桩位对不准	1. 标志木桩埋深埋垂直；2. 每排桩两端远离施工场地埋设醒目的对比检查桩；3. 一定对准桩位后施工
造 孔	随着施工，地表逐渐增高	造成桩头标高控制不准，废弃桩头加长，浪费填料	排污不畅，孔口积淤	合理规划全场排污系统，及时将孔口返回的泥浆排出场地，使孔口处无积淤
	振冲器贯入不下或贯入速度太慢，振冲电流超限	加固深度达不到设计要求，易烧毁电机	1. 勘察资料与实际土层不相符；2. 局部土层颗粒变粗，土层较密实，阻力大	1. 视情况布置几个勘察对比孔，及时调整施工工艺；2. 加大水压及泵量，或换大功率振冲器和水泵
清孔填料	下料不畅或卡料	易出现断桩或桩体不均匀	1. 成孔后没有按要求认真清孔、孔内泥土没排净；2. 扩孔没达到要求，缩径；3. 一次加料太多造成孔道堵塞；4. 填料级配不合理、填料过粗；5. 孔口散落浪费，堆积填料	1. 严格清孔操作程序，成孔后，每孔应规范化地将振冲器自孔底提至孔口两次，保证清孔质量；2. 采用“少吃多餐”的加料方法；3. 严格控制填料级配，不使用超标粗料

续表

工序部位	易出现的问题	易产生的质量隐患	造成的原因	预防及补救措施
清孔填料	孔口返水过小或不返水	桩径、达不到设计要求	遇强透水层	1. 加大水压及泵量；2. 人工拉土造浆护壁堵漏；3. 穿过强透水层后及时调水调压
振密制桩	振冲器电流忽大忽小，密实电流难达到，且不容易控制	桩体密实度及强度不均，单桩承载力达不到要求	硬软土层互层、软土层段加料不足	应分段设计，控制填料量，不同土层应有不同的充盈系数要求。应以密实电流决定加料量的多少，并且适当延长留振时间
	土层均匀，加料量及密实电流均能达到，而桩体强度不均匀	桩体密实程度不均匀或出现断桩	振冲器上提间距过大，留振时间过短	严格控制上提密实间距，规范留振时间

（四）预压地基施工质量控制的关键点

振动水冲施工监理人员应始终在现场监视操作的全过程，重点是“振密制桩”一道工序中的(1)填料量；(2)密实电流；(3)留振时间及(4)上提振密间距四个管理点。这是施工质量的“四要素”，这“四要素”应在施工的全过程中全部达到规定要求。

旁站监督是技术性很强的工作，必须对场地的岩土工程条件及施工的各个环节有深透的了解，对可能出现的问题做到预先心中有数。监理人员要随时分析振冲施工的情况及质量，发现问题，在现场及时采取措施加以解决。

三、振冲地基的监理验收

施工质量检验主要内容是检验桩体质量是否符合规定，例如桩位、桩径、桩长、桩体均匀度和密实度等。处理效果检验是验证复合地基力学性能，重点是承载力、沉降量等是否满足设计要求。振冲地基质量检验标准应符合表 2-21 的规定。对施工验收中查出的缺陷和质量问题应尽早采取补救措施，达到要求后，监理人员才能签发质量验收单和计量。

振冲地基质量检验标准 表 2-21

项	序	检 查 项 目	允许偏差或允许值		检 查 方 法
			单位	数 值	
主控项目	1	填料粒径	设计要求		抽样检查
	2	密实电流(黏性土) 密实电流(砂性土或粉土)(以上为功率 30kW 振冲器) 密实电流(其他类型振冲器)	A A A_0	50～55 45～50 $(1.5\sim2.0)A_0$	电流表读数 电流表读数 A_0 为空振电流
	3	地基承载力	设计要求		按规定方法
一般项目	1	填料含泥量	%	<5	抽样检查
	2	振冲器喷水中心与孔径中心偏差	mm	≤50	用钢尺量
	3	成孔中心与设计孔位中心偏差	mm	≤100	用钢尺量
	4	桩体直径	mm	<50	用钢尺量
	5	孔深	mm	±200	量钻杆或重锤测

第九节　注　浆　地　基

注浆地基是用气压、液压或电化学原理把某些能固化的浆液注入各种介质的裂缝或孔隙,以改善地基的物理力学性质。灌浆技术在岩土工程治理中应用领域十分广泛,主要用于截水、堵漏、加固地基、防止及纠正建筑物变形以及特殊条件下的灌浆。

应根据不同的灌注地层、灌浆目的、灌浆材料和灌浆方法,开展相应的施工监理工作。由于灌浆地层在岩土工程条件上的差异,有些因素在设计中很难事先预料,有些技术参数很难事先准确确定。因此在开展设计前,一般应进行灌浆试验工程。如难以做到,也应在正式施工前开展工程试验,用以修正设计参数。

一、注浆地基的施工工艺过程

(一) 成孔工艺

注浆地基成孔工艺包括:1. 合金钻进成孔,机具钻头为合金钻头;2. 金刚石钻进成孔,机具钻头为金刚石钻头;3. 打、压成孔。

(二) 洗孔与压水试验

为提高灌浆质量,灌浆前须先将成孔时残存孔底和粘于孔壁的岩粉(包括充填于岩缝中的泥质充填物)冲出孔外,再进行压水试验。

1. 洗孔与冲洗

目前冲洗钻孔分单孔冲洗和群孔冲洗。通常多为单孔冲洗方式。只有地质条件复杂并有特殊设计目的时,才在少数地段用群孔冲洗方式。

(1) 单孔冲洗常见的做法有高压冲洗、高压脉动冲洗、焦磷酸钠洗井、空气洗井等。

地质条件较好、岩石完整时用高压冲洗法,其压力约为灌浆压力的 70%~80%。冲洗过程中因渗漏使压力达不到设计压力时,可采用增大泵量的办法。对于岩石裂缝中的充填物难以清除时可用高压脉动冲洗法。即先用灌浆压力的 80%~100%的压力连续冲洗 5~15min 后突然将压力降至零,形成反向脉冲流,如此一升一降反复几次,直至回水变清为止。

用泥浆护壁成孔的情况,中国多采用焦磷酸钠(国外用六偏磷酸钠)洗井。即先将固体焦磷酸钠溶于热水中使其浓度为 60%~80%。泵送孔内静止 5~6h 后再用普通方法洗井。

(2) 群孔冲洗如图 2-3,为清除 A、B 两孔中的充填物,先从 A 孔压水冲洗使充填物由 B

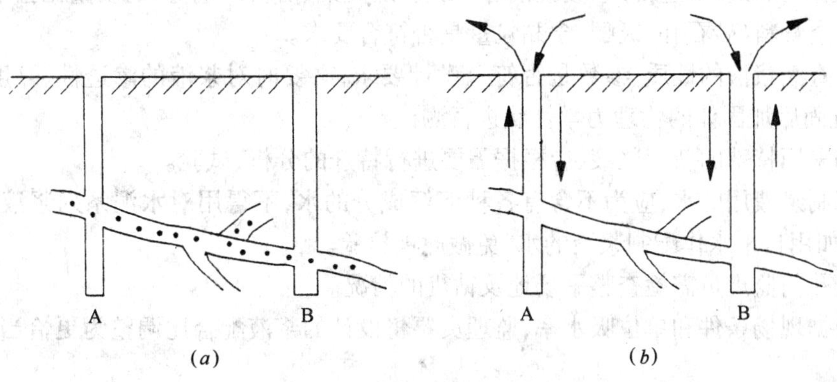

图 2-3　群孔冲洗示意图

孔冲出，然后再向B孔压水冲洗由A孔冲出。为提高冲洗效果，可用较大的冲洗压力或冲洗液量，还可在冲洗液中加少量纯碱使泥质充填物溶解。

2．压水试验

压水试验的关键是如何控制试验中的稳定流量、压力、试验段长度和成果判断。

(1) 稳定流量指流量呈稳定状态下的(压力保持在设计或要求值情况下，压入水量保持常量状态)流量。

(2) 压水试验的压力，是设计要求作用在试验段上实际压力(包括表压和水柱压)。

正规压水试验、为保证试验成果质量，减小试验误差，大多采用三个压力点，得出三个流量一压力关系点的数值。压水试验压力值应视工程具体情况而定，一般采用1.0MPa，当灌浆压力小于1.0MPa时，宜采用0.8MPa。

压水时间是指稳定流量状态下的压水时间，三个压力点压水时，其时间多为30～60min。

(3) 试验段长度是一次试验孔内进水部位的纵向范围。灌浆工程中的压水段长度基本与灌浆段相同，一般为5m，在灌浆接触段部位多为2～3m坝基浅孔固结灌浆中的压水常用一次性成孔压水，段长不超过10m，特殊条件下的检查孔压水试验，段长可更小。

尽管规范或设计书中对压水试验稳定流量时间提出了要求，但在实际工作中应根据压水过程的实际情况灵活掌握。

(4) 试验成果判断：目前三个压力点的压水试验常用双对数坐标上的压力流量曲线判断，如果 P-u 关系点成一直线且 $26°34' < \theta < 45°$(见图2-4所示)，则试验成果可靠，否则应对有怀疑的点进行重新压水，直至符合为止。

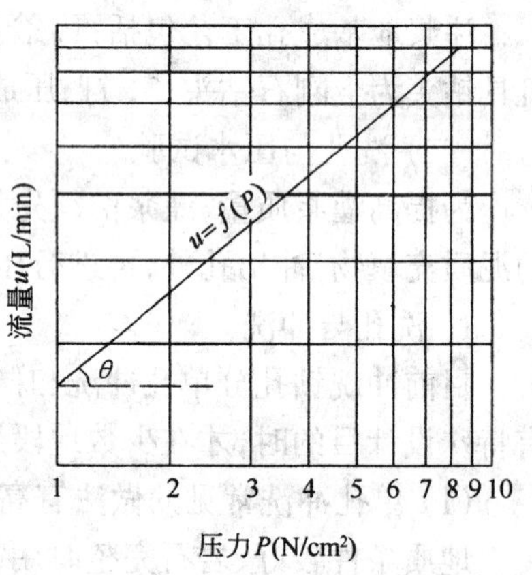

图2-4　双对数坐标判断

二、注浆地基的监理巡视检查

(一) 预控

1．监理员要检查主要注浆材料的产品化验单、出厂日期，必要时进行现场测试及化验。

2．检查附加剂(如速凝剂、缓凝剂、流动剂、加气剂、防析水剂等)的质量化验单。

3．检查骨料(砂石)的级配、含黏粒量是否符合要求。

4．检查灌浆液的性质、参数是否符合设计要求，必要时对浆液的渗透性、黏度、凝胶时间、浆液凝固后加固体的物理力学性状进行测试。

5．如采用特殊的新型浆液，应根据需要进行特殊的分析、试验。

6．配制浆液用的水，应为不含有各种溶解成分的水，不得用对水泥系列浆液有腐蚀作用的水。如用自来水作配制浆液的水，免做此项检验。

7．造孔前监理员需检查整平场地及钻机的情况。

8．根据现场条件和单位吸水率，监理员要将设计的浆液配合比调整为更恰当的现场配合比。

9．监理员要检查水泥系列浆液的水灰比，一般用比重计测定浆液相对密度(比重)，以此换算成水灰比。

（二）过程质量

在施工过程中，监理员要严格监督检查以下几点：(1)孔径；(2)孔深；(3)注浆压力。

（三）常见的问题

注浆地基施工中的常见质量问题、产生的原因、预控和补救措施见表2-22。

常见的问题 **表2-22**

可能产生的质量隐患	产生原因	质量预控措施	补救措施
灌浆孔偏斜	1.场地不平，钻机机台不平；2.施钻不当	1.造孔前整平场地及钻机；2.按规定对钻孔测斜；3.适当加长开孔管	
可灌性差	1.选择浆液及配比不当；2.选择灌浆压力不当，浆液扩散半径小	1.通过试验，选择适用浆液和配比；2.适当加大压力；3.浆液中加缓凝剂、流动剂、加气剂等附加剂	1.对水泥浆液，如调整参数后仍可灌性差，改用水泥—水玻璃浆液；2.局部增加灌浆孔
冒浆	1.岩层破碎，裂隙发育；2.止浆不好，或在用套管嵌入止浆时，套管嵌入不好；3.灌浆压力过大	1.调整灌浆压力；2.限制进浆量；3.间歇灌浆；4.重新嵌套管或下止浆塞	1.必要时在止浆处下套管，用水泥砂浆封住，重新扫孔、灌浆
串浆(浆液从其他钻孔流出	两孔连通性好	1.加大孔间的距离；2.适当延长相邻孔施工时间的间隔；3.用止浆塞塞于被串孔串浆部位上方2～3m处；4.两相邻串浆孔同时灌浆	
浆液过量流失到非灌浆部位	1.岩石破碎，裂隙发育；2.岩溶地区灌浆；3.灌浆压力过大；4.浆液过稀；5.泵量过大	1.采用低压或自流灌浆；2.改用较浓浆液；3.加速凝剂；4.加粗骨料；5.间歇灌浆；6.控制灌浆施工程序，先封闭外围及底层；7.用泵量较小的泵	在灌浆范围的边缘及底部，用水泥-水玻璃浆液，调整配比，使其在几分钟到几十分钟内凝固。
注浆中断	1.突然停电、停水；2.机具设备故障	1.中断时间超过30min时应立即设法冲洗灌浆孔及泵、灌浆管；2.恢复灌浆时，开始应采用初始浆液配比，如吸浆量与中断前相似，可采用中断前的配比	1.冲洗无效时，应重新扫孔或在附近重新造孔；2.恢复灌浆后，极短时间内停止吸浆，应重新打孔并灌浆
劈裂灌浆中出现裂缝	常见问题	1.对纵向裂缝：(1)纵向主裂缝可用孔内下护壁管；(2)顺主裂缝开挖回填夯实；(3)纵向小裂缝：沿缝打浅孔灌浆。2.对横向裂缝：(1)对均质坝，直接灌浆处理，稳定后开挖回填夯实；(2)对砂心坝，用100～150kPa压力向缝内灌浆	同　左

续表

可能产生的质量隐患	产 生 原 因	质量预控措施	补 救 措 施
地面或附近建筑物变形	1.灌浆压力过大;2.灌浆量过大	1.事先布置变形观测点,随时监测;2.立即停止灌浆,分析原因,调整压力及灌浆量	
质量检查效果不佳	综合原因		利用检查孔作补灌浆孔,再行检查

三、注浆地基的监理验收

灌浆材料在地层中隐蔽地扩散,直接定量判断灌浆效果,在技术上是很困难的。如果施工中灌浆量、灌浆压力符合设计文件,一般就可以确认灌浆效果是好的,多数情况无须进行特殊的测试。但是,根据不同的灌浆目的,监理员尽量选择适当的有效手段,进行灌浆效果确认,作为施工验收的依据。

1. 监理员要对注浆施工全过程进行分析,判断灌浆效果和质量。

2. 监理员对注浆范围和灌浆效果的检查方法:

(1)注浆范围内开挖取样;(2)检查孔取样。检查孔的数量宜为总灌浆孔数的5%～10%,且不少于5个。检查孔应布置在地层破碎处、断层、岩溶发育处、钻孔偏斜大、灌浆量不正常处、灌浆过程中出现过问题以及对灌浆质量有怀疑的部位;(3)其他特殊方法(一般不做):放射性同位素探测、电探法、弹性波探查。

3. 地基加固的检查

(1)开挖检查,检查加固体的情况;(2)检查孔取样作抗压、抗剪强度试验;(3)触探、标贯试验。与加固前的地层进行比较,求得加固后地基的承载力等数据;(4)载荷试验;(5)沉降观测。检查部位应选在有代表性的地段及薄弱部位,取试块的部位宜选在浆液有效半径的中间或沿扩散半径均匀布置。试件尺寸应符合有关试验规程的要求,每组试样不小于6个。水泥加固体的灌浆质量检查应在结束灌浆28d后进行。硅化地基验收,对砂土和黄土应在施工完毕15d后进行,黏性土应在60d后进行。其他凝胶、固结时间短的灌浆材料,应根据具体情况确定,一般不小于7d。

4. 截水效果检查

(1)现场钻孔作注(压)水试验,对灌浆前后单位吸水率进行比较,一般要求单位吸水率小于0.01～0.05L/(min·m·m);(2)利用取样进行室内渗透试验;(3)对井巷截水、堵水灌浆处理工程,可从井巷突水量大小,来检查灌浆效果;(4)对用劈裂灌浆防止水坝坝体渗漏的工程,可从坝坡不再有渗水和润湿现象,由坝体引起的坝后渗水基本断流或显著减少,来检查灌浆效果。

效果检查的时间:水泥浆应在该部位灌浆结束14d后进行。黏土——水泥浆应在该部位灌浆结束28d后进行。其他凝胶时间短的浆液可根据具体情况适当缩短。采用劈裂灌浆进行帷幕阻水或水坝防漏加固的效果检查、施工验收应在灌浆结束1年后进行。

5. 覆盖型岩溶地区防止地面塌陷的灌浆效果检查。

(1)钻孔取样,检查溶洞、裂隙、土洞的水泥充填结石情况;(2)现场注(压)水试验。一般要求灌浆段单位吸水率不大于0.05L/(min·m·m);(3)物探仪器测试检查溶洞充填结石情况。

注浆地基质量检验标准应符合表 2-23 的规定。

注浆地基质量检验标准 **表 2-23**

项	序	检查项目		允许偏差或允许值		检查方法
				单位	数值	
主控项目	1	原材料检验	水泥	设计要求		查产品合格证书或抽样送检
			注浆用砂：粒径 细度模数 含泥量及有机物含量	mm %	<2.5 <2.0 <3	试验室试验
			注浆用黏土： 塑性指数 黏粒含量 含砂量 有机物含量	 % % %	 >14 >25 <5 <3	试验室试验
			粉煤灰：细度、烧失量	不粗于同时使用的水泥		试验室试验
				%	<3	
			水玻璃：模数	2.5～3.3		抽样送检
			其他化学浆液	设计要求		查产品合格证书或抽样送检
	2	注浆体强度		设计要求		取样检验
	3	地基承载力		设计要求		按规定方法
一般项目	1	各种注浆材料称量误差		%	<3	抽查
	2	注浆孔位		mm	±20	用钢尺量
	3	注浆孔深		mm	±100	量测注浆管长度
	4	注浆压力（与设计参数比）		%	±10	检查压力表读数

第十节 水泥搅拌桩地基

水泥搅拌法是用于加固软弱地基的一种方法，它是用水泥、石灰等材料作为固化剂的主剂，通过深层搅拌机械，在地基深处就地将软土和固化剂（浆液或粉体）强制搅拌，利用固化剂和软土之间所产生的一系列物理化学反应，使软土硬结成具有整体性、水稳性和一定强度的优质地基、临时支挡结构或防水帷幕。深层搅拌法可根据工程需要作成圆柱状、格栅状、壁状、块状等任意形状，以加固地基，提高地基承载力，减少沉降或用作支挡构筑物、防渗帷幕等。由若干根这类桩柱体及其桩周土构成的加固土体，是一种具有一定压缩性的复合地基。水泥搅拌法的施工流程依其工作方法的不同，一般分浆喷（或湿喷）深层搅拌法和粉喷（或干喷）深层搅拌法两种。深层搅拌工法时间短，工序多，连续性强，成桩速度快，且其工艺流程与场地的岩土工程条件息息相关，为确保该工法在地基处理中充分发挥其技术的先进性、适用性、可靠性和经济性，有必要对其实行全过程的跟踪监控。

一、水泥搅拌桩地基的施工工艺过程

水泥搅拌桩施工工艺包括浆液配制和深层搅拌桩施工两部分。

1．浆液配制：水泥系深层搅拌桩的浆液，最好采用强度等级 32.5 普通硅酸盐水泥，若用低等级水泥时，应进行配比试验，证实达到设计要求时方可应用，水泥质量必须可靠。

水泥浆液的配制要严格控制水灰比，一般为 0.45～0.5，袋装水泥要抽检，加入的水应有定量容器，使用砂浆搅拌机制浆时，每次搅拌不宜少于 3min。

为改善水泥和易性，以提高水泥土的强度和耐久性，在制作水泥浆液时，可掺入适量的外加剂。如用石膏作外加剂时，一般为水泥质量的 1%～2%。三乙醇胺是一种早强剂，可增加搅拌桩的早期强度。木质素磺酸钙主要起减水作用，能增加水泥浆的稠度，有利于泵送，一般掺入量为水泥用量的 0.2%。

制备好的水泥浆不得停置时间过长，超过 2h 应降低强度使用。浆液在灰浆搅拌机中要不断搅拌，直到送浆前。

2．深层搅拌桩施工流程：桩机就位—钻进喷浆到底—提升搅拌—重复喷射搅拌—重复提升复搅—成桩完毕。在施工中，有时在钻进贯入时喷浆，也有在提升时喷浆，何时喷浆最佳须根据地层的软硬情况和搅拌头的工艺特点而定。同理，重复搅拌过程中是否喷浆，亦应根据地基土的力学指标和设计要求灵活掌握；

(1) 桩机就位。利用起重机或开动绞车移动深层搅拌机到达指定桩位对中。为保证桩位准确，必须使用定位卡，桩位对中误差不大于 10cm，导向架和搅拌轴应与地面垂直，垂直度的偏离不应超过 1.5%。

(2) 喷浆成桩。开动灰浆泵，证实浆液从喷嘴喷出时启动桩机向下旋转钻进喷浆成桩并连续喷入水泥浆液，钻进速度应为 1.0m/min，转速 60r/min 左右，喷浆压力控制在 1.0～1.4MPa，喷浆量控制在 30L/min，钻进喷浆成桩到设计桩长或层位后，原地喷浆 0.5min，再反转匀速提升，深度误差不得大于 5.0cm。

(3) 提升搅拌头自桩底反转匀速搅拌提升，直到地面。搅拌头如被软粘土包裹时，应及时清除。

(4) 重复钻进搅拌按上述(2)操作要求进行，如喷浆量已达到设计要求时，只需复搅，不再送浆。

(5) 重复搅拌提升按照上述(3)操作步骤进行，将搅拌头提升到地面。

(6) 成桩完毕连同(3)、(4)、(5)共进行 3 次复搅，即可完成一根搅拌桩的作业，开动灰浆泵清洗管路中残存的水泥浆，桩机移至另一桩位施工另一根搅拌桩。

二、水泥搅拌桩地基的监理巡视检查

(一) 预控

在水泥搅拌桩施工前监理员要对工程材料进行质量检(试)验。

1．书面检验：由监理员按期、按批对承建商(施工单位)提交的水泥等材料的品种、标号、合格证、质保单和试验报告等进行审核。

2．理化检验：对水泥等加固剂材料，施工单位应按规范要求抽样进行化学成分、物理性质和试块短龄期的强度试验。对检(试)验结果复核质量要求，并经监理员签字，认可后方能使用。

3．仲裁检验：当监理员对上述检(试)验结果产生疑问时，可指定具权威性检验部门重新检(试)验,承建商(施工单位)不得拒绝,材料经仲裁检(试)验,若质量合格方可使用。

(二) 过程质量

1. 水泥搅拌桩工序质量控制(见表2-24和表2-25)

水泥搅拌桩施工过程工序质量监控表　　表2-24

工　序	监 控 内 容	质量标准及要求
复审,检查施工准备工作	施工图、桩数,施工顺序,场地布置,桩位放样,测量标志,轴线的复核。试桩及正式确定的搅拌工艺流程。搅拌机械设备,测、丈量器具,加固剂材料	以设计、合同为准,高程标志,桩位标志明确,轴线标桩埋设没有超差。场地布置符合施工规范要求,施工障碍清除。试桩后确定的施工工艺流程能确保搅拌桩设计质量要求。机械设备运转正常,性能良好,测、丈量器具已经校核,精度符合标准要求。加固剂材料质量符合要求
搅拌桩机就位	起吊设备的平整度,导向架搅拌轴的垂直度,桩位对中	现场监督、检查、抽检、复测。有轨道或链轮的搅拌机,左右两轨相距4~5m,高差不大于20cm。导向架搅拌轴对地面的垂直度不得超过1.5%桩长,必须使用定位卡,桩位对中偏差不大于2cm
制备水泥浆液	水泥掺入量,水灰比,浆液浓度,外加剂品种,配比,制浆时间,搅拌均匀性,制浆罐数	以试桩后设计正式确定的配合比为准,一般实际水泥掺量应为理论值的1.1~1.2倍。搅拌机就位同时,发出浆液配制信号后,立即配制水泥浆液。严格控制水灰比为0.45~0.50,水泥要严格称重,水要用定量容器量取,每次搅拌不得少于3min。浆液搅拌要均匀,不能离析,沉淀,停置2h的浆液应降低标号使用。需要掺入外加剂的浆液,应按不同的目的配制。外加剂的配比一般是:石膏粉为水泥重量的2~3%,三乙醇胺为水泥重量的0.05%,木质素璜酸钙为水泥重量的0.2~0.3%为妥,水泥浆液稠度为1~14cm。拌制水泥浆的罐数,按设计注浆量,计算而得。应有详实的制浆记录。尤应注意水泥掺入量,水灰比,制浆数量,搅拌时间等技术参数。当二次复搅喷浆下沉到设计深度时,泵中浆液应尽量排尽,但略有余浆,这一方面可防止断浆,又可避免材料浪费
泵送水泥浆液	泵送时间,泵送压力,送浆量,严防浆液离析、沉淀。防止电压过低或管路堵塞等原因而造成断浆。断浆后应及时处理	搅拌机对中后立即发出送浆信号,及时开启灰浆泵送浆到搅拌头喷浆口喷浆,搅拌下沉至设计深度原地喷浆搅拌0.5min后停止送泵。泵送压力和喷浆量根据试桩试验确定。浆液不能离析,结块,倒入料斗时应用细筛过筛,泵送前应先用稀浆液(或水)湿润管路。按施工准备阶段标定执行,泵送的距离宜小于100m,否则应用流动泵送。因故停浆3h以上,必须排清泵内全部浆液,并清洗管路
喷浆搅拌下沉	搅拌下沉时间,搅拌下沉速度,搅拌下沉深度。工作电流变化	以设计合同为准,严格执行搅拌施工操作规程,搅拌机对中后立即发出泵送浆液信号,待浆液泵送到达喷浆口时,若喷浆无障碍,立即开动搅拌机切土下沉。若遇硬土,工作电流过大,可用钢绳加压器均匀给压。单位时间供浆量要稳定,喷浆搅拌要匀速切土下沉,控制下沉速度为1m/min,误差不得大于±10cm。搅拌机转速60r/min,工作电流不应大于70A(功率70×380=26.6kW)断浆时应将搅拌机提升至地面,待恢复供浆时喷浆搅拌下沉。切土搅拌下沉至设计深度在原地喷浆搅拌0.5min,关闭灰浆泵。搅拌机,反转搅拌提升。应在现场详实作好施工记录,尤其切土下沉时间,送浆与停浆时间。测量深度误差不得大于5cm,时间误差不得大于5s

续表

工　序	监　控　内　容	质量标准及要求
搅拌提升	提升时间,提升速度	搅拌机切土喷浆下沉到设计深度,原地喷浆搅拌 0.5min 后,搅拌机反向旋转,并以 1m/min(误差±10cm),60r/min 匀速搅拌提升至地面。并及时清除糊在搅拌头上的软土
复搅下沉和提升	复搅深度、次数、桩顶质量	复搅深度和次数以设计和施工工艺为准。其操作方法与首次搅拌下沉和提升相一致。是否需要二次喷浆,应按设计要求,若一次喷浆量满足不了注浆量要求时,则在复拌下沉时进行二次喷浆。为确保桩头质量、强度,复搅下沉时,桩身上部 4~5m 范围内,可进行二次喷浆搅拌
清洗	泵送系统及搅拌头	完成搅拌成桩后,向排空的集料斗注入适量清水,并开启灰浆泵,清洗管路。及时清除搅拌头上的软土
移位	施工记录质量检查并签认	检查的重点是:每根桩的水泥用量,水泥浆拌制罐数,注浆过程有无断浆和喷浆搅拌下沉、提升时间及复搅次数、深度。记录深度误差不得大于 5cm。时间误差不大于 5s。施工中出现的问题应及时如实地记录。要求搭接的壁状搅拌群桩应连续施工,相邻桩施工间隔不超过 24h,搭接宽度应大于 10cm

水泥搅拌桩工程质量控制汇总表　　**表 2-25**

项　目	质量标准	允许误差(mm)	检　验　及　认　可			备　注
			检验频率	检验方法	认可程序	
复查轴线桩位布置尺寸和桩数	设计要求和参照本手册建筑施工测量中有关部分所述质量控制进行复查	桩位布置与设计图的误差不得大于 50	复　查	观察和用尺量	监理工程师认可后,才能进行下一道工序	
水泥品种、强度等级,水泥浆的水灰比和外加剂品种、掺量	设计要求		经常检查	观察和检查出厂证明,试验报告	同上	有怀疑时,进行抽样检测
水泥用量、水泥浆拌制数量、提升时间、复搅次数	设计要求。检验搅拌均匀性,观察颜色是否一致		经常检查	观察和随时检查施工记录	同上	
搅拌深度、直径	设计要求		经常检查	观察和用尺量	同上	
桩位中心位移	桩位中心位移不超过 50mm	50	按桩数抽查 5%	用经纬仪或拉线、尺量	同上	
管垂直度	管垂直度不超过 1.5 H/100	1.5H/100	同　上	用经纬仪检查	同上	H 为管长度

续表

项　目	质量标准	允许误差(mm)	检验及认可			备　注
			检验频率	检验方法	认可程序	
桩体强度	设计要求。在成桩后7d内进行成桩质量检查。根据触探击数(N_{10})用对比法判断桩身强度;单桩载荷试验最大加载量为单桩设计荷载的两倍		抽检总桩数2%～5%	钻孔取芯。标准贯入、平板荷载试验、开挖检查,检查强度试验记录和施工记录	同上	抽检频率由设计人员定
成桩桩位、桩数、桩顶强度	设计要求。用直径ϕ16,长度2m的平头钢筋,垂直放在桩顶上,用人力能压入100mm(28d),表明桩顶质量有问题,应采取措施进行处理		全部检查	观察和用尺量,用平头钢筋压入检查	进行下一道工序施工之前,应得到监理工程师的书面认可。否则不得施工	基槽开挖时检查

2. 水泥搅拌桩施工过程质量检查方法

施工过程中深层搅拌施工监理员必须督促检查承建商(施工单位)做到“三按”(按图纸、按工艺、按规范)施工,要求承建商(施工单位)执行“三检”(自检、互检、抽检)制度,施工记录应及时、真实、准确、完备、清晰,这是确保工程质量的前提。

水泥搅拌桩施工监理员检查施工记录的重点在于:核对施工记录上的桩数、桩位、桩长与施工图是否相符;材料用量、总喷浆时间、复喷、复搅深度等是否与试桩工艺要求相符;供浆记录的总喷浆时间与施工记录两者误差应小于10s;停电、机械等因素造成的断桩处理是否符合规范要求;暗塘、暗浜、回填土等特殊地质条件,采取的技术措施是否符合设计要求;试块制作与养护是否符合规范要求。

必要时现场监理员可对重要的施工参数等作些记录以便与承建商(施工单位)的施工报表进行核对。深层搅拌施工监理工程师质量检查的主要方法有:

(1) 巡视检查法

监理人员在深层搅拌法施工中,必须经常及时地对施工人员的操作质量进行巡视检查,重点检查对成桩质量有重要影响的桩机水平度、垂直度、浆液制备、注浆量、有无断浆、喷浆搅拌、提升时间与速度、复搅(喷浆)次数和有效桩长等质量关键点,防止违章操作和偷工减料。

发现违章作业者,应当场指正,要求立即改正,并责令其写出书面检查,保证不重犯。

(2) 工序交接检查法

监理人员于该工法施工过程中,在施工班组完成工序自检、互检的基础上进行工序质量交接的抽样检查,坚持上道工序不合格,下道工序不得施工的原则。如浆液制备若不按设计确定的水泥掺入量、水灰比、外加剂掺入量进行配制，监理人员应立即通知班长令司泵工改正，并重新按要求配制后方能转入送浆、喷浆搅拌工序。

(3) 隐蔽工程验收检查法

监理人员在深层搅拌施工中必需执行隐蔽工程的检查、验收和签认制度。施工记录表、供浆记录表、施工记录汇总表和试块制作等班报表上，除班长、操作工、司泵工、记录员等签字外，监理人员检查、验收后也应签字，否则业主可不予付款。

对监理人员在成桩检查验收中提出的质量问题，承建商(施工单位)要及时、认真地进行处理、改正或补救，处理、补救后还需经监理人员复核，并写明意见。

(4) 工程施工预检法

监理人员施工中对未施工或正在施工的涉及建筑工程和基础工程位置的标准轴线桩、测量标桩及高程水准点应定期会同承建商(施工单位)的质检人员进行预检，防止因桩机进场、移位或其他原因造成的桩位移动或丢失，这是预防重大质量事故的有力措施。

(5) 成品保护质量检查法

监理人员在该工法施工中要经常督促检查承建商(施工单位)做好桩位放样标记的保护工作，发现问题应要求承建商(施工单位)按有关技术规定及时补插，以免施工中漏桩或桩位超差。

最后一根桩完成后 7d 内，不得开挖，这也是现场监理工程师作好成品保护质量检查工作的任务之一。

(6) 完善自身管理法

监理单位在深层搅拌法施工质量监理中应不断完善对自身的管理，如按监理细则及时记录监理日记。发现施工质量问题应及时向业主和承建商(施工单位)反映，必要时可发出监理备忘录或监理通知书。对施工中出现的重大质量问题，监理员可发出停工令，并责令承建商(施工单位)停工整改，整改达标后方可下达复工令。

(三) 常见的问题

水泥搅拌地基施工中的常见质量问题、产生的原因、防治措施见表 2-26。

常见的问题 **表 2-26**

质量通病	原因分析	建议防治措施
搅拌桩体不均匀	1. 工艺不合理；2. 搅拌机械、注浆机械中途发生故障，造成灰浆搅拌不均匀，注浆不连续，供浆不均匀，使软黏土被扰动，无水泥浆拌和；3. 搅拌机下沉、提升速度不均匀	1. 选择合理工艺；2. 施工前对搅拌机械、注浆设备、制浆设备进行检查、维修，使处于正常状态；3. 灰浆拌制机搅拌时间一般不少于 3min，增加搅拌次数，保证拌和均匀，不使浆液沉淀、离析；4. 提高搅拌转速，降低钻进速度，边搅拌，边下沉或提升，提高拌和均匀性；5. 注浆设备要完好，单位时间内注浆量要相等，不能忽多忽少，更不得中断；6. 重复搅拌下沉及提升各一次，以反复搅拌法解决钻进速度快与搅拌速度慢的矛盾，即采用一次注浆，二次补浆或反复搅拌的施工工艺；7. 拌制加固剂时不得任意加水，以防改变水灰比(水泥浆的浓度)，降低拌和强度

质量通病	原因分析	建议防治措施
喷浆中断	1.注浆泵损坏;2.喷浆口被堵塞;3.输浆管路中有硬结块及杂物,造成堵塞,爆裂,管路中途漏浆;4.水泥浆水灰比稠度不合适	1.注浆泵、搅拌机等施工前应试运转,保证性能良好;2.喷浆口应采用逆止闸(单向球阀)或钻头喷浆口上方设置越浆板,以使泥土不得倒灌,解决喷浆孔堵塞问题,使喷浆正常;3.注浆应连续进行,不能中断,高压胶管、搅拌机输浆管与压浆泵应连接可靠;4.压浆泵与输浆管路施工完毕后要清洗干净,集浆斗(池)上部设细筛过滤灰浆,防止杂物及硬块进入各种管路,造成堵塞;5.选用合适的水灰比(宜0.45~0.5)
喷浆搅拌成桩后余浆过多	1.拌浆加水过量;2.输浆管路部分阻塞;3.泵送压力低,单位时间送浆量减少,达不到设计要求	1.重新标定拌浆水灰比,严格执行设计标定的水灰比;2.浆液拌和要均匀,不能停置过久,不得有沉淀或异物;3.喷浆搅拌下沉前要先检查喷浆口,喷浆是否畅通;4.倒入贮桶的液浆一定要进行细筛过滤;5.每次搅拌成桩完毕后,要及时排空泵中残浆,清洗管路的浆液,以防止结块而阻塞;6.适当提高,调正泵送压力,确保设计确定的单位时间送浆量
抱钻、冒浆	1.工艺选择不适当;2.加固土层中的黏土层(特别是硬黏土层)或夹层,是设计拌和工艺的关键问题。因这类粘土颗粒间粘结力强,不易拌和均匀,搅拌过程容易产生抱钻现象;3.有些土层虽不是黏土,也不容易搅拌均匀,但由于其上复压力较大,拌浆能力差,易出现冒浆现象	1.选择适合不同土层的不同施工工艺,如遇较硬土层及较密实亚黏土,可采用以下拌和工艺即:输水搅拌(予搅)—输浆拌和—复搅拌;2.搅拌机下沉入土前,桩位处要适量注水,使搅拌头表面湿润。表土为软黏土层时,还可掺入适量的砂子,改变土的黏度,防止土抱钻头;3.在搅拌、输浆、拌和的过程中,要随时记录孔口所出现的各种现象(如硬层情况、电子控制器的电流变化情况、注水深度、冒水、冒浆情况及外出土量等);4.由于在输浆过程中土体持浆能力的影响出现冒浆,使实际输浆量小于设计量,这时应采用“输水搅拌—输浆拌合—搅拌”工艺,并将搅拌转速控制在50~60r/min;钻进速度为1m/min,会使搅拌均匀,减少冒浆
搅拌钻头和水泥土同步旋转	1.灰浆浓度过大;2.搅拌叶片角度不适宜	1.重新标定浆液的水灰比;2.调正叶片角度或更换钻头
桩顶加固强度低及有效桩长	1.表层加固效果差,是加固体的薄弱环节;2.所确定或选用的搅拌机械和拌和工艺,由于地基表面复盖压力小,在拌和时土体上拱,不易拌和均匀	1.将桩顶标高1m范围内作为加强段,进行再次复拌加压注浆,并提高水泥掺量(一般为15%左右);2.在设计桩顶标高时,应考虑需凿去0.5m,以加强桩顶强度,并保证搅拌喷浆成桩的有效长度,达到设计桩长要求
搅拌下沉困难,电流值高,电机跳闸	1.电压偏低;2.土质较硬,阻力太大;3.遇大块石或树根等障碍物	1.调高电压;2.适量给硬土层注水后搅拌喷浆下沉;3.开挖排除障碍
搅拌机下沉不到预定标高,但电流不高	土质太黏,搅拌机自重不够	增加搅拌机自重或加设反压装置
喷浆搅拌下沉未达到预定标高集料斗浆液已排空	1.拌制灰浆投料不准;2.灰浆泵磨损漏浆;3.灰浆泵输浆量增大	1.重新标定投料量,严格执行设计规定标准;2.检修灰浆泵;3.重新标定灰浆泵的输浆量,严格执行设计规定的单位时输浆量,并保证钻进速度和输浆量均匀

（四）水泥搅拌桩地基施工质量关键控制点

施工过程中监理员应着重注意检查的：1．桩位；2．注浆量和搅拌桩的长度及标高。

三、水泥搅拌桩地基的监理验收

水泥搅拌桩施工验收是保证工程质量的重要手段。该工法的施工验收是在工程项目质量检验和质量评定的基础上进行的。施工质量检验方法和应用范围见表 2-27。水泥搅拌桩地基质量检验标准应符合表 2-28 的规定。

水泥搅拌桩施工质量检验的方法、目的要求和应用范围表　　表 2-27

方法名称	目的要求	应用范围
检查施工记录法	质量检查的重点是水泥用量、水泥浆拌制的罐数、压浆过程中有无断浆现象和喷浆搅拌提升时间及复搅次数。对于不合格的桩应根据其位置和数量等具体情况，分别采取补桩或加强邻桩等措施，但应尽量征得设计人员的同意	施工过程中应随时检查。工程竣工后，施工记录应存档备查
轻型动力触探(N_{10})法	检验搅拌均匀性。成桩 7d 内，用轻型动力触探器附带的勺钻，在搅拌桩体钻孔，取出水泥土桩芯，观察其颜色是否一致，是否存在水泥浆富集的结核。或未被搅匀的土团。检验桩的数量应不少于已完成桩数的 2%	成桩后超过 7d，此法不易使用
	动力触探试验。当 1d 龄期的桩身 N_{10}的击数大于 15 击或 7d 龄期的桩身 N_{10}的击数大于原天然地基的 N_{10}击数一倍以上时，桩身强度已达设计要求。检验桩的数量同上	其深度一般不超过 4m
桩身取样强度检验法	用钻孔直径不小于 108mm 的钻机，钻取桩芯样，制成不小于 50mm×50×50 的试块，进行桩身实际强度的无侧限抗压强度试验	一般在轻型动力触探后，对桩身强度有怀疑的区段进行
动测检验法	桩身龄期达 28d 者，抽桩进行动测检验，以查定桩长和有无断桩、夹泥及扩颈、缩颈等桩身质量问题。予估单桩承载力	常用
载荷试验法	最大加载量为设计荷载的两倍，检验单桩承载力或复合地基承载力。每一场地不少于 2 个点	场地复杂或施工有问题的桩。不常用
开挖检验法	桩位、桩数、桩顶质量检验：开挖后测放建筑物轴线或基础轮廓线，记录实际桩数、桩位、质量，并根据偏位桩的数量、部位、程度进行安全分析，确定补救措施。桩顶强度检验：用 ϕ16mm，长 2m 的平头钢筋，垂直放在桩顶，如用人力能压入 100mm（龄期 28d）者，表明施工质量有问题。一般可将桩顶挖去 0.5m。再填入 C10 混凝土或砂浆即可	最后一根成桩 7 天后，人工开挖。常用，一般挖开桩顶深度约 0.5m
	挖开桩顶 3～4m 深度，检查其外观搭接状态，也可沿壁状加固体轴线，斜向钻孔，使钻杆通过三四根桩身，可检查深部相邻桩的搭接情况	用作止水档土的壁状深层搅拌桩体
沉降观察法	对积累资料，完善设计理论有重要价值。对沉降要求严格的建（构）筑物，应在建筑物施工期或使用期进行	成片住宅小区、有行车的厂房和油罐等建（构）筑物

水泥搅拌桩地基质量检验标准 **表 2-28**

项	序	检查项目	允许偏差或允许值		检查方法
			单位	数值	
主控项目	1	水泥及外掺剂质量	设计要求		查产品合格证书或抽样送检
	2	水泥用量	参数指标		查看流量计
	3	桩体强度	设计要求		按规定办法
	4	地基承载力	设计要求		按规定办法
一般项目	1	机头提升速度	m/min	≤0.5	量机头上升距离及时间
	2	桩底标高	mm	±200	测机头深度
	3	桩顶标高	mm	+100 −50	水准仪(最上部 500mm 不计入)
	4	桩位偏差	mm	<50	用钢尺量
	5	桩径		<0.04D	用钢尺量,D 为桩径
	6	垂直度	%	≤1.5	经纬仪
	7	搭接	mm	>200	用钢尺量

第十一节　土和灰土挤密桩复合地基

土桩与灰土桩挤密复合地基是桩体与桩周挤密土共同组成的人工复合地基。施工方法是在地基土体中采用沉管、冲击或爆扩等方法挤密成孔,然后向孔内填入素土或按一定比例均匀拌合的灰土、水泥土(二灰土),并逐段夯实形成桩体。该工法施工的监控工作,需确定成孔机械和方法、填夯设备、选用的桩体材料类型(土、灰土、水泥土)、设计的桩径、桩长、桩距、排距、地基土的处理范围等是否适用于该工程的岩土工程条件。该工法质量控制内容和过程包括:质量预控措施,施工准备监控,工程材料监控,施工过程监控等。

一、土和灰土挤密桩复合地基材料

用于制桩的土料,可就地取用不含有机杂质,粒径不大于 15mm 的粉土或粉质黏土,使用塑性指数 I_p 大于 17 的黏土时,应慎重。

生石灰中的粉末含量,应不小于总重量的 30%。拌制强度较高的灰土,应选用活性氧化物含量较高的Ⅰ或Ⅱ级石灰,否则应增加石灰用量,生石灰和熟石灰粉的技术指标。灰土材料监控内容包括:

1. 当灰土的密实度为 95%时,不同配合比下灰土的最优含水量及最大干重度标准可参照表 2-29 执行;

灰土最优含水量和最大干重度参考标准 **表 2-29**

配合比	素土	15:85	20:80	25:75	30:70	35:65
最优含水量 W_{op}(%)	21.0	26.0	27.0	27.0	27.0	28.5
最大干重度 γ_{dmax}(kN/m^3)	16.4	14.4	14.1	14.0	13.1	12.6

2. 当土桩与灰土桩以承载为目的时,可根据工程场地条件,选择指定配合比下的养护

措施(空气中养护、水中养护,土中养护),并以试验确定不同龄期的无侧限抗压强度;

3. 当土桩与灰土桩以消除湿陷量,控制沉降为目的时,可根据建筑荷载大小选定相应的压力条件,测定灰土的压缩模量和湿陷系数,并测得相应的含水量、干重度,土粒相对密度、孔隙比等指标;

4. 当土桩与灰土桩以防渗或支护为目的时,选定最优含水量和最大干重度,并实测指定配合比下的渗透系数,与工程实际近似养护条件下的内摩擦角和黏聚力;

5. 灰土用量及配合比,可按理论计算选择,通过试桩结果确定。

二、土和灰土挤密桩复合地基的施工工艺过程

土桩与灰土挤密桩施工包括成孔和夯填两部分。

1. 成孔

挤密土桩、灰土桩的成孔方法分冲击成孔法、振动沉管法、锤击沉管成孔法三种。

锤击沉管成孔法施工包括桩机就位、沉管、拔管、移位四个大工序,其施工要求是:

(1) 桩机安装就位后,使其平整稳固,然后吊起桩管,对准桩位。并在桩管与桩锤间垫好缓冲材料,缓缓放下,使桩管、桩尖、桩锤位于同一垂线上。借锤重及桩管自重,将桩尖压入土中。

(2) 桩尖开始入土时,先低锤轻击(或低提重打),待沉入土中1~2m,各方面正常后,再用预定的速度、落距,锤击沉管至设计深度。

(3) 当沉管速度小于1m/min时,宜由里往外击。当桩距为2~2.5倍桩径或桩距小于2m时,宜采用跳点、跳排打的方法施工。

(4) 夯击沉管时,当桩的倾斜度超过1%~1.5%,应拔管填孔重打;若出现桩锤回跳过高、沉桩速度慢、桩孔斜移、桩靴损坏等情况,应及时回填挤密。每次成孔拔管后,应及时检查桩尖。

(5) 用柴油锤沉桩至设计深度后,应立即关闭油门,及时均速(≤1.0m/min,软弱层及软硬交界处0.8m/min)拔管,有困难时可用水浸湿桩管周围土层或旋活桩管后起拔,拔出桩管后立即测量桩孔直径和深度。

如发现缩径现象,可用洛阳铲扩孔或上下串动桩管扩孔。缩径严重时,可在桩孔内充填干砂、生石灰、水泥、干粉煤灰、碎砖渣等,稍停一段时间后,再将桩管沉入孔中,采用上法仍无效,可采用素混凝土或碎石填入缩孔地段,用桩管反复挤密后,在其上再做土桩或灰土桩;亦可用预制混凝土桩打到缩径处以下的桩孔中,成为上段是土桩或灰土桩而下段是混凝土桩的混合桩。

(6) 在建筑物的重要部位、荷载、基础型式或尺寸变异性大处、以及土层软弱的地方,需要严格控制成孔、制桩质量。必要时应采取加密桩或设短桩的措施,并做好记录,控制一根桩的总锤击数、总填料量和最后一米的锤击数和最后2m10击的贯入度。其值可按设计要求和施工经验确定。沉管的贯入度应在桩尖未破坏、锤击无偏心、锤的落距符合规定、桩帽和弹性垫层正常等条件下测定。

(7) 施工中注意施工安全,成孔后桩机应撤离一定距离,并及时夯填桩孔(未夯填的桩孔不得超过10个),或孔口加盖。

2. 夯填

夯填施工按以下要求进行:

(1) 按设计要求配制夯填料，土桩和灰土桩的压实系数分别应达到0.93和0.950 。

(2) 施工前，应进行2～3根桩的填料数量、夯击次数的试验。

(3) 施工中监理员应注意：1) 锤能自由落入孔底；2)检查孔径、孔深、孔的倾斜度、孔的中心位置合格后，清除孔内杂物和积水，并夯实孔底(夯次不得少于8～10次)。待夯至有效深度或其下30～50cm，孔底发出清脆声时，正式开始填料夯击。3)下料、夯击交替进行，做到均匀下料、均匀夯击至设计标高以上20～30cm时为止。桩顶至地面间的空挡段可采用素土夯填处理；4)规定填入孔内的填料量、填入次数、填料的拌和质量、含水量、夯击次数，应由专人操作、记录和管理，并对上述项目按总桩数的2%进行随机抽样检查。每班抽样检查不少于1～2次。对于施工完毕的桩号、排号、桩数逐个与施工图对照检查，如发现问题应立即返工或补打、补填。

三、土和灰土挤密桩复合地基的监理巡视检查

(一) 预控

1. 成孔施工时，监理员需注意：地基土宜接近最优含水量，当含水量低于12%时，须加水至最优含水量。

2. 填料前，监理员要监督施工单位处理好孔底残土。

3. 地基土质与勘察资料不符，并影响成孔或回填夯实时，监理员应立即停止施工。

(二) 过程质量控制

1. 成孔深度、桩径应符合设计要求，夯实质量应严格控制，并及时进行检测。若锤击数不够，可适当增加锤击数，若锤底静压力、能量比、夯击能不够，应更换夯锤或夯实机。

2. 回填料应拌和均匀，且适当控制其含水量到接近最优含水量，一般用“手握成团、落地开花”的现场经验判别，或用现场含水量和干密度快速测定法测定。

3. 每个桩孔回填料应与桩孔计算量相符，并适当考虑1.1～1.2的充盈系数。

4. 施工过程中，监理员应加强对操作质量的检查。对违规操作，易造成工程质量缺陷的操作，危及操作者自身和其他施工人员人身安全的操作要及时纠正。

5. 制桩材料的选用、运输、进入现场后的复检，合格材料夯填前的配制及保护等程序，监理员应层层把关；设备进场后的运行状态、成孔、以及桩孔夯填也应进行检查并作好记录。

6. 雨期和冬期施工，监理员应督促施工方采取防雨、防冻措施，防止土料、灰土或水泥土料受雨淋湿和冻结。

(三) 常见的问题

土与灰土挤密桩复合地基施工中的常见质量问题、产生的原因、建议措施见表2-30。

常见的问题 **表2-30**

施工过程	现　象	原　因	建议措施
沉管	①桩锤突然回跳过高，桩管进入很慢；②桩孔斜移，桩靴、桩头、活门损坏；③桩管贯入度过大，桩锤不回弹或沉入速度过快	①遇地下障碍物；②桩机就位不平稳，架设不牢固，遇地下障碍物；③土质松软，有空洞	①查明其埋深，分布范围，并予以清除或在周围增加桩数；②使桩机牢固平稳，或从结构上采取适当弥补措施，增加桩数；③填入无粘性土料反复沉管挤压，增大桩管直径

续表

施工过程	现　　象	原　因	建 议 措 施
桩孔	①孔内积水；②桩管起拔困难；③缩径或堵塞，孔壁坍塌，孔底有虚土。④挤密困难	①上层渗水、涌水、积水；②桩管在土中搁置时间过久等；③土层含水量过大；④挤密顺序有误	①将水排出地表或将水下部位改为混凝土桩、碎石桩、预制桩；②用水浸润桩管周围土层或将桩管旋转后再拔出；③向孔内填干砂，生石灰块，干水泥，碎砖碴，粉煤灰，稍后重新成孔；④成孔挤密由外向里间隔进行（硬土由里往外打）
夯填	①回填不均匀；②夯击不密实；③桩身疏松，夹有生土或断裂，出现孔洞和孔隙；④孔壁塌方；⑤ 桩身强度不够	①锤击数不够；②锤击静压力、能量比、夯击能不够；③填料不均匀，含水量不佳	①增加锤击数；②更换夯锤或夯实机；③填料拌合不均匀，控制含水量接近最优含水量；④清除塌方土，用C10混凝土灌注，回填夯实；⑤掺入水泥、石膏、粉煤灰等增强材料

(四) 挤密桩复合地基质量控制的关键点

施工过程中监理员应着重注意检查的几点：

1. 监理员要严格检查成孔深度、桩孔直径

成孔深度、桩径应符合设计要求，夯实质量应严格控制，并及时进行检测。若锤击数不够，可适当增加锤击数，若锤底静压力、能量比、夯击能不够，应更换夯锤或夯实机。

2. 施工中监理员应对填料的含水量严格检查

回填料应拌和均匀，且适当控制其含水量到接近最优含水量，一般用“手握成团、落地开花”的现场经验判别，或用现场含水量和干密度快速测定法测定。

四、土和灰土挤密桩复合地基的见证试验

施工质量与加固效果检验不能截然分开，其内容是：桩点位置、桩径、桩深、桩孔垂直度、桩孔夯填质量、挤密效果、复合地基承载力以及建筑物竣工后一定时间的沉降观测等。有关桩孔容许偏差见表2-31。

桩 孔 容 许 偏 差　　　　**表 2-31**

成 孔 方 式	容　许　偏　差			
	孔位(mm)	垂直度(%)	桩径(mm)	深度(mm)
沉 管 法	50	1.5	-20	≤100
冲 击 法	50	1.5	+100 -50	≤300

(一) 桩身填夯质量检验

1. 环刀取样检验　用长把洛阳铲在桩孔中心凿孔，自基底起每隔1.0～1.5m(亦可自孔底起，每夯一层)，用环刀取出夯实土样，测定其干重度和压实系数 λ_c，实测值大于设计值时为合格。

2. 轻便触探检验　以填夯试验求得的触探锤击数 N_{10} 和填料的压实系数之间的关系曲线为依据，按设计要求的 λ_c 或 γ_d 值定出轻便触探检验的“检定锤击数”。施工时以实际击

数不少于“检定锤击数”为合格，此项检验宜在桩孔夯实后当天完成。

3. 开剖取样检验　包括：(1)试验开剖取样在与轻便触探检验相同条件下，为取得不同下料速度回填夯实情况的干重度和压实系数，为绘制 N_{10}-λ_c 曲线时采用，沿桩身每隔 10～15cm 取 3～6 个原状夯实试样，分别测定其干重度，并计算出每层填料的平均压实系数；(2)验收和评定质量时的开剖取样每个场地开剖 2～3 处取样分析。开剖时，从基底开始向下沿深度每隔 1.0～1.5m 分层取出原状夯实试样(为防止灰土硬化后，难以取成，灰土桩在成桩后 24h 内取样，土桩在 72h 内取样)，测定各夯层夯实土的平均干重度，并计算其压实系数。当实测的平均干重度和计算的压实系数大于设计或施工要求的干重度和压实系数时，则加固质量合格。

(二) 桩间土挤密质量检验

1. 探井取样检验　每项工程应在图 2-5 所示三个桩孔构成的挤密单元内，布置取样探井，探井深度大于桩长 1.0m，以 1.0～1.5m 为一层，从图 2-5所示的方格中(方格边长 10～15cm)，取出土样亦可在该单元内选择 3～4 个有代表性的位置取样，测其干密度和挤密系数。

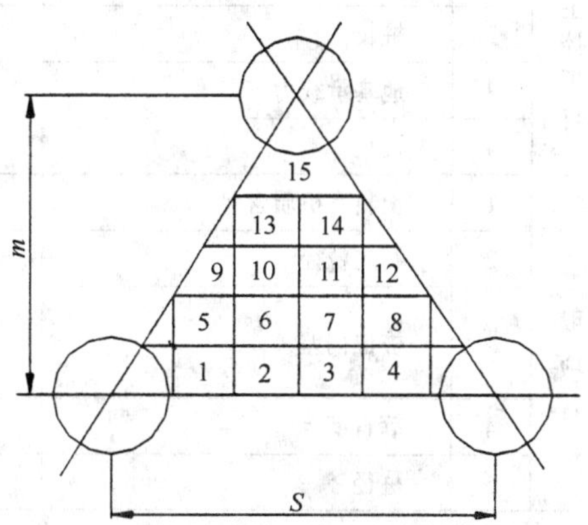

图 2-5　桩间土挤密效果取样点

2. 静力触探检验　在三桩之间的形心部位，布置 2～3 个静力触探点，确定桩间土挤密效果及其承载力。

3. 标准贯入试验检验　在三桩之间形心处打孔，按 1.0～1.5m 间距，进行标准贯入试验，确定桩间土挤密效果及其承载力。

(三) 载荷试验

重要和大型工程除上述检测内容外，尚应作现场载荷试验和浸水载荷试验。确定单桩、桩间土、复合地基承载力标准值和变形模量；检验地基处理后消除湿陷性的效果和浸水条件下的沉降量；埋设土压力盒、应力测试元件、分层沉降观测标点，进行基础或压板下不同深度、不同位置处桩体和土体的土压力、土应变的测试和沉降观测。

载荷试验分单桩、天然土和桩间土、复合地基载荷试验及相应的浸水载荷试验等几种。

1. 承压板的布置和土压力盒、测试元件、沉降观测标的埋设方法，按方法不同而异。

2. 压力盒、量测元件、沉降观测标的布置、埋设后，将被挖桩身埋填夯实。

3. 浸水载荷试验是在地基承载力标准值或建筑物基底荷载下浸水至饱和状态，然后逐级加荷，观测在浸水条件下的沉降量。(1)浸水坑的尺寸，非自重湿陷性场地，与一般载荷试验相同；在自重湿陷性场地，需测定地基的剩余湿陷量、自重湿陷量时，浸水坑的直径或边长不应小于湿陷性土层的厚度，并不应小于 10m，浸水坑底铺设 5～10cm 厚的粗砂或小石子层。(2)浸水坑内应保持 30cm 的水头高度(从压板底算起)、浸水量由流量表记量。

五、土和灰土挤密桩复合地基的监理验收

(一) 质量检验

1. 检验方法

(1) 对桩身夯填的质量检验，可采用环刀取样检验，轻便触探试验，开剖取样检验等方法；

(2) 对桩间土的检验,应选择在三根桩的中心,采用探井取样检验、静力触探试验、标准贯入试验等;

(3) 必要时采用载荷试验检验;

(4) 土桩与灰土桩挤密地基也可采用旁压试验,动力触探试验、夯击能量检验等方法。土和灰土挤密桩地基质量检验标准应符合表2-32的规定;

土和灰土挤密桩复合地基质量检验标准　　表2-32

项	序	检查项目	允许偏差或允许值		检查方法
			单位	数值	
主控项目	1	桩体及桩间土干密度	设计要求		现场取样检查
	2	桩长	mm	+500	测桩管长度或垂球测孔深
	3	地基承载力	设计要求		按规定的方法
	4	桩径	mm	−20	用钢尺量
一般项目	1	土料有机质含量	%	≤5	试验室焙烧法
	2	石灰粒径	mm	≤5	筛分法
	3	桩位偏差		满堂布桩≤0.40D 条基布桩≤0.25D	用钢尺量,D为桩径
	4	垂直度	%	≤1.5	用经纬仪测桩管
	5	桩径	mm	−20	用钢尺量

注:桩径允许偏差负值是指个别断面。

2. 检验数量

孔内填料的夯实质量,监理员应及时抽样检查,其数量不得少于总孔数的2%,每台班不应少于1孔。在全部孔深内宜每米取土样测定其干密度,检测点的位置应在距孔心2/3孔半径处。孔内填料的夯实质量,也可通过现场试验确定检测点数。

(二) 检查验收

1. 检查验收程序:由单位工程技术负责人填写隐蔽工程检查验收记录,参加人员签章,业主代表或监理签署验核意见后,方为有效;

2. 检查验收时间:隐蔽工程记录的编写应在验收后不超过2d内完成。

第十二节　水泥粉煤灰碎石桩复合地基

水泥粉煤灰碎石桩复合地基是通过在碎石桩体中添加以水泥为主的胶结材料(添加粉煤灰的作用为增加合料的和易性并起低强度水泥作用,同时还添加适量石屑以改善级配),使桩体获得胶结并从散体材料桩转化为柔性桩。水泥粉煤灰碎石桩适用于松散的、非饱和黏性土、素填土、以炉灰、炉渣、建筑垃圾为主的杂填土、黄土和砂土。

一、水泥粉煤灰碎石桩复合地基材料

水泥粉煤灰碎石桩复合地基材料质量控制的要点:

1. 掌握材料信息优选供货厂家。碎石料订货前,承建商(施工单位)应提出样品及有关订货厂家情况,石料质量、价格、供货能力、货源情况,产场情况;2. 合理组织材料供应,确保

施工正常进行。按质、按量、按期满足施工需要；3. 合理组织材料使用，减少材料损失。按定额计量使用，加强运输，健全现场材料管理制度；4. 加强材料检查验收，严把材料质量关。材料进场必须具备正式出厂合格证、材质化验单。

材料质量控制内容

1. 材料质量控制内容见表 2-33。

材料质量控制 表 2-33

检查方法	检查内容	质量要求
书面检查	质量保证资料、出厂合格证、材质化验单	符合设计要求
外观检查	品种、规格标志、含泥量、新鲜程度	符合设计要求
理化检验	物理力学性能、级配、有害矿物成分	符合《地基与基础工程施工及验收规范》规定

2. 材料质量标准

(1)出厂合格证、材质化验单。每份材质化验单代表批量最大是 600t(机械化生产)；60t(手工生产)；(2)无腐蚀性、性能稳定的硬粒料，最大粒径不宜大于 50mm，填料含泥量小于 10%，不得含黏土块。

3. 影响材料质量因素与控制措施(见表 2-34)

材料质量控制措施 表 2-34

质量问题	影响材质因素	措施
含泥量大	采场管理混乱	加强管理
侵蚀性矿物	风化石过多	选好采场
粒径不符合	未按规定筛选	更换筛选网目
污染	堆放场地不清	集中堆放、堆场做好混凝土地坪

二、水泥粉煤灰碎石桩复合地基的施工工艺过程

水泥粉煤灰碎石桩地基施工工艺包括以下几点：

1. 机具就位

监理员要监督施工单位按设计图纸测量放线，把各桩位按编号测放施工现场。各桩位用写有各机位编号的木桩标出，沉管中心对准桩位中心，偏差小于 $0.2D$。

2. 成孔

就位后监理员须先检查振动器运转是否正常，电压要求控制在 380±20V。贯入速度 1.5～2.0m/min，沉管端部活门须处于关闭状态，沉管深度须达到设计桩长的深度。观察记录振冲器电流的变化值，电流值应小于电机额定电流值。

3. 填料

监理员要注意填料须分段进行，当填料达到管预定深度后，将沉管提升 1.0～1.5m，由空压系统加压推料，保持管内填料高度大于 0.5m 要求。

4. 振密

监理员要严格控制密实电流。密实电流超过空载电流 15～30A，每贯入 0.5～1.0m，留振时间为 30～60s。气压、压力按设计值要求。并作详细施工记录。

5. 加压留振

每段桩身须加压、留振;压力值控制在40～60kPa,留振时间为30～60s,密实电流超过空载电流15～30A,每段桩长度不超过1.0m。

三、水泥粉煤灰碎石桩复合地基的监理巡视检查

(一) 过程质量

1. 场地平整:监理员需注意平整程度、承载力、场容布置、地上地下高空障碍物、不良地质现象;场地平整:每100m范围内地面高差±5cm,承载力60kPa。

2. 测量定桩位:监理员应注意桩平面位置、桩编号、保护桩、场地标高。要求桩位偏差0.2D,编号准确,水准仪测标高,一级测量,一级复测。

3. 监理员要注意:机架安装要求平稳,安全高度,起重高度大于设计桩长,倾斜度小于1%。

4. 对施工机具就位,监理员要注意:复核桩位钢套管中心与桩位中心,要求桩位准确,偏差小于4～50mm,轴心与桩位中心重合,机架倾斜小于1%。

5. 成孔:监控成孔速度,电流,成孔深度,孔径。成孔速度1～2m/min,孔深、孔径须符合设计要求。

6. 填料:一次性填料0.15～0.3m,填料由下而上,成桩后桩身段0.5～1.0m。

7. 监理员要注意提升密实:监控密实电流,留振时间,提升速度。密实电流超过空振电流(15～30A),留振时间30～60s,提升速度1～2m/min。

8. 施工记录:要求记录内容齐全,应包括桩号、桩长、桩径、填料量、密实电流、留振时间、制桩日期、制桩时间等。根据施工记录、报表逐项详细记录并复核。

(二) 常见的问题

水泥粉煤灰碎石桩复合地基施工中的常见质量问题、产生的原因、防治措施见表2-35。

常见的问题 **表2-35**

质量通病	原因分析	防治措施
桩长未达到设计图所规定设计深度	土中遇到硬物,机械设备选择不当	人力或机械挖除障碍物,加大激振压力,选用合适的施工机械设备
卡料	填料粒径太大	对填料选用适宜级配,最大粒径与振冲器外径匹配
孔壁坍落及缩孔	遇中砂、粗砂、粉细砂层	下护洞套管,先护壁,后制桩
上部桩体0.5～1.0m密实度差	上部桩周围被动土压力小	挖除另作垫层;振冲施工前,先预留1m左右土层;浅层夯实或振动碾压
桩底加料不足	桩底直径大,需填料量大,密实电流不易达到	增加填料量,增加密实电流,延长留振时间
桩体强度不足	软土抗剪强度小于20kPa,填料不足;密实电流不足,留振时间不足;电压不足;提升高度太大,速度过快	降低地下水位,遇软土时先护壁,后制桩。调高电压,增加填料量,增加密实电流,延长留振时间,控制提升高度与速度
周围建(构)筑物影响	施工速度过快,孔隙水压力高,选用振冲器功率不当	放慢施工速度,改进施工流程,设置防振沟,及排水设施,选用合适功率的振冲器
漏桩,漏振	管理不善,责任心差	加强施工管理,提高施工人员质量意识。补桩,复打

(三) 水泥粉煤灰碎石桩复合地基施工质量控制关键点

施工过程中监理员应着重注意检查的几点：

1. 成孔：监理员要监控成孔速度、电流、成孔深度、孔径。成孔速度1～2m/min，孔深、孔径须符合设计要求。

2. 提升密实：监理员要监控密实电流，留振时间，提升速度。密实电流超过空振电流(15～30A)，留振时间30～60s，提升速度1～2m/min。

四、水泥粉煤灰碎石桩复合地基的监理验收

(一) 验收准备

1. 完成收尾工作

监理员要按设计图纸和合同要求，逐一对照，找出遗漏桩和补强工作。

2. 验收资料准备

施工记录、测试报告、有关文件及资料。

(二) 验收标准

水泥粉煤灰碎石桩地基质量检验标准应符合表2-36的规定。

水泥粉煤灰碎石桩地基质量检验标准 **表2-36**

项	序	检查项目	允许偏差或允许值		检查方法
			单位	数值	
主控项目	1	原材料	设计要求		查产品合格证书或抽样送检
	2	桩径	mm	-20	用钢尺量或计算填料量
	3	桩身强度	设计要求		查28d试块强度
	4	地基承载力	设计要求		按规定的办法
一般项目	1	桩身完整性	按桩基检测技术规范		按桩基检测技术规范
	2	桩位偏差		满堂布桩≤0.40D 条基布桩≤0.25D	用钢尺量，D为桩径
	3	桩垂直度	%	≤1.5	用经纬仪测桩管
	4	桩长	mm	+100	测桩管长度或垂球测孔深
	5	褥垫层夯填度	≤0.9		用钢尺量

注：1. 夯填度指夯实后的褥垫层厚度与虚体厚度的比值。

2. 桩径允许偏差负值是指个别断面。

第十三节　夯实水泥土桩复合地基

夯实水泥土桩复合地基适用于松散的非饱和黏性土、素填土、以炉灰、炉渣、建筑垃圾为主的杂填土、黄土和砂土。夯实水泥土桩复合地基是桩体与桩周挤密土共同组成的人工复合地基。施工方法是在地基土体中采用沉管、冲击或爆扩等方法挤密成孔，然后向孔内填入按一定比例均匀拌合的水泥土，并逐段夯实形成桩体。

一、夯实水泥土桩复合地基的施工工艺过程

夯实水泥土桩复合地基的施工过程包括以下几部分：

1．机具就位

监理员要监督施工单位按设计图纸测量放线，把各桩位按编号测放施工现场。各桩位用写有各机位编号的木桩标出，沉管中心对准桩位中心，偏差小于 0.2D。

2．成孔

就位后监理员须先检查振动器运转是否正常，电压要求控制在 380±20V。贯入速度 1.5～2.0m/min，沉管端部活门须处于关闭状态，沉管深度须达到设计桩长的深度。观察记录振冲器电流的变化值，电流值应小于电机额定电流值。

3．填料

监理员要注意填料须分段进行，当填料达到管预定深度后，将沉管提升 1.0～1.5m，由空压系统加压推料，保持管内填料高度大于 0.5m 要求。

4．夯实

二、夯实水泥土桩复合地基的监理巡视检查

（一）过程质量

1．场地平整：监理员要注意平整程度、承载力、场容布置、地上地下高空障碍物、不良地质现象；场地平整：每 100m 范围内地面高差±5cm，承载力 60kPa；

2．测量定桩位：监理员要注意桩平面位置、桩编号、保护桩、场地标高。要求桩位偏差 0.2D，编号准确，水准仪测标高，一级测量，一级复测；

3．施工操作：施工过程中，监理员应加强对操作质量的检查。对违规操作，易造成工程质量缺陷的操作，危及操作者自身和其他施工人员人身安全的操作要及时纠正；

4．工序交接：制桩材料的选用、运输、进入现场后的复检、合格材料夯填前的配制及保护等程序，监理员应层层把关；设备进场后的运行状态、成孔、以及桩孔夯填也应进行检查并作好记录；

5．质量保护：雨期和冬期施工，监理员应督促施工单位采取防雨、防冻措施，防止土料、水泥土料受雨淋湿和冻结。

（二）常见的问题

夯实水泥土桩复合地基施工中的常见质量问题、产生的原因、建议措施见表 2-37。

常见的问题 **表 2-37**

施工过程	现象	原因	措施
沉管	①桩锤突然回跳过高，桩管进入很慢；②桩孔斜移，桩靴、桩头、活门损坏；③桩管贯入度过大，桩锤不回弹或沉入速度过快	①遇地下障碍物；②桩机就位不平稳，架设不牢固，遇地下障碍物；③土质松软，有空洞	①查明其埋深，分布范围，并予以清除或在周围增加桩数；②使桩机牢固平稳，或从结构上采取适当弥补措施，增加桩数；③填入无黏性土料反复沉管挤压，增大桩管直径
桩孔	①孔内积水；②桩管起拔困难；③缩径或堵塞，孔壁坍塌，孔底有虚土；④挤密困难	①上层渗水、涌水、积水；②桩管在土中搁置时间过久等；③土层含水量过大；④挤密顺序有误	①将水排出地表或将水下部位改为混凝土桩、碎石桩、预制桩；②用水浸润桩管周围土层或将桩管旋转后再拔出；③向孔内填干砂，生石灰块，干水泥，碎砖渣，粉煤灰，稍后重新成孔；④成孔挤密由外向里间隔进行(硬土由里往外打)

续表

施工过程	现　　象	原　　因	措　　施
夯填	①回填不均匀;②夯击不密实;③桩身疏松,夹有生土或断裂,出现孔洞和孔隙;④孔壁塌方;⑤桩身强度不够	①锤击数不够;②锤击静压力、能量比、夯击能不够;③填料不均匀,含水量不佳	①增加锤击数;②更换夯锤或夯实机;③填料拌合不均匀,控制含水量接近最优含水量;④清除塌方土,用C10混凝土灌注,回填夯实;⑤ 掺入水泥,石膏,粉煤灰等增强材料

三、夯实水泥土桩复合地基的见证试验

1．对桩身夯填的质量检验,可采用环刀取样检验,轻便触探试验,开剖取样检验等方法;

2．对桩间土的检验,应选择在三根桩的中心,采用探井取样检验、静力触探试验、标准贯入试验等;

3．必要时采用载荷试验检验;

4．土桩与灰土桩挤密地基也可采用旁压试验,动力触探试验、夯击能量检验等方法。

四、夯实水泥土桩复合地基的监理验收

1．质量检验

夯实水泥土桩复合地基质量检验标准应符合表2-38的规定。

夯实水泥土桩复合地基质量检验标准　　表2-38

项	序	检查项目	允许偏差或允许值		检查方法
			单位	数值	
主控项目	1	桩　　径	mm	−20	用钢尺量
	2	桩　　长	mm	+500	测桩孔深度
	3	桩体干密度	设计要求		现场取样检查
	4	地基承载力	设计要求		按规定的方法
一般项目	1	土料有机质含量	%	≤5	焙烧法
	2	含水量(与最优含水量比)	%	±2	烘干法
	3	土料粒径	mm	≤20	筛分法
	4	水泥质量	设计要求		查产品质量合格证书或抽样送检
	5	桩位偏差		满堂布桩≤0.40D 条基布桩≤0.25D	用钢尺量,D为桩径
	6	桩孔垂直度	%	≤1.5	用经纬仪测桩管
	7	褥垫层夯填度	≤0.9		用钢尺量

注:1．夯填度指夯实后的褥垫层厚度与虚体厚度的比值。

2．桩径允许偏差负值是指个别断面。

2．检验数量

孔内填料的夯实质量,监理员应及时抽样检查,其数量不得少于总孔数的2%,每台班不应少于1孔。在全部孔深内宜每米取土样测定其干密度,检测点的位置应在距孔心2/3

孔半径处。孔内填料的夯实质量,也可通过现场试验确定检测点数。

3. 检查验收

(1) 检查验收程序:由单位工程技术负责人填写隐蔽工程检查验收记录,参加人员签章,业主代表或监理签署验核意见后,方为有效。

(2) 检查验收时间:隐蔽工程记录的编写应在验收后不超过2d内完成。

第十四节　砂　桩　地　基

砂桩地基是在软弱的地基土上采用挤密砂桩或振冲砂桩方法,提高了原地基土的承载力,是一种复合地基施工方法。

它的主要材料为砂,砂可用天然级配的中、粗砂或其他有良好渗水性的代用材料,粒径以0.3 ~3mm为宜,含泥量不大于5 %。

砂桩适用的地层范围很广,如较深厚的松砂土、填土、粉土、黏性土等,都可以采用砂桩方法。砂桩增加了地基土的密实度及抗剪强度,使地基土密实均匀,并减少了地基沉降。

一、砂桩地基的施工工艺过程

砂桩地基施工方法有:1. 振动沉管法;2. 冲击成桩法。

1. 振动沉管法:是在振动锤的振动作用下,把桩管打入土中至设计深度,然后投入砂料,振动密实而成为砂桩。

成桩工艺目前有3种,即一次拔管成桩法、逐步拔管成桩法和重复压管成桩法。工艺流程如图2-6。

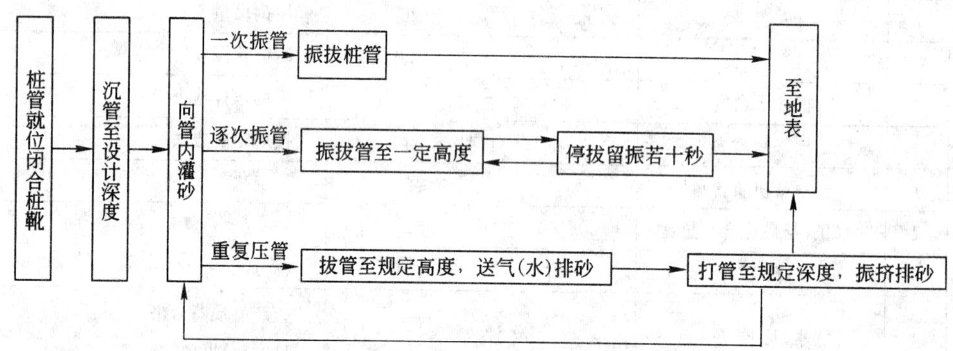

图2-6　振动沉管施工砂桩工艺流程

2. 冲击成桩法是利用蒸汽或柴油打桩机把桩管打入地基土中,向桩管内灌砂,然后拔出桩管,形成砂桩。

(1) 单管法施工工艺为:桩管就位、闭合桩靴——沉桩管至设计深度——灌砂——边击边拔出桩管。

(2) 双管法有两根桩管(底端开口的外管和底端封口的内管)。其施工工艺为:桩管就位——沉内、外管至设计深度——拔起内管——向外管内灌砂并放下内管至砂面——拔起外管,使外管底端与内管底端齐平——将内外管打至规定深度——重复后面四项工序,直至拔出地面。

振动法和冲击法均可用于砂性土和黏性土中施工。砂性土具有易振密的特点，施工中应优先选择振动成桩法。其中一次拔管法成桩工艺简单，工效较高，但是施工质量不如逐步拔管法和重复压拔管法更易得到保证。当砂桩质量要求较高时，一般不应采用一次拔管法，在软黏土中，如果要求成桩直径较大，可选用双管法或振动重复压拔管法。

在砂性土地基中施工应从外围或两侧向中间进行，以挤密为主的砂桩宜隔行施工；在淤泥质黏土地基中砂桩宜从中间向外围或隔排施工。在已有建(构)筑物临近施工，应背离建(构)筑物方向进行；在路堤或岸坡上施工应背离岸边和向坡顶方向进行。

二、砂桩地基的监理巡视检查

(一) 预控

1. 根据地层规律，监理员要督促施工方找出合适的施工用电流。

2. 严格施工工序的监控，监理员要严格控制桩的上拔速率。

(二) 过程质量

1. 采用振动沉管法施工

(1) 监理员所要注意的保证砂桩质量的几项措施：

1) 桩管拔起时速度不能过快，可根据试验确定。通常的拔管速度为 2m/min。

2) 控制每段砂桩的灌砂量。一般应按桩孔体积和砂在中密状态时的干密度计算，其实际灌砂量(不包括水重)不得少于计算值的 95%。

3) 逐步沉管法中，每段拔起高度和留振时间可由现场试验确定。

4) 在软黏土中施工，桩管未入土前先向桩管内灌 1.0～1.5m^3 的砂，打到预定深度后，复打 2～3 次，这样可以保证桩底成孔更好。

5) 向桩管内灌砂的同时，应向桩管内通水或压缩空气，利于砂排出桩管。

6) 桩管排砂不畅时，可适当加大风压。桩管快拔出地面时，应减小风压，防止砂料外飘。

7) 注意贯入曲线和电流曲线。如土质较硬，或者排砂量正常，贯入曲线平缓，而电流曲线变化幅度大。

(2) 砂桩施工的质量要求：

1) 砂桩必须是上下连续，确保设计长度。

2) 满足单位深度的灌砂量。

3) 桩体的强度和桩周土加固的效果，均可用标准贯入或轻便触探检验，亦可用锤击法检查其密实度和均匀性。

4) 砂桩平面位置和垂直度的偏差均满足允许值。

砂桩质量检验见表 2-39。

砂桩质量检验表 **表 2-39**

检 查 项 目	质量标准和允许偏差	检 验 方 法
桩身垂直度	≤1.5l/100(l 为桩长)	现场外观检查、观测桩架和桩管的垂直度
桩 位	≤D/2(D 为桩径)	查测 x、y 轴两个方向最大值
灌 砂 量	连续灌砂到规定深度满足每米深度的灌砂量	检查施工记录曲线或钻孔检查
标准贯入试验	N≥10	钻孔检查

续表

检查项目	质量标准和允许偏差		检验方法
桩深	沉管法	≤100mm	检查施工记录曲线或钻孔检查
	冲击法	≤300mm	
桩径	沉管法	−20mm	尺量检查
	冲击法	+100mm，−50mm	

5）如果实际灌砂量未达到设计要求值，应在原桩位复打一次，并灌砂。或在其旁边补加一根砂桩。

2．采用冲击成桩法施工

施工时监理员要注意：(1)拔管速度以1.5～3.0m/min为宜；(2)控制单位桩长灌砂量；(3)双管法施工时，可按贯入度控制成桩。

（三）常见的问题

砂桩地基施工中常见的质量问题、产生的原因、建议措施见表2-40。

常见的问题 **表2-40**

施工事故及质量隐患	出现部位	产生原因	预防措施	补救措施
缩径；桩孔小于设计口径	地层较软弱部位；桩的中上部	提管过快；振动电流小	严格按操作规程施工，上拔速率＜2m/min；调整施工电流	进行反插作业；补桩
坍孔	桩的中下部；成流塑状的地层	振动电流太大；地层太软	根据地层规律；找出合适的施工用电流	在坍孔部位及时充填砂料，并进行反插作业，以促进砂的密实
个别点位试验未达设计承载力	局部地区	砂桩不密实；局部地区地层较软；超孔隙水压力未消散	严格施工工序的监控；控制桩的上拔速率；施工前详尽分析岩土工程勘察资料；进行补勘	间隔一段时间进行复试；补桩

（四）砂桩地基质量控制关键点

施工过程中监理员应着重注意检查的几点：

1．施工中监理员要检查砂桩的桩位、标高。

2．监理员要控制每段砂桩的灌砂量。一般应按桩孔体积和砂在中密状态时的干密度计算，其实际灌砂量不包括水重）不得少于计算值的95%。

三、砂桩地基的监理验收

1．监理员要督促砂桩承建商（施工单位）在砂桩施工结束后，进行自检，其具体内容如下：

(1)设计图纸及设计要求与竣工图是否一致；(2)施工原始班报记录、各项施工签证是否齐备；(3)设计变更记录及复印件；(4)砂桩分阶段验收记录、签证；(5)砂桩工程测量放线记录、签证；(6)合同文件及开、竣工通知书。

2. 委托法定检测单位进行的复合地基测试结果、评价报告书是否满足砂桩设计要求，若不满足，与砂桩设计单位、砂桩承建商(施工单位)研究分析原因，协商解决补救措施。

砂桩地基质量检验标准应符合表 2-41 的规定。

砂桩地基质量检验标准 **表 2-41**

项	序	检查项目	允许偏差或允许值		检查方法
			单位	数值	
主控项目	1	灌砂量	%	≥95	实际用砂量与计算体积比
	2	地基强度	设计要求		按规定方法
	3	地基承载力	设计要求		按规定方法
一般项目	1	砂料的含泥量	%	≤3	试验室测定
	2	砂料的有机质含量	%	≤5	焙烧法
	3	桩位	mm	≤50	用钢尺量
	4	砂桩标高	mm	±150	水准仪
	5	垂直度	%	≤1.5	经纬仪检查桩管垂直度

第三章 天 然 地 基

第一节 无筋扩展基础

一、无筋扩展基础的材料

无筋扩展基础采用的材料是砖、石、混凝土、毛石混凝土、灰土、三合土等。它适用于六层和六层以下(三合土基础不宜超过四层)的一般民用建筑和墙承重的轻型厂房。

二、无筋扩展基础的监理巡视检查

1. 混凝土基础

混凝土浇筑前应进行验槽,轴线、基坑(槽)尺寸和土质应符合设计要求。槽内浮水、积水、淤泥、杂物应清除干净。局部软弱土层应挖去,用灰土或砂砾回填夯实至基底相平。

2. 毛石混凝土基础

(1) 混凝土中掺用的毛石应选用坚硬、未风化的石料,其极限抗压强度不应低于30MPa,毛石尺寸不应大于所浇部位最小宽度的1/3,并不得大于30cm,表面污泥、水锈应在填充前,用水冲洗干净。

(2) 灌筑时,应先铺一层10～15cm厚混凝土打底,再铺上毛石,继续浇捣混凝土,每浇捣一层(约20～25cm厚),铺设一层毛石,直至基础顶面,保持毛石顶部有不少于10cm厚的混凝土覆盖层,所掺用的毛石数量不应超过基础体积的25%。

(3) 毛石铺设应均匀排列,使大头向下,小头向上,毛石的纹理应与受力方向垂直。

(4) 对阶梯形基础,每一阶高内应整分浇捣层,每阶顶面要基本抹平;对于锥形基础,应注意保持锥形斜面坡度的正确与平整。

(5) 混凝土应连续浇筑完毕,如必须留设施工缝时,应留在混凝土与毛石交接处,使毛石出露混凝土面一半,并按规范要求进行接缝处理。

(6) 浇捣完毕,混凝土终凝后 ,外露部分加以覆盖,并适当洒水养护。

第二节 柱下条形基础

柱下条形基础适用于上部结构荷载较大、地基土的承载力较低时,以防止由于过大的不均匀沉降引起上部结构的开裂和损坏。

柱下条形基础的监理巡视检查

1. 验槽:尺寸和土质应符合设计要求;槽内浮土、积水与杂物应清除干净。

2. 混凝土材料、水灰比、塌落度要认真检查。

3. 钢筋型号、搭接长度及绑扎情况要符合图纸要求。

4. 柱下条形基础构造要符合有关规范规定。

5. 浇灌混凝土时监理员进行旁站。

第三节 墙下筏板基础

墙下筏板基础适用于上部结构荷载较大、地基土的承载力较低,采用一般基础不能满足要求时。它能增加基础的整体刚性,调整不均匀沉降。

墙下筏板基础的监理巡视检查

同第二节。

第四节 柱下筏板基础

柱下筏板基础适用于上部结构荷载较大、地基土的承载力较低,采用一般基础不能满足要求时。它能增加基础的整体刚性,调整不均匀沉降。

柱下筏板基础的监理巡视检查

同第二节。

第五节 箱形基础

箱形基础是由顶板、底板、外墙和内墙组成的空间整体结构,一般由钢筋混凝土建造,空间部分可结合建筑使用功能设计成地下室,是多层和高层建筑中广泛采用的一种基础型式。

箱形基础的监理巡视检查

箱形基础施工巡视除与第二节相同外,监理员还应注意施工缝的设立。

第四章　桩　基　础

第一节　静　力　压　桩

一、概述

把各种类型的预制桩压入土中一定深度，形成构筑物的桩基础，这是在处理较软弱地基时常用的一种方法。中国目前常用的成品桩主要为钢筋混凝土桩，钢筋混凝土预制桩可在工作现场预制，也可工业化生产。桩的单节长度受到压桩机械高度的限制，在松软土厚度较大的地区，通常需要接桩，接桩有许多方法，最常用的有：焊接桩、硫磺胶泥接桩及法兰接头接桩。静压桩机的行走部分多为走管步履式，根据压桩的最大反力决定型号。

在工程上，静力压桩不仅是作为承载桩使用，在一些深基础的边坡围护、滑坡体的锚固中也经常使用。在施工阶段，对其施工的全过程，即：桩的制作、堆放运输、吊桩、施压等施工的各个环节以及针对压桩机械的特点，实施有效的监控，并使其顺利达到（合同）规定的工期、质量及造价目标，是监理员在压桩施工监控活动中的中心任务。

静压桩施工监理工作程序如下：

1. 编制静压桩施工监理实施细则；2. 协助业主确认静压桩工程的承建商（施工单位），并签定静压桩工程合同书；3. 协助业主和承建商（施工单位）编写静压桩工程开工报告；4. 审查静压桩承建商（施工单位）的施工分包合同，及相应的施工资质及人员状况；5. 审查静压桩施工设计图纸及有关的预制桩技术标准；6. 审查静压桩承建商（施工单位）提交的施工组织设计书、施工技术方案和施工进度计划，如有质疑，提出修改意见；7. 审查承建商（施工单位）提交的成品桩出厂合格证、规格、外观、隐蔽验收记录等，根据地质资料，综合考察施工设备性能、数量，对是否能满足设计、施工要求做出判断。对上述不合格者，提出更换要求；8. 检查工程质量和工程进度，坚持旁站监督，根据生产进度，签署工程付款凭证，对违反施工规范、设计要求和技术操作规程者，必要时签发停工通知单；9. 确认静压桩的静载荷试验及动力载荷试验结果，对不满足承载力要求者，会同业主、设计单位、检测单位及承建商（施工单位），会审检测结果，并提出解决办法。

预制桩材料监控的全过程，内容包括：制桩原材料的质量监控，混凝土的浇捣质量监控，钢筋笼的焊接、绑扎监控等，以及桩的堆放、起桩、倒运等环节。

二、静力压桩的施工工艺过程

静压桩施工过程包括以下几个部分：

1. 吊桩；2. 对位；3. 压桩（第一节）；4. 接桩；5. 压桩（第二节）；6. 送桩（送到设计高程）。

沉桩流程一般原则如下：

1. 在桩的密集处自中间向两个方向对称进行，或自中间向四周进行，或向一侧单一方向进行。

2. 按桩尖高程,宜先深后浅;按桩的规格,宜先大后小,先长后短。

3. 在软土地区,挤土效应明显时,压桩宜背着被保护的对象进行,一般宜采取迂回施工,跳跃施工及控制压桩速度。

三、静力压桩的监理巡视检查

(一) 预控

1. 施工前监理员应督促施工单位认真处理场地、地面、地下及空间的一切障碍物。

2. 施工前监理员必须了解场地配电容量,是否满足施工机械用电要求。

3. 在软土地区施工时,监理员必须事先了解邻近建筑物或构筑物的原有结构及基础等详细情况,当沉桩对邻近建筑可能会造成不良影响或破坏时,监理员必须制定措施如开挖隔离沟、打隔离板砂井排水及预钻孔取土等措施。

4. 监理员应要求施工方平整场地,并使地面坡度不大于百分之一。

5. 钢筋混凝土预制桩的验收、运输与堆放:

(1) 桩预制完毕后,监理员应按要求进行检查。

(2) 混凝土预制桩的堆放要求各层垫木上下对齐;最下层垫木应适当加宽,在桩两端按 $0.207L$(L 为桩段长度)处设置,偏差不宜超过 ±20mm。堆放层数不宜超过 4 层。

(二) 过程质量

1. 制桩的监控措施

(1) 钢筋混凝土方桩

1) 制桩现场:现场预制方桩,一般利用打桩附近的场地浇制,将制桩的场地平整压实,可以不用底模板,但地表面必须用水泥砂浆处理抹平,并铺筑隔离层。周围开挖排水沟,以防浸水泡软地基,使桩产生不均匀沉陷而变形损坏。

2) 模板:有木模板和钢模板。宜使用钢模板作侧模,整体刚性强,不易变形,接缝严密不漏浆。为节约用模,可采用密肋形浇筑法,即同一层桩,可以分两批浇筑,浇一根间隔一根,待第一批浇筑好后,混凝土强度达到设计强度的 25%~30%时拆除模板,清除空间的垃圾,铺筑空间隔离层,便可浇筑第二批桩。可以重叠,叠置层数视地基条件而定,一般 45cm 断面的桩不超过四层为宜,以防因超载大而压弯下面的桩。

3) 钢筋:主钢筋接长,宜采用对焊法,同一截面的接头数,不应超过主筋数的 1/4(30 倍直径以内视为同一截面),各主筋在桩顶端面应平齐,长短不宜大于 10mm。主筋高低不齐,是打桩受力不均导致顶桩身破碎酥松的主要因素之一。钢筋笼成形后,放入模板内,位置要准确平直,中间如有弯曲必须调整。如系多节桩,连接预埋件如桩钢帽、法兰盘、插筋、预留洞等,须认真固定和保护,不得有移动。钢筋骨架的允许偏差见表 4-1。

预制桩的钢筋骨架的允许偏差 **表 4-1**

项次	项　目	允许偏差(mm)	项次	项　目	允许偏差(mm)
1	主筋间距	±5	5	吊环沿垂直于纵轴线方面	+20
2	桩尖中心线	10	6	吊环露出桩表面的高度	-0~+10
3	箍筋间距或螺旋筋间距	+20	7	主筋距桩顶距离	+10
4	吊环沿纵轴线方向	4~20	8	桩顶钢筋网片	-1~10

续表

项次	项　目	允许偏差(mm)	项次	项　目	允许偏差(mm)
9	多节桩锚固筋长度	±10	11	多节桩预埋件	±3
10	多节桩锚固桩位置	5			

4）浇筑混凝土：同一根桩的混凝土配合比应一致，不能中途改变，坍落度不宜太大，一般以6cm为最好。浇筑顺序自桩顶向桩尖方向连续浇筑，中途不能间断，不能留有施工缝。振捣密实加强养护。对多节桩预埋件应认真固定保护。预制混凝土桩的允许偏差应符合表4-2。

预制混凝土桩的允许偏差　　表4-2

项　目	允许偏差(mm)	项　目	允许偏差(mm)
横截面边长	±5	桩顶平面对桩中心线倾斜	<3
桩顶对角线之差	10	锚筋预留孔深	0～+2
保护层厚度	±5	浆锚预留位置	5
桩身变曲矢高	>1%桩长，且<20	浆锚预留孔洞	±5
桩尖中心线	10	锚筋孔的垂直度	<1%

5）起吊和打入混凝土桩强度：起吊混凝土桩强度不低于设计强度的70%，打桩强度为100%，养护龄期不少于28d，如需提前打入，须有其他有效措施且有试验数据证明混凝土抗拉强度及其他强度能达到28d龄期之相同强度，可不受龄期限制。

(2) 钢筋混凝土管桩

混凝土管桩有预应力和非预应力两种。现在工程上使用的大都是预应力管桩。建筑工程常用的桩规格有：$\phi400$、$\phi500$、$\phi600$等，壁厚80mm、100mm，节长8m、10m。分上中下三节，上节上端无法兰盘，下节带有桩靴，中节为标准段，运到工地，按设计长度接长，成品桩的质量标准见表4-3。

预应力混凝土管桩允许偏差　　表4-3

项　目	允许偏差(mm)	项　目	允许偏差(mm)
直　径	±5	桩尖中心线	10
管　壁　厚　度	-5	上、下节的法兰对中心线的倾斜	2
抽空圆孔平面位置对称中心	5	中节桩两个法兰对桩中心倾斜之和	3

(3) 钢管桩

一般用普通碳素钢板在工厂分段卷制而成，焊接缝有直焊缝和螺旋焊缝两种。螺旋焊缝强度高、质量好，但需要有专业流水线生产设备。分上中下三节，上节下节为特殊节段，中节为标准节段。单节桩长度视运输条件而定，一般为10～15m，在施工时按照设计长度接长。

加工制作，对以下几方面监理员应予以重视：

1）对进口的原材料或已加工的成品桩，须认真核对其规格和材质，坚持先抽查合格才能使用；

2）影响钢桩质量的关键是电焊缝，每一节管段同一截面内只能有一条纵向焊缝，拼接管段时，要注意焊缝错开，错开长度不小于30cm弧长；

3）除对焊缝的外观质量做全面检查外，尚应抽不少于2%焊缝做无损探伤或更多一点的超声波检查，对夹渣、气孔严重的焊缝须补强处理；

4）钢管桩外形尺寸允许偏差，外周长：管端部±0.5%，桩身部：±1%；管端平整度≤2mm；管端垂直度≤2mm；相邻管段的直径差≤2mm；管端椭圆度（即端部互相垂直的直径差）≤2mm；桩身纵轴线的变曲矢高≤桩长1%；桩长度：+30mm；

5）当土质硬，地质条件复杂，预估压入有困难时，可以在桩尖管中处和上节桩顶管口处加焊钢板箍，以减少压桩阻力和增大锤击受力面，降低压桩应力。

2．沉桩质量控制

遇下列情况监理员应要求暂停压桩，并及时与有关单位研究处理：

1）初压时，桩身发生较大幅度位移倾斜；压桩过程中桩身突然下沉或倾斜。

2）桩身破损或沉桩阻力剧变；遇渗井、古墓或地下障碍物。

3）连续出现压至设计标高时，沉桩阻力比预计偏小（偏低值大于20%），或沉桩过程中发现地基条件与勘察报告不相符。

（1）桩位控制

影响桩位偏移和垂直度有多种因素，一般主要有下列诸方面原因，在施工中监理员要加以防止或解决。

1）桩基施工测量误差大，施测后没有进行轴线对照测控基准线（红线）、桩位对轴线、桩位与桩位之间的校核检查。

2）施工中桩对位不准确或超限。当预制桩桩尖制作偏差较大时，应在桩身上用弹线法标出中心线并以中线对位，或以桩位标记为中心，用白灰按桩截面大小划出桩位置进行对位，对于一些精度要求高的单桩或单排桩，必要时可采用两台以上经纬仪交汇对位。

3）对位准确后，没有将桩调直即开始施压，施压一定深度后再将桩调直，会造成桩位移。因此对位后应以挂垂线或用经纬仪观察桩的垂直度，无误后方能施压。

4）软土地区由于挤土效应，造成地面变形致使事先测定的桩位标记移动，或者后压的桩对先压的桩的挤压。对于前者应进行重新校核桩位，后者应根据挤压监测情况以控制施工速度来解决。

5）沉桩过程中桩尖遇到地下障碍物造成桩的倾斜位移时，应将桩拔出，清除障碍后再施工。

6）送桩过程中，由于送桩器摆放与桩身不在同一条垂线上，引起桩顶偏移。

7）压桩机工作时机身不水平，夹持梁导向孔不垂直，造成桩身的倾斜。

8）当压桩阻力达到设备最大负荷时，由于桩机，压桩设备整体位移，而使桩倾斜位移，甚至出现桩身被折断，为避免此情况的出现，在施工前要重视对沉桩阻力的分析，合理选择机型和配以足够的配重。

9）桩位标记常因外界因素引起变动，为此对标记应定期检查，每日竣工的桩位要进行校核。

（2）桩顶高程及沉桩压力控制

桩基施工中桩顶高程与沉桩压力往往受到各种因素制约而变化，但它又是衡量工程质量的一项重要指标。桩顶高程控制不准确将给上部施工带来困难，而沉桩压力在一定程度上反映了桩的实际承载力，因此加强上述两项指标的控制，是桩基施工中的重要工作，监理员的一般控制原则是：

1）软弱土层中，以控制桩顶高程为主，桩顶允许偏差±50mm。

2）桩尖位于硬塑黏性土、粉土、碎石土、密实砂土时，以压力控制为主，并在压力达到设备最大负荷时，反复施压几次，桩尖进入持力层深度或桩尖标高可作参考值。

3）持力层顶高程变化较大时，应以控制沉桩压力为主，控制压力值的大小，可根据承载力估算公式确定。

4）桩尖进入粉土、砂土（厚度小于5倍桩径）或钙质结核层，压力已达到规定值，但硬层下有软弱下卧层时，应采取反复施压或预钻孔的办法使桩穿过软弱下卧层，使桩尖进入设计持力层中。

5）如桩顶高程和沉桩压力两项指标难以同时满足设计要求时，原则上应以控制沉桩，终止压力为主，或由设计人员决定。

6）桩尖进入持力层深度，在黏性土、粉土中不宜小于2～3倍桩径，在砂土中不宜小于1～2倍桩径。

沉桩过程中由于超孔隙水压力的作用和桩的快速下沉，桩与土之间的摩阻力趋于最小，在较软弱的土层中沉桩侧壁摩阻力并不随桩的入土深度的增大而有明显增大。

3. 钢筋混凝土桩质量检验

无论工厂预制或现场浇制，在打桩前都应经质检人员按有关标准检验合格才能打桩。对部分质量有怀疑或存在质量问题的桩，现场监理员可用下列方法重验：

(1)对桩的混凝土强度有怀疑时，有条件的地方，可用超声波探伤器检验；(2)桩身有裂缝出现，可用放大镜和泼水的方法检验裂缝质量；(3)接桩帽不密实有空壳现象，可用小锤轻击检查严重程度和范围；(4)制作质量应做外观检查，存在缺陷不宜超过：1)表面蜂窝深度不得超过15mm，蜂窝面积不超过桩表面积的0.5%；2)桩的棱角损坏深度不大于10mm，总长不超过500mm；3)桩顶和桩尖不得有蜂窝和损坏，桩顶和桩身不得有钢筋露出；4)桩身混凝土表面收缩裂纹不得大于0.2mm宽度，截面裂纹长度不得超过边长1/2，管桩不得超过1/2周长，纵向裂纹不得超过边长或直径的2倍；(5)检查混凝土裂纹深度可以用细钢丝探测，宽度可以用带有刻度的放大镜量测；(6)检查桩尖中心与桩轴线的偏差，可以用铁角尺量和弹线的方法；(7)检查管桩内径或外径，可以用内卡尺或外卡尺量测。

4. 桩的搬运

无论工厂预制或现场预制，均会有一个搬运过程，混凝土强度须达到70%才能起吊和运输。在现场预制的桩较长时，可采用一定高度的吊桩架和小平车运到打桩架近旁。平车上设置转盘，转盘上搁置刚性长托板（用长方木或特制工字钢梁制作），托板上搁置的小垫木应水平，支点通过计算，不得使桩身产生太大的弯曲。

5. 吊桩

打桩吊桩，吊点的位置和吊点数视桩长度通过计算确定。有一吊点、二吊点、三吊点、四吊点等。使用两个以上的吊点吊桩时，监理员应注意使桩平稳提升，吊点受力均衡，防止碰撞破坏。

（三）常见的问题

静力压桩施工中的常见问题、产生原因建议措施见表4-4。

常见的问题　　表 4-4

施工事故及质量隐患	出现部位	产生原因	建议预防措施	建议补救措施
桩头压坏	桩顶部	混凝土强度不够;桩顶保护层太厚或太薄;网片筋未焊牢或层数不够;桩帽未加衬垫,桩帽不平;桩头部分砂浆多,石子少;桩断面不规则;桩顶平面与桩身轴线不垂直	加强制桩监督管理,桩的振捣方向要从桩顶向桩尖逐渐进行;网片筋尺寸与焊接要作为一个重要环节检查;不合格的桩在压桩前进行调换	加衬垫;如桩顶损坏严重,可加工一个钢板帽套在桩顶部
桩身损坏	桩身,大部分发生在中上部	混凝土强度不够;桩身有蜂窝或漏振造成不密实;上部地层较硬;油门大造成重锤高击;桩斜、桩身有异物;压桩过程中调桩	加强制桩监控;对原材料监控及搅拌混凝土质量监控;打、压桩开始后,不得调整桩及导杆,打、压桩前,仔细分析现场地质资料,对可能发生的问题提出预测	断桩如距地表较近,可挖出后,从断桩处进行接桩;如较深或贯入度较大,经研究后采取补桩
桩位偏移超过施工验收规范标准	桩顶标高处	打、压桩中,桩机自身未调平导致导杆不垂直;地层分层角度大或软硬差异较大,未掌握地层规律;桩定位不准确;接桩不正;地下有障碍物,桩尖制作偏心,桩自身弯曲	打桩前调整导杆垂直度;桩机就位,垫平桩机;桩就位,调整好桩垂直度;随时分析地层变化规律,调整打、压桩油门或压力值;施工前要进行钎探,探测地下有无异物,并清除地下障碍物;对接桩严把质量关,接桩时在两个不同角度进行观测,调整桩垂直度,对上、下桩平面不水平情况要充填好衬垫,加强制桩监控	与设计商量,采取补桩措施或其他办法
和试桩相比,工程桩最终贯入度过大,压桩贯入速率过大	桩尖持力层	勘探资料不准确;地层水平变化大;环境地质因素	详细分析地质资料,增加补勘工作;增补试桩试验组数;对地质出现的不利因素及时提出预测,并向设计单位提出修改意见	增加试桩,补桩;在仔细分析地质资料的情况下,与设计研讨改变桩长方案

(四)静力压桩施工质量控制的关键点

压桩施工过程监控,是监理工作中质量控制的关键环节,也称事中控制。

对施工中打压桩过程监理员要进行旁站监督检查:

1. 监理员要检查施工机组的打(压)桩参数记录情况,如:每米贯入度、最终贯入度、落距、每米压力值及贯入速率等,都要严格记录在打(压)桩记录表上。

2. 打(压)桩在立杆上的倾斜度不得>1%,桩顶标高控制在±10cm以内,监理员要督促承建商(施工单位)在现场安装量测设备,如:经纬仪和水准仪。对于比较长的桩以及接桩则必须在两个不同角度分别放置经纬仪进行同步观测;

3. 接桩时监理员要严格对接桩材料、接桩位置的把关控制,并在现场对接桩工序进行管理控制。

四、静力压桩的监理验收

监理员督促承建商(施工单位)在打(压)桩施工结束后,进行自检,自检的具体内容包括:1. 设计图纸和设计要求与施工图是否一致;2. 施工班报记录及各项施工签证是否齐备;3. 设计变更记录及复印件;4. 打(压)桩施工分阶段验收记录;5. 各种质量事故的处理意见、措施、记录、签证;6. 打(压)桩施工测量定位、放线的验收记录及签证;7. 合同文件及开、竣工报告。

委托法定检测单位进行的静载荷试验、动力测试报告中的评价结论,是否满足设计要求,如不满足,与设计单位、施工单位研究分析原因,协商解决补救措施。

静压桩质量检验标准应符合表4-5和表4-6的规定。

静压桩质量检验标准 **表4-5**

项	序	检查项目	允许偏差或允许值		检查方法
			单位	数值	
主控项目	1	桩体质量检验	按基桩检测技术规范		按基桩检测技术规范
	2	桩位偏差	见表4-6		用钢尺量
	3	承载力	按基桩检测技术规范		按基桩检测技术规范
一般项目	1	成品桩质量:外观外形尺寸强度	表面平整,颜色均匀,掉角深度＜10mm,蜂窝面积小于总面积0.5%满足设计要求		钻芯试压
	2	硫磺胶泥质量(半成品)	设计要求		查产品合格证书或抽样送检
	3	接桩 电焊接桩:焊缝质量电焊结束后停歇时间	min	＞1.0	秒表测定
		接桩 硫磺胶泥接桩:胶泥浇注时间	min	＜2	秒表测定
		接桩 硫磺胶泥接桩:浇注后停歇时间	min	＞7	秒表测定
	4	电焊条质量	设计要求		查产品合格证书
	5	压桩压力(设计有要求)	%	±5	查压力表读数
	6	接桩时上下节平面偏差		＜10	用钢尺量
		接桩时节点弯曲矢高		＜l/1000	用钢尺量,l为两节桩长
	7	桩顶标高		±50	水准仪

预制桩(钢桩)桩位的允许偏差(mm) **表4-6**

项	项目	允许偏差
1	盖有基础梁的桩: (1)垂直基础梁的中心线 (2)沿基础梁的中心线	 100+0.01H 150+0.01H
2	桩数为1~3根桩基中的桩	100

续表

项	项　目	允 许 偏 差
3	桩数为 4～16 根桩基中的桩	1/2 桩径或边长
4	桩数大于 16 根桩基中的桩： (1) 最外边的桩 (2) 中间桩	 1/3 桩径或边长 1/2 桩径或边长

注：H 为施工现场地面标高与桩顶设计标高的距离。

第二节　先张法预应力管桩

一、先张法预应力管桩的材料

先张法预应力管桩材料监控的全过程，内容包括：制桩原材料的质量监控，以及桩的堆放、起桩、倒运等环节。

二、先张法预应力管桩的施工工艺过程

先张法预应力管桩施工过程包括以下几个部分：

1. 吊桩；2. 对位；3. 压桩（第一节）；4. 接桩；5. 压桩（第二节）；6. 送桩（送到设计高程）。

沉桩流程一般原则如下：

(1) 在桩的密集处自中间向两个方向对称进行，或自中间向四周进行，或向一侧单一方向进行。

(2) 按桩尖高程，宜先深后浅；按桩的规格，宜先大后小，先长后短。

(3) 在软土地区，挤土效应明显时，压桩宜背着被保护的对象进行，一般宜采取迂回施工，跳跃施工及控制压桩速度。

三、先张法预应力管桩的监理巡视检查

（一）预控

1. 进入施工现场的桩或在工地现场预制的桩，监理员要注意其断面尺寸、长度、强度等必须符合设计技术要求，桩身质量有完整的材料检验报告书、配合比试验报告书及质量保证书。如需接桩，则接桩材料必须进行材料力学试验，其抗压、抗拉、抗折等技术指标，符合材料的出厂合格证中有关指标及设计技术标准，并有生产许可证书和质量保证书。

2. 监理员要检查进场的施工设备是否符合现场的施工技术要求和环境要求，如：打桩锤重、桩机型号、设备噪声、立杆高度、垂直度，压桩设备的规格，压力系统允许最大压力及加压龙门架的高度。

3. 监理员要注意：经过打（压）桩施工验证后，桩尖持力层及以上地层与现场工程地质资料要基本相符，未发现较显著的地质变异情况。

（二）过程质量

1. 制桩的监控措施

现在工程上使用的大都是预应力管桩，工厂制作（北京丰台桥梁厂生产历史最长），规模

大。建筑工程常用的桩规格有:ϕ400、ϕ500、ϕ600 等,壁厚 80mm、100mm,节长 8m、10m。分上中下三节,上节上端无法兰盘,下节带有桩靴,中节为标准段,运到工地,按设计长度接长,成品桩的质量标准见表 4-7。

预应力混凝土管桩允许偏差 **表 4-7**

项目	允许偏差(mm)	项目	允许偏差(mm)
直径	±5	桩尖中心线	10
管壁厚度	-5	上、下节的法兰对中心线的倾斜	2
抽空圆孔平面位置对称中心	5	中节桩两个法兰对桩中心倾斜之和	3

2. 桩的质量检验

对部分质量有怀疑或存在质量问题的桩,现场监理员可用下列方法重验。

(1)对桩的混凝土强度有怀疑时,有条件的地方,可用超声波探伤器检验;(2)桩身有裂缝出现,可用放大镜和泼水的方法检验裂缝质量;(3)接桩帽不密实有空壳现象,可用小锤轻击检查严重程度和范围;(4)制作质量应做外观检查,存在缺陷不宜超过:1)表面蜂窝深度不得超过 15mm,蜂窝面积不超过桩表面积的 0.5%;2)桩的棱角损坏深度不大于 10mm,总长不超过 500mm;3)桩顶和桩尖不得有蜂窝和损坏,桩顶和桩身不得有钢筋露出;4) 桩身混凝土表面收缩裂纹不得大于 0.2mm 宽度,截面裂纹长度不得超过边长 1/2,管桩不得超过 1/2 周长,纵向裂纹不得超过边长或直径的 2 倍;5)检查混凝土裂纹深度可以用细钢丝探测,宽度可以用带有刻度的放大镜量测;6)检查桩尖中心与桩轴线的偏差,可以用铁角尺量和弹线的方法;7)检查管桩内径或外径,可以用内卡尺或外卡尺量测。

3. 桩的搬运

无论工厂预制或现场预制,均会有一个搬运过程,混凝土强度须达到 70%才能起吊和运输。在现场预制的桩较长时,可采用一定高度的吊桩架和小平车运到打桩架近旁。平车上设置转盘,转盘上搁置刚性长托板(用长方木或特制工字钢梁制作),托板上搁置的小垫木应水平,支点通过计算,不得使桩身产生太大的弯曲。

4. 吊桩

打桩吊桩,吊点的位置和吊点数视桩长度通过计算确定。有一吊点、二吊点、三吊点、四吊点等。使用两个以上的吊点吊桩时,监理员应注意使桩平稳提升,吊点受力均衡,防止碰撞破坏。

5. 沉桩质量控制

遇下列情况监理员应要求暂停压桩,并及时与有关单位研究处理:

(1) 初压时,桩身发生较大幅度位移倾斜;压桩过程中桩身突然下沉或倾斜。

(2) 桩身破损或沉桩阻力剧变;遇渗井、古墓或地下障碍物。

(3) 连续出现压至设计标高时,沉桩阻力比预计偏小(偏低值大于 20%),或沉桩过程中发现地基条件与勘察报告不相符。

(三) 常见的问题

先张法预应力管桩施工中的常见问题、产生原因及建议措施见表 4-8。

常见的问题 **表4-8**

施工事故及质量隐患	出现部位	产生原因	建议预防措施	建议补救措施
桩头打坏或压坏	桩顶部	混凝土强度不够;桩顶保护层太厚或太薄;网片筋未焊牢或层数不够;桩帽未加衬垫,桩帽不平;桩头部分砂浆多,石子少;桩断面不规则;桩顶平面与桩身轴线不垂直	加强制桩监督管理,桩的振捣方向要从桩顶向桩尖逐渐进行;网片筋尺寸与焊接要作为一个重要环节检查;不合格的桩在打、压桩前进行调换	加衬垫;如桩顶损坏严重,可加工一个钢板帽套在桩顶部;减小油门,采用重锤低击方法打至桩标高
桩身损坏或打断桩	桩身,大部分发生在中上部	混凝土强度不够;桩身有蜂窝或漏振造成不密实;上部地层较硬;油门大造成重锤高击;桩斜、桩身有异物;打,压桩过程中调桩	加强制桩监控;对原材料监控及搅拌混凝土质量监控;打、压桩开始后,不得调整桩及导杆,打、压桩前,仔细分析现场地质资料,对可能发生的问题提出预测	断桩如距地表较近,可挖出后,从断桩处进行接桩;如较深或贯入度较大,经研究后采取补桩
桩位偏移超过施工验收规范标准	桩顶标高处	打、压桩中,桩机自身未调平导致导杆不垂直;地层分层角度大或软硬差异较大,未掌握地层规律;桩定位不准确;接桩不正;地下有障碍物,桩尖制作偏心,桩自身弯曲	打桩前调整导杆垂直度;桩机就位,垫平桩机:桩就位,调整好桩垂直度;随时分析地层变化规律,调整打、压桩油门或压力值;施工前要进行钎探,探测地下有无异物,并清除地下障碍物;对接桩严把质量关,接桩时在两个不同角度进行观测,调整桩垂直度,对上、下桩平面不水平情况要充填好衬垫,加强制桩监控	与设计商量,采取补桩措施或其他办法
和试桩相比,工程桩最终贯入度过大,压桩贯入速率过大	桩尖持力层	勘探资料不准确;地层水平变化大;环境地质因素	详细分析地质资料,增加补勘工作;增补试桩试验组数;对地质出现的不利因素及时提出预测,并向设计单位提出修改意见	增加试桩,补桩;在仔细分析地质资料的情况下,与设计研讨改变桩长方案

(四) 先张法预应力管桩施工质量控制的关键点

压桩施工过程监控,是监理工作中质量控制的关键环节。

对施工中打压桩过程监理员要进行旁站监督检查:

1. 监理员要检查施工机组的打(压)桩参数记录情况,如:每米贯入度、最终贯入度、落距、每米压力值及贯入速率等,都要严格记录在打(压)桩记录表上,并随时分析工作场区地质变化情况,为评价整个场区的打(压)桩施工作好第一手资料;

2. 打(压)桩在立杆上的倾斜度不得>1%,桩顶标高控制在±10cm以内,监理员要督促承建商(施工单位)在现场安装量测设备,如:经纬仪和水准仪。对于比较长的桩以及接桩则必须在两个不同角度分别放置经纬仪进行同步观测;

3．接桩时监理员要严格对接桩材料、接桩位置的把关控制，并在现场对接桩工序进行管理控制。

四、先张法预应力管桩的监理验收

监理员应督促承建商(施工单位)在先张法预应力管桩施工结束后，进行自检，自检的具体内容包括：1．设计图纸和设计要求与施工图是否一致；2．施工班报记录及各项施工签证是否齐备；3．设计变更记录及复印件；4．先张法预应力管桩施工分阶段验收记录；5．各种质量事故的处理意见、措施、记录、签证；6．先张法预应力管桩施工测量定位、放线的验收记录及签证；7．合同文件及开、竣工报告。

委托法定检测单位进行的静载荷试验、动力测试报告中的评价结论，是否满足设计要求，如不满足，与设计单位、施工单位研究分析原因，协商解决补救措施。

先张法预应力管桩质量检验标准应符合表4-9的规定。

先张法预应力管桩质量检验标准 **表4-9**

<table>
<tr><th rowspan="2">项</th><th rowspan="2">序</th><th rowspan="2" colspan="2">检查项目</th><th colspan="2">允许偏差或允许值</th><th rowspan="2">检查方法</th></tr>
<tr><th>单位</th><th>数值</th></tr>
<tr><td rowspan="3">主控项目</td><td>1</td><td colspan="2">桩体质量检验</td><td colspan="2">按基桩检测技术规范</td><td>按基桩检测技术规范</td></tr>
<tr><td>2</td><td colspan="2">桩位偏差</td><td colspan="2">见表4-6</td><td>用钢尺量</td></tr>
<tr><td>3</td><td colspan="2">承载力</td><td colspan="2">按基桩检测技术规范</td><td>按基桩检测技术规范</td></tr>
<tr><td rowspan="12">一般项目</td><td rowspan="6">1</td><td rowspan="6">成品桩质量</td><td>外观</td><td colspan="2">无蜂窝、露筋、裂缝、色感均匀、桩顶处无孔隙</td><td>直观</td></tr>
<tr><td>桩径</td><td>mm</td><td>± 5</td><td>用钢尺量</td></tr>
<tr><td>管壁厚度</td><td>mm</td><td>± 5</td><td>用钢尺量</td></tr>
<tr><td>桩尖中心线</td><td>mm</td><td><2</td><td>用钢尺量</td></tr>
<tr><td>顶面子整度</td><td>mm</td><td>10</td><td>用水平尺量</td></tr>
<tr><td>桩体弯曲</td><td>mm</td><td>$<l/1000$</td><td>用钢尺量，l为桩长</td></tr>
<tr><td rowspan="4">2</td><td colspan="2">接桩：焊缝质量</td><td colspan="2">见表4-18</td><td></td></tr>
<tr><td colspan="2">电焊结束后停歇时间</td><td>min</td><td>>1.0</td><td>秒表测定</td></tr>
<tr><td colspan="2">上下节平面偏差</td><td>mm</td><td><10</td><td>用钢尺量</td></tr>
<tr><td colspan="2">节点弯曲矢高</td><td></td><td>$<l/1000$</td><td>用钢尺量，l为两节桩长</td></tr>
<tr><td>3</td><td colspan="2">停锤标准</td><td colspan="2">设计要求</td><td>现场实测或查沉桩记录</td></tr>
<tr><td>4</td><td colspan="2">桩顶标高</td><td>mm</td><td>± 50</td><td>水准仪</td></tr>
</table>

第三节 混凝土预制桩

一、混凝土预制桩的材料

混凝土预制桩材料监控的全过程，内容包括：制桩原材料的质量监控，混凝土的浇捣质量监控，钢筋笼的焊接、绑扎监控等，以及桩的堆放、起桩、倒运等环节。

二、混凝土预制桩的施工工艺过程

混凝土预制桩施工过程包括以下几个部分：

1．吊桩；2．对位；3．压桩（第一节）；4．接桩；5．压桩（第二节）；6．送桩（送到设计高程）。

沉桩流程一般原则如下：

(1) 在桩的密集处自中间向两个方向对称进行，或自中间向四周进行，或向一侧单一方向进行。

(2) 按桩尖高程，宜先深后浅；按桩的规格，宜先大后小，先长后短。

(3) 在软土地区，挤土效应明显时，压桩宜背着被保护的对象进行，一般宜采取迂回施工，跳跃施工及控制压桩速度。

三、混凝土预制桩的监理巡视检查

(一) 预控

1．进入施工现场的桩或在工地现场预制的桩，监理员要注意其断面尺寸、长度、强度等必须符合设计技术要求，桩身质量有完整的材料检验报告书、配合比试验报告书及质量保证书。如需接桩，则接桩材料必须进行材料力学试验，其抗压、抗拉、抗折等技术指标，符合材料的出厂合格证中有关指标及设计技术标准，并有生产许可证书和质量保证书。

2．监理员要检查进场的施工设备是否符合现场的施工技术要求和环境要求，如：打桩锤重、桩机型号、设备噪声、立杆高度、垂直度，压桩设备的规格，压力系统允许最大压力及加压龙门架的高度。

3．监理员要注意：经过打（压）桩施工验证后，桩尖持力层及以上地层与现场工程地质资料要基本相符，未发现较显著的地质变异情况。

(二) 过程质量

1．制桩的监控措施

(1) 钢筋混凝土方桩

1) 制桩现场：现场预制方桩，一般利用打桩附近的场地浇制，将制桩的场地平整压实，可以不用底模板，但地表面必须用水泥砂浆处理抹平，并铺筑隔离层。周围开挖排水沟，以防浸水泡软地基，使桩产生不均匀沉陷而变形损坏。

2) 模板：有木模板和钢模板。宜使用钢模板作侧模，整体刚性强，不易变形，接缝严密不漏浆。为节约用模，可采用密肋形浇筑法，即同一层桩，可以分两批浇筑，浇一根间隔一根，待第一批浇筑好后，混凝土强度达到设计强度的25％～30％时拆除模板，清除空间的垃圾，铺筑空间隔离层，便可浇筑第二批桩。可以重叠，叠置层数视地基条件而定，一般45cm断面的桩不超过四层为宜，以防因超载大而压弯下面的桩。

3) 钢筋：主钢筋接长，宜采用对焊法，同一截面的接头数，不应超过主筋数的1/4（30倍直径以内视为同一截面），各主筋在桩顶端面应平齐，长短不宜大于10mm。主筋高低不齐，是打桩受力不均导致顶桩身破碎酥松的主要因素之一。钢筋笼成形后，放入模板内，位置要准确平直，中间如有弯曲必须调整。如系多节桩，连接预埋件如桩钢帽、法兰盘、插筋、预留洞等，须认真固定和保护，不得有移动。钢筋骨架的允许偏差见表4-10。

4) 浇筑混凝土：同一根桩的混凝土配合比应一致，不能中途改变，坍落度不宜太大，一般以6cm为最好。浇筑顺序自桩顶向桩尖方向连续浇筑，中途不能间断，不能留有施工缝。振捣密实加强养护。对多节桩预埋件应认真固定保护。预制混凝土桩的允许偏差应符合表4-11。

预制桩的钢筋骨架的允许偏差　　表 4-10

项次	项　目	允许偏差(mm)	项次	项　目	允许偏差(mm)
1	主筋间距	±5	7	主筋距桩顶距离	+10
2	桩尖中心线	10	8	桩顶钢筋网片	-1～10
3	箍筋间距或螺旋筋间距	+20	9	多节桩锚固筋长度	±10
4	吊环沿纵轴线方向	4～20	10	多节桩锚固桩位置	5
5	吊环沿垂直于纵轴线方面	+20	11	多节桩预埋件	±3
6	吊环露出桩表面的高度	-0～+10			

预制混凝土桩的允许偏差　　表 4-11

项　目	允许偏差(mm)	项　目	允许偏差(mm)
横截面边长	±5	桩顶平面对桩中心线倾斜	＜3
桩顶对角线之差	10	锚筋预留孔深	0～+2
保护层厚度	±5	浆锚预留位置	5
桩身变曲矢高	＞1%桩长,且＜20	浆锚预留孔洞	±5
桩尖中心线	10	锚筋孔的垂直度	＜1%

5) 起吊和打入混凝土桩强度:起吊混凝土桩强度不低于设计强度的 70%,打桩强度为 100%,养护龄期不少于 28d,如需提前打入,须有其他有效措施且有试验数据证明混凝土抗拉强度及其他强度能达到 28d 龄期之相同强度,可不受龄期限制;和经施工单位技术负责人会同有关单位共同研究确定。

(2) 钢筋混凝土管桩

混凝土管桩有预应力和非预应力两种。现在工程上使用的大都是预应力管桩。建筑工程常用的桩规格有:ϕ400、ϕ500、ϕ600 等,壁厚 80mm、100mm,节长 8m、10m。分上中下三节,上节上端无法兰盘,下节带有桩靴,中节为标准段,运到工地,按设计长度接长,成品桩的质量标准见表 4-12。

预应力混凝土管桩允许偏差　　表 4-12

项　目	允许偏差(mm)	项　目	允许偏差(mm)
直　径	±5	桩尖中心线	10
管壁厚度	-5	上、下节的法兰对中心线的倾斜	2
抽空圆孔平面位置对称中心	5	中节桩两个法兰对桩中心倾斜之和	3

2. 沉桩质量控制

遇下列情况监理员应要求暂停压桩,并及时与有关单位研究处理:

(1) 初压时,桩身发生较大幅度位移倾斜;压桩过程中桩身突然下沉或倾斜。

(2) 桩身破损或沉桩阻力剧变;遇渗井、古墓或地下障碍物。

(3) 连续出现压至设计标高时,沉桩阻力比预计偏小(偏低值大于 20%),或沉桩过程中发现地基条件与勘察报告不相符。

(1) 桩位控制

影响桩位偏移和垂直度有多种因素，一般主要有下列诸方面原因，在施工中监理员要加以防止或解决。

1）桩基施工测量误差大，施测后没有进行轴线对照测控基准线（红线）、桩位对轴线、桩位与桩位之间的校核检查。

2）施工中桩对位不准确或超限。当预制桩桩尖制作偏差较大时，应在桩身上弹出中心线并以中线对位，或以桩位标记为中心，用白灰按桩截面大小划出桩位置进行对位，对于一些精度要求高的单桩或单排桩，必要时可采用两台以上经纬仪交汇对位。

3）对位准确后，没有将桩调直即开始施压，施压一定深度后再将桩调直，造成桩位移。因此对位后应以挂垂线或用经纬仪观察桩的垂直度，无误后方能施压。

4）软土地区由于挤土效应，造成地面变形致使事先测定的桩位标记移动，或者后压的桩对先压的桩的挤压。对于前者应进行重新校核桩位，后者应根据挤压监测情况以控制施工速度来解决。

5）沉桩过程中桩尖遇到地下障碍物造成桩的倾斜位移时，应将桩拔出，清除障碍后再施工。

6）送桩过程中，由于送桩器摆放与桩身不在同一条垂线上，引起桩顶偏移。

7）压桩机工作时机身不水平，夹持梁导向孔不垂直，造成桩身的倾斜。

8）当压桩阻力达到设备最大负荷时，由于浮机，压桩设备整体位移，而使桩倾斜位移，甚至出现桩身被折断，为避免此情况的出现，在施工前要重视对沉桩阻力的分析，合理选择机型和配以足够的配重。

9）桩位标记常因外界因素引起变动，为此对标记应定期检查，每日竣工的桩位要进行校核。

（2）桩顶高程及沉桩压力控制

桩基施工中桩顶高程与沉桩压力往往受到各种因素制约而变化，但它又是衡量工程质量的一项重要指标。桩顶高程控制不准确将给上部施工带来困难，而沉桩压力在一定程度上反映了桩的实际承载力，因此加强上述两项指标的控制，是桩基施工中的重要工作，监理员的一般控制原则是：

1）软弱土层中，以控制桩顶高程为主，桩顶允许偏差±50mm。

2）桩尖位于硬塑黏性土、粉土、碎石土、密实砂土时，以压力控制为主，并在压力达到设备最大负荷时，反复施压几次，桩尖进入持力层深度或桩尖标高可作参考值。

3）持力层顶高程变化较大时，应以控制沉桩压力为主，控制压力值的大小，可根据承载力估算公式确定。

4）桩尖进入粉土、砂土（厚度小于5倍桩径）或钙质结核层，压力已达到规定值，但硬层下有软弱下卧层时，应采取反复施压或预钻孔的办法使桩穿过软弱下卧层，使桩尖进入设计持力层中。

5）如桩顶高程和沉桩压力两项指标难以同时满足设计要求时，原则上应以控制沉桩，终止压力为主，或由设计人员决定。

6）桩尖进入持力层深度，在黏性土、粉土中不宜小于2～3倍桩径，在砂土中不宜小于1～2倍桩径。

沉桩过程中由于超孔隙水压力的作用和桩的快速下沉，桩与土之间的摩阻力趋于最小，在较软弱的土层中沉桩侧壁摩阻力并不随桩的入土深度的增大而有明显增大。

3. 钢筋混凝土桩质量检验

无论工厂预制或现场浇制,在打桩前都应经质检人员按有关标准检验合格才能打桩。对部分质量有怀疑或存在质量问题的桩,现场监理员可用下列方法重验。

(1)对桩的混凝土强度有怀疑时,有条件的地方,可用超声波探伤器检验;(2)桩身有裂缝出现,可用放大镜和泼水的方法检验裂缝质量;(3)接桩钢桩帽不密实有空壳现象,可用小锤轻击检查严重程度和范围;(4)制作质量应做外观检查,存在缺陷不宜超过;1)表面蜂窝深度不得超过 15mm,蜂窝面积不超过桩表面积的 0.5%;2)桩的棱角损坏深度不大于 10mm,总长不超过 500mm;3)桩顶和桩尖不得有蜂窝和损坏,桩顶和桩身不得有钢筋露出;4)桩身混凝土表面收缩裂纹不得大于 0.2mm 宽度,截面裂纹长度不得超过边长 1/2,管桩不得超过 1/2 周长,纵向裂纹不得超过边长或直径的 2 倍;5)检查混凝土裂纹深度可以用细钢丝探测,宽度可以用带有刻度的放大镜量测;6)检查桩尖中心与桩轴线的偏差,可以用铁角尺量和弹线的方法;7)检查管桩内径或外径,可以用内卡尺或外卡尺量测。

4. 桩的搬运

无论工厂预制或现场预制,均会有一个搬运过程,混凝土强度须达到 70%才能起吊和运输。在现场预制的桩较长时,可采用一定高度的吊桩架和小平车运到打桩架近旁。平车上设置转盘,转盘上搁置刚性长托板(用长方木或特制工字钢梁制作),托板上搁置的小垫木应水平,支点通过计算,不得使桩身产生太大的弯曲。

5. 吊桩

打桩吊桩,吊点的位置和吊点数视桩长度通过计算确定。有一吊点、二吊点、三吊点、四吊点等。使用两个以上的吊点吊桩时,监理员应注意使桩平稳提升,吊点受力均衡,防止碰撞破坏。

(三) 常见的问题

混凝土预制桩施工中的常见问题、产生原因及建议措施见表 4-13。

常见的问题 **表 4-13**

施工事故及质量隐患	出现部位	产生原因	建议预防措施	建议补救措施
桩头打坏或压坏	桩顶部	混凝土强度不够;桩顶保护层太厚或太薄;网片筋未焊牢或层数不够;桩帽未加衬垫,桩帽不平;桩头部分砂浆多,石子少;桩断面不规则;桩顶平面与桩身轴线不垂直	加强制桩监督管理,桩的振捣方向要从桩顶向桩尖逐渐进行;网片筋尺寸与焊接要作为一个重要环节检查;不合格的桩在打、压桩前进行调换	加衬垫;如桩顶损坏严重,可加工一个钢板帽套在桩顶部;减小油门采用重锤低击方法,打至桩标高
桩身损坏或打断桩	桩身,大部分发生在中上部	混凝土强度不够;桩身有蜂窝或漏振造成不密实;上部地层较硬;油门大造成重锤高击;桩斜、桩身有异物;打、压桩过程中调桩	加强制桩监控;对原材料监控及搅拌混凝土质量监控;打、压桩开始后,不得调整桩及导杆;打、压桩前,仔细分析现场地质资料,对可能发生的问题提出预测	断桩如距地表较近,可挖出后,从断桩处进行接桩;如较深或贯人度较大,经研究后采取补桩

续表

施工事故及质量隐患	出现部位	产生原因	建议预防措施	建议补救措施
桩位偏移超过施工验收规范标准	桩顶标高处	打、压桩中,桩机自身未调平导致导杆不垂直;地层分层角度大或软硬差异较大,未掌握地层规律;桩定位不准确;接桩不正;地下有障碍物,桩尖制作偏心,桩自身弯曲	打桩前调整导杆垂直度;桩机就位,垫平桩机;桩就位,调整好桩垂直度;随时分析地层变化规律,调整打、压桩油门或压力值;施工前要进行钎探,探测地下有无异物,并清除地下障碍物;对接桩严把质量关,接桩时在两个不同角度进行观测,调整桩垂直度,对上、下桩平面不水平情况要充填好衬垫,加强制桩监控	与设计商量,采取补桩措施或其他办法
和试桩相比,工程桩最终贯入度过大,压桩贯入速率过大	桩尖持力层	勘探资料不准确;地层水平变化大;环境地质因素	详细分析地质资料,增加补勘工作;增补试桩试验组数;对地质出现的不利因素及时提出预测,并向设计单位提出修改意见	增加试桩,补桩;在仔细分析地质资料的情况下,与设计研讨改变桩长方案

(四) 混凝土预制桩施工质量控制的关键点

压桩施工过程监控,是监理工作中质量控制的关键环节,对施工中打压桩过程监理员要进行旁站监督检查:

1. 监理员要检查施工机组的打(压)桩参数记录情况,如:每米贯入度、最终贯入度、落距、每米压力值及贯入速率等,都要严格记录在打(压)桩记录表上。

2. 打(压)桩在立杆上的倾斜度不得>1%,桩顶标高控制在±10cm以内,监理员要督促承建商(施工单位)在现场安装量测设备,如:经纬仪和水准仪。对于比较长的桩以及接桩则必须在两个不同角度分别放置经纬仪进行同步观测。

3. 接桩时监理员要严格对接桩材料、接桩位置的把关控制,并在现场对接桩工序进行管理控制。

四、混凝土预制桩的监理验收

监理员督促承建商(施工单位)在打(压)桩施工结束后,进行自检,自检的具体内容包括:1. 设计图纸和设计要求与施工图是否一致;2. 施工班报记录及各项施工签证是否齐备;3. 设计变更记录及复印件;4. 打(压)桩施工分阶段验收记录;5. 各种质量事故的处理意见、措施、记录、签证;6. 打(压)桩施工测量定位、放线的验收记录及签证;7. 合同文件及开、竣工报告。

委托法定检测单位进行的静载荷试验、动力测试报告中的评价结论,是否满足设计要求,如不满足,与设计单位、施工单位研究分析原因,协商解决补救措施。

混凝土预制桩质量检验标准应符合表4-14和4-15的规定。

预制桩钢筋骨架质量检验标准(mm) **表 4-14**

项	序	检查项目	允许偏差或允许值	检查方法
主控项目	1	主筋距桩顶距离	±5	用钢尺量
	2	多节桩锚固钢筋位置	5	用钢尺量
	3	多节桩洒埋铁件	±3	用钢尺量
	4	主筋保护层厚度	±5	用钢尺量
一般项目	1	主筋间距	±5	用钢尺量
	2	桩尖中心线	10	用钢尺量
	3	箍筋间距	±20	用钢尺量
	4	桩顶钢筋网片	±10	用钢尺量
	5	多节桩锚固钢筋长度	±10	用钢尺量

钢筋混凝土预制桩质量检验标准 **表 4-15**

项	序	检查项目	允许偏差或允许值		检查方法
			单位	数值	
主控项目	1	桩体质量检验	按基桩检测技术规范		按基桩检测技术规范
	2	桩位偏差	见表 4-6		用钢尺量
	3	承载力	按基桩检测技术规范		按基桩检测技术规范
一般项目	1	砂、石、水泥、钢材等原材料(现场预制时)	符合设计要求		查出厂质保文件或抽样送检
	2	混凝土配合比及强度(现场预制时)	符合设计要求		检查称量及查试块记录
	3	成品桩外形	表面平整,颜色均匀,掉角深度<10mm,蜂窝面积小于总面积 0.5%		直观
	4	成品桩裂缝(收缩裂缝或起吊、装运、堆放引起的裂缝)	深度<20mm,宽度<0.25mm,横向裂缝不超过边长的一半		裂缝测定仪,该项在地下水有侵蚀地区及锤击数超过500击的长桩不适用
	5	成品桩尺寸:横截面边长 桩顶对角线差 桩尖中心线 桩身弯曲矢高 桩顶平整度	 mm mm mm 	±5 <10 <10 <l/1000 <2	用钢尺量 用钢尺量 用钢尺量 用钢尺量,l 为桩长 用水平尺量
	6	电焊接桩:焊缝质量 电焊结束后停歇时间 上下节平面偏差 节点弯曲矢高	 min min 	>1.0 <10 <l/1000 	秒表测定 用钢尺量 用钢尺量,l 为两节桩长
	7	硫磺胶泥接桩:胶泥浇注时间 浇注后停歇时间	min min	<2 >7	秒表测定 秒表测定
	8	桩顶标高		±50	水准仪
	9	停锤标准	设计要求		现场实测或查沉桩记录

第四节　钢　　桩

一、钢桩的材料

施工前应检查进入现场的成品钢桩、成品桩的质量标准应符合表 4-16 的规定。

钢筋混凝土预制桩质量检验标准　　**表 4-16**

项	序	检 查 项 目	允许偏差或允许值		检 查 方 法
			单 位	数 值	
主控项目	1	钢桩外径或断面尺寸：桩端 桩身		±0.5%D ±1D	用钢尺量，D 为外径或边长
	2	矢高		$< l/1000$	用钢尺量，l 为桩长
一般项目	1	长度	mm	+10	用钢尺量
	2	端部平整度	mm	≤2	用水平尺量
	3	H 钢桩的方正度　$h>300$ $h<300$	mm mm	$T+T'\leqslant 8$ $T+T'\leqslant 6$	用钢尺量，h、T、T' 见图示
	4	端部平面与桩中心线的倾斜值	mm	≤2	用水平尺量

二、钢桩的施工工艺过程

钢桩施工过程包括以下几个部分：

1. 吊桩；2. 对位；3. 压桩（第一节）；4. 接桩；5. 压桩（第二节）；6. 送桩（送到设计高程）。

沉桩流程一般原则如下：

(1) 在桩的密集处自中间向两个方向对称进行，或自中间向四周进行，或向一侧单一方向进行。

(2) 按桩尖高程，宜先深后浅；按桩的规格，宜先大后小，先长后短。

(3) 在软土地区，挤土效应明显时，压桩宜背着被保护的对象进行，一般宜采取迂回施工，跳跃施工及控制压桩速度。

三、钢桩的监理巡视检查

(一) 预控

1. 进入施工现场的桩或在工地现场预制的桩，监理员要注意其断面尺寸、长度、强度等必须符合设计技术要求，桩身质量有完整的材料检验报告书及质量保证书。如需接桩，则接桩材料必须进行材料力学试验，其抗压、抗拉、抗折等技术指标应符合材料的出厂合格证中有关指标及设计技术标准，并有生产许可证书和质量保证书。

2. 监理员要检查进场的施工设备是否符合现场的施工技术要求和环境要求，如：打桩锤重、桩机型号、设备噪声、立杆高度、垂直度，压桩设备的规格，压力系统允许最大压力及加压龙门架的高度。

3. 监理员要注意：经过压桩施工验证后，桩尖持力层及以上地层与现场工程地质资料要基本相符，未发现较显著的地质变异情况。

(二) 过程质量

1. 制桩的监控措施

一般用普通碳素钢板在工厂分段卷制而成，焊接缝有直焊缝和螺旋焊缝两种。螺旋焊缝强度高、质量好，但需要有专业流水线生产设备。分上中下三节，上节下节为特殊节段，中节为标准节段。单节桩长度视运输条件而定，一般为10～15m，在施工时按照设计长度接长。

加工制作，对以下几方面监理员应予以重视：

(1)对进口的原材料或已加工的成品桩，监理员须认真核对其规格和材质，坚持先抽查合格才能使用；(2)影响钢桩质量的关键是电焊缝，每一节管段同一截面内只能有一条纵向焊缝，拼接管段时，要注意焊缝错开，错开长度不小于30cm弧长；(3)除对焊缝的外观质量做全面检查外，尚应抽不少于2%焊缝做无损探伤或更多一点的超声波检查，对夹渣、气孔严重的焊缝须补强处理；(4)钢管桩外形尺寸允许偏差：1)外周长：管端部±0.5%，桩身部：±1%；2)管端平整度：≤2mm；3)管端垂直度：≤2mm；4)相邻管段的直径差：≤2mm；5)管端椭圆度(即端部互相垂直的直径差)：≤2mm；6)桩身纵轴线的变曲矢高：≤桩长1%；7)桩长度：+30mm；(5)当土质硬，地质条件复杂，预估压入有困难时，可以在桩尖管中处和上节桩顶管口处加焊钢板箍，以减少压桩阻力和增大锤击受力面，降低压桩应力。

2. 沉桩质量控制

遇下列情况监理员应要求暂停压桩，并及时与有关单位研究处理：

(1) 初压时，桩身发生较大幅度位移倾斜；压桩过程中桩身突然下沉或倾斜。

(2) 沉桩阻力剧变；遇渗井、古墓或地下障碍物。

(3) 连续出现压至设计标高时，沉桩阻力比预计偏小(偏低值大于20%)，或沉桩过程中发现地基条件与勘察报告不相符。

(三) 常见的问题(见表4-17)

(四) 钢桩施工质量控制的关键点

压桩施工过程监控，是监理工作中质量控制的关键环节，对施工中打压桩过程监理员要进行旁站监督检查：

1. 监理员要检查施工机组的打(压)桩参数记录情况，如：每米贯入度、最终贯入度、落距、每米压力值及贯入速率等，都要严格记录在打(压)桩记录表上，并随时分析工作场区地质变化情况，为评价整个场区的打(压)桩施工作好第一手资料；

2. 打(压)桩在立杆上的倾斜度不得＞1%，桩顶标高控制在±10cm以内，监理员要督促承建商(施工单位)在现场安装量测设备，如：经纬仪和水准仪。对于比较长的桩以及接桩则必须在两个不同角度分别放置经纬仪进行同步观测；

常见质量通病及预防措施　　表 4-17

施工事故及质量隐患	出现部位	产生原因	预防措施	补救措施
桩位偏移超过施工验收规范标准	桩顶标高处	打、压桩中，桩机自身未调平导致导杆不垂直；地层分层角度大或软硬差异较大，未掌握地层规律；桩定位不准确；接桩不正；地下有障碍物，桩尖制作偏心，桩自身弯曲	打桩前调整导杆垂直度；桩机就位，垫平桩机；桩就位，调整好桩垂直度；随时分析地层变化规律，调整打、压桩油门或压力值；施工前要进行钎探，探测地下有无异物，并清除地下障碍物；对接桩严把质量关，接桩时在两个不同角度进行观测，调整桩垂直度，对上、下桩平面不水平情况要充填好衬垫，加强制桩监控	与设计商量，采取补桩措施或其他办法
和试桩相比，工程桩最终贯入度过大，压桩贯入速率过大	桩尖持力层	勘探资料不准确；地层水平变化大；环境地质因素	详细分析地质资料，增加补勘工作；增补试桩试验组数；对地质出现的不利因素及时提出预测，并向设计单位提出修改意见	增加试桩，补桩；在仔细分析地质资料的情况下，与设计研讨改变桩长方案

3. 接桩时监理员要严格对接桩材料、接桩位置的把关控制，并在现场对接桩工序进行管理控制。

四、钢桩的监理验收

监理员督促承建商(施工单位)在打(压)桩施工结束后，进行自检，自检的具体内容包括：1. 设计图纸和设计要求与施工图是否一致；2. 施工班报记录及各项施工签证是否齐备；3. 设计变更记录及复印件；4. 打(压)桩施工分阶段验收记录；5. 各种质量事故的处理意见、措施、记录、签证；6. 打(压)桩施工测量定位、放线的验收记录及签证；7. 合同文件及开、竣工报告。

委托法定检测单位进行的静载荷试验、动力测试报告中的评价结论，是否满足设计要求，如不满足，与设计单位、施工单位研究分析原因，协商解决补救措施。

钢桩质量检验标准应符合表 4-18 的规定。

钢桩质量检验标准　　表 4-18

项	序	检查项目	允许偏差或允许值		检查方法
			单位	数值	
主控项目	1	桩位偏差	见表 4-6		用钢尺量
	2	承载力	按基桩检测技术规范		按基桩检测技术规范

续表

项	序	检 查 项 目	允许偏差或允许值		检 查 方 法
			单 位	数 值	
一般项目	1	电焊接桩焊缝: (1) 上下节端部错口 (外径≥700mm) (外径<700mm) (2) 焊缝咬边深度 (3) 焊缝加强层高度 (4) 焊缝加强层宽度	 mm mm mm mm mm	 ≤3 ≤2 ≤0.5 2 2	 用钢尺量 用钢尺量 焊缝检查仪 焊缝检查仪 焊缝检查仪
		(5) 焊缝电焊质量外观	无气孔,无焊瘤,无裂缝		直 观
		(6) 焊缝探伤检验	满足设计要求		按设计要求
	2	电焊结束后停歇时间	min	>1.0	秒表测定
	3	节点弯曲矢高		$<l/1000$	用钢尺量,l 为两节桩长
	4	桩顶标高	mm	±50	水准仪
	5	停锤标准	设 计 要 求		用钢尺量或沉桩记录

第五节　混凝土灌注桩

一、混凝土灌注桩的材料

施工前应对水泥、砂、石子(如现场搅拌)、钢材等原材料进行检查。

(一) 钢筋

1. 钢筋的等级、钢种和直径,必须符合设计要求,若需代用应征得设计同意,钢筋的质量应符合国家标准,见表 4-19,表 4-20;2. 钢筋进场应具有正式的出厂合格证,国外进口钢筋应有进口国质保书和我国商检局检验单;3. 进场后需做材质复试和物理试验,取样时每批重量不大于 60t,每套试样二根,一根作拉力试验,另一根作冷弯试验;4. 试验时如有一个项目不符质量标准,则应另取双倍的试样,对不合格项目作第二次试验,如仍有一根试样不

热轧钢筋的机械性能　　表 4-19

品种 外形	品种 强度等级	代 号	公称直径 mm	屈服点 σ_s N/mm²	抗拉强度 σ_b N/mm²	伸长率 δ_s %	冷 弯 d = 弯心直径 a = 钢筋直径
				不小于			
光圈钢筋	Ⅰ	Q235	8~20	235 (24)	370 (38)	25	$180°\ d=a$
变形钢筋	Ⅱ	20MnSi	8~25	335(34)	510(52)	16	$180°\ d=3a$
		20MnNb(b)	28~40		490(50)		$180°\ d=4a$
	Ⅳ	40Si2MnV 45SiMnV	10~25	540 (55)	835 (85)	10	$90°\ d=5a$
		45Si2MnTi	28~32				$90°\ d=6a$

合格，则该批钢筋不予验收、不能应用；5. 钢筋堆放时选择地势较平和较高处，防止与酸、盐、油类放在一起，防止钢筋锈蚀和污染，如有颗粒状和片状老锈斑者不能使用。

热轧钢筋的化学成分 表 4-20

品种		代号	化学成分							
外形	强度等级		C	Si	Mn	V	Ti	Nb	P	S
								不大于		
光圈钢筋	Ⅰ	Q235	0.14～0.22	0.12～0.30	0.30～0.65				0.045	0.50
变形钢筋	Ⅱ	20MnSi	0.17～0.25	0.4～0.8	1.20～1.60				0.045	0.045
		20MnNb(b)	0.17～0.25	≤0.17	1.00～1.50			0.05	0.045	0.045
	Ⅳ	40Si2MnV	0.36～0.45	1.40～1.80	0.70～1.00	0.08～0.15			0.045	0.045
		45SiMnV	0.40～0.52	1.10～1.50	1.00～1.40	0.05～0.12			0.045	0.045
		45Si2MnTi	0.40～0.48	1.40～1.80	0.80～1.20		0.02～0.08		0.045	0.045

（二）水泥

1. 水泥的技术指标和龄期强度应符合表 4-21 的规定。水泥进场必须具有正式出厂合格证和材质试验报告，进场后分批（每批不超过 400t）进行材质复试，每批从 20 袋水泥中各取 1kg，如当地另有明文规定可按当地规定执行；2. 应按不同强度等级、品种、出厂日期分别验收分别堆放，严禁不同厂家、不同强度等级水泥混杂使用在同一根桩内；3. 出厂日期超过三个月或对质量有怀疑时，应取样复验合格后才可使用；4. 钻孔灌注桩使用强度等级不低于 32.5 的水泥，严禁采用快硬型水泥。

常用水泥的技术指标 表 4-21

项目	技术指标
氧化镁含量	在熟料中不得超过 5%；若水泥经压蒸安定性试验合格，可放宽至 6%
三氧化硫含量	矿渣水泥不得超过 4%；其余品种的水泥不得超过 3.5%
烧失量	旋窑厂水泥不得大于 5.0%；立窑厂水泥不得大于 7.0%
细度	0.080mm 方孔筛的筛余量不得超过 12%
凝结时间	初凝不得早于 45min，终凝不得迟于 12h
安定性	用沸煮法检查必须合格

（三）粗、细骨料

1. 混凝土粗骨料宜选用有连续级配的坚硬碎石或卵石，质量标准应符合建设部标准（见表 4-22，表 4-23）；2. 粗骨料粒径一般选用 5～40mm，且具有连续级配，最大粒径宜小于钢筋笼主筋最小净距的三分之一，有条件时优先采用5~25mm的碎石；3. 细骨料应选用级配合理、质地坚硬、颗料洁净的天然中粗砂，砂中有害物质含量限值见表4-24，4. 粗细骨料中硫化物和硫酸盐含量不宜大于1%，如有颗粒状的硫化物或硫酸盐则要求经专门检验确认能满足混凝土耐久性要求时方能采用；5. 粗细骨料进场时应有产品正式合格证，进场后应分批（每批不超过600t）进行材质复试合格后方可使用，粗细骨料堆放时应防止杂质和泥土混入。

碎石、卵石颗粒级配范围 表4-22

级配情况	公称粒级 mm	累计筛余 按重量计（%）								
		筛孔尺寸 （圆孔筛）mm								
		2.5	5	10	15	20	25	30	40	50
连续粒级	5~10	95~100	80~100	0~15	0					
	5~15	95~100	90~100	30~60	0~10	0				
	5~20	95~100	90~100	40~70		0~10	0			
	5~30	95~100	90~100	70~90		15~45		0~15	0	
	5~40		95~100	75~90		30~45			0~5	
单粒级	10~20		95~100	85~100		0~15	0			
	15~30		95~100		85~100			0~10	0	
	20~40			95~100		80~100				

注：① 公称粒级的上限为该粒级的最大粒径。单粒级一般用于组成具有要求级配的连续粒级。它也可与连续粒级的碎石或卵石混合使用，以改善它们的级配或配成较大粒度的连续粒级；

② 根据混凝土工程和资源的具体情况，进行综合技术经济分析后，在特殊情况下允许直接用单粒级，但必须避免混凝土发生离析。

碎石或卵石中的针、片状颗粒和含泥量 表4-23

项 次	项 目	混凝土强度等级		
		≥C30	＜C30	＜C10
1	针、片状颗粒含量（按重量计）不大于（%）	15	25	40
2	含泥量（按重量计）不大于（%）	1.0	2.0	

注：凡颗粒的长度大于平均粒径2.4倍者称为针状颗粒；厚度小于平均粒径0.4倍者称为片状颗粒；平均粒径是该粒级上下限粒径的平均值；

碎石中的有害物质含量限值 表4-24

项次	项 目	质 量 指 标
1	云母含量按重量计不宜大于（%）	2.0
2	轻物质含量按重量计不宜大于（%）	1.0
3	硫化物硫酸盐含量按重量计不宜大于（%）	1.0
4	有机质含量（用比色法）	颜色不应深于标准色，如深于标准色则应配成砂浆，进行强度对比试验复核
5	含泥量按重量计不大于（%）	3~5

(四) 水

凡可饮用的水和洁净的天然水，都可作为拌制混凝土和养护用水，但不可应用海水，对工业废水及 pH 值小于 4 的酸性水、含硫酸盐量(按 SO_4^{2-} 计)超过水重 1% 的水，以及含有对凝结和硬化有害杂质或油脂糖类等水均不能应用。

(五) 外加剂

1. 混凝土中掺用外加剂的质量应符合规定；2. 外加剂应有产品合格证书，进货时应对照合格证书进行验收，对产品有疑问应取样复验，外加剂应分类保管；3. 外加剂种类繁多，且应考虑与水泥成分和水质的相容性，为此必须严格按混凝土配方设计规定的种类和掺量使用，不得超越。

二、混凝土灌注桩的施工工艺过程

混凝土灌注桩施工工艺按成孔方式不同分为：1. 钻孔灌注桩；2. 冲击、冲抓成孔桩；3. 沉管灌注桩

1. 钻空灌注桩采用的机械、工艺方法不同，成孔机理各异。

(1) 正循环回转钻进成孔：在钻机驱动钻具回转钻进的同时，冲洗液沿钻杆与孔壁之间的外环空间上升从孔口返回沉淀池，形成正循环排渣回转钻进。

(2) 反循环回转钻进成孔：冲洗液的流向是从地面沿钻具与孔壁之间的外环空间、或专用管线或双壁钻杆的外环间隙流向孔底，冲洗孔底，沿钻杆中心孔上升，返回地面，形成反循环排渣回转钻进。

(3) 无循环回转钻进成孔：在回转钻进过程中靠钻具自身特有的功能使岩屑沿钻具外围上升或暂时储存在钻头或钻具与孔壁之间，随钻具一同提离地面形成无循环排渣回转钻进，如螺旋钻。

2. 冲击、冲抓成孔：利用机械动力，借助于钢丝绳将冲击钻头、抓斗或冲抓锥提离一定高度后，靠其自身的重力冲抓破碎井底岩土。

(一) 正循环回转钻孔

1. 施工前的准备工作

主要包括：平整场地；桩位测量放线；修筑道路；水电管线安装与架设；冲洗液制造、储备与循环净化准备；水泥、砂、石、钢材的堆放位置选择；混凝土搅拌；钢筋笼的制做；护筒的埋设以及机具配备等。

(1) 施工场地准备的要求：

1) 开工前达到水通、电通、路通，场地平整。

2) 依据设计书现场做好施工平面布置图，并在图上标明桩位、桩号、施工工序以及水电管线的架设位置和冲洗液制造、储备、循环与净化排放位置。

3) 对建设单位提供的测量资料进行复核确认，双方确认测量基线与基点。标定桩位与高程，给定桩位后，用直径 20～25mm 铁钎垂直钎入 400～600mm 深，拔出后倒入白灰，做挖坑定心标志，然后在地表钎入木桩高出地面 80～150mm，标以桩号。为防止孔口周边土坍塌，因此在施钻前需埋护筒。

(2) 埋设护筒，目前护筒多用 4～8mm 厚的钢板卷制焊接而成，也有采用木质和钢筋混凝土管的。埋设时：

1) 护筒内径应比设计桩径大 100～200mm；高度一般为 1.2～1.5m。特殊情况下可以

加高上部应留有高200mm,宽250～300mm的排浆口和起拔时用的耳环。

2）护筒应圆,同心度好,不易变形,不漏水,安装起拔方便,坚固耐用。

3）埋设护筒时先根据测量给定的桩径,按十字交叉定位法钉引线桩,以十字交点(钻孔中心)为圆心以大于护筒半径50～100mm的长度为半径画圆挖护筒坑,将高度适宜的护筒置于坑内,复测找正使其垂直、周正,上端要高出自然地面200～250mm,然后周围填土捣实,不得下沉。

(3) 配备设备机具。

2. 钻进施工工艺

在钻进过程中,操作者应根据井底岩(土)层情况,适时地控制和调正技术参数。

(1) 钻头转数,主要受外圆周线速度限制。根据国内外大口径钻进经验,当钻头外圆周线速度小于2.5～3.5m/s时,线速度变化对钻头切削阻力影响很小。当线速度超过2.5～3.5m/s时,其阻力随线速度的增加而增大。且钻头类型不同对线速度的要求也不一样。据有关资料介绍,国外推荐刮刀和牙轮钻头最经济线速度为1.9m/s左右,而钢粒钻头则为1.0～1.4m/s。具体选择时不仅要考虑某一层位的钻进速度,同时要考虑孔壁的稳定、井径的变化、钻具和钻头刀具的磨损以及设备负荷能力等综合因素。

(2) 钻压,合理确定钻压的原则,应是使钻头施加给岩(土)的接触应力超过岩(土)自身的抗压强度。只有在合理范围内增加钻压,才能取得较高的钻进效率。如果超出了合理范围,不仅刀具磨损加快,而且钻杆产生弯曲,回转阻力加大,钻机负载增加,甚至会发生井内事故或机械事故。因此应依据岩(土)的工程性质、钻头直径与类型切削具的磨损程度合理选择钻压。

(3) 冲洗液量(简称泵量),施工中常因泵量不足影响钻进速度,使孔底岩粉增多,回转阻力增大,松散地层也会因泵量过大而冲垮孔壁,甚至导致事故。掌握合适的泵量需要较丰富的钻孔经验,对一个新场区来说,仍须先借助理论计算。

(4) 清孔,钻头钻至设计持力层深度后,为保证灌注混凝土质量,必须清除井内沉渣,更换孔内浓浆。

1）清孔要求:*A*)终孔后应立即进行,以免沉渣多,增加清孔难度和时间;*B*)清孔中随时观察冲洗液中的含砂量,用手捻摸渣感不明显,测试含砂量不超过8%。端承桩沉渣厚度应小于50mm,摩擦桩应小于200mm(纯摩擦桩小于300mm),达到标准要求时停止清孔;*C*)替换后的冲洗液相对密度应小于1.2,黏度小于28s。同时保持一定水头高度,防止坍孔;*D*)清孔结束应立即吊放钢筋笼,灌注混凝土。灌注前应重新测量沉渣厚度,如超标应重新清孔。

2）清孔方法根据钻进方法与孔底残渣多少决定。

A）捞杯清孔法:下端均焊有合金胎块,用以捣碎大的岩渣和修平(如锥形钻头)孔底。可以边回转边冲洗,冲、停间歇进行,使大的颗粒落入杯内,小的排除孔外。

B）当钢筋笼下入孔内,沉渣超过标准时可采用导管清孔。即导管上端连一特制接头与水泵送水管相接,开泵冲洗时上下串动导管,停泵后将导管落入孔底,可试沉渣是否超标。合格后将导管提离孔底达到规定高度即可。

C）采用潜水泵清孔:适用于孔壁稳定沉渣颗粒不大的地层,清孔时,用钢管将潜水泵直接下入孔内开泵,边排渣边向孔内补充清水或新的浆液,边下降潜水泵,直至达标为止。

上述几种方法,可因地制宜选用,最好利用原成孔设备,同时考虑沉渣颗粒与孔壁的稳定性。

3. 施工中监理员应注意的事项:

(1) 护筒一定埋正、埋牢与钻孔轴线保持同心,防止上下钻时刮碰,发生护筒事故。

(2) 在黏土中钻进,因黏土造浆力强,应保证水量和水路畅通,防止发生泥包钻头和糊钻事故。

(3) 砂层中钻进,进尺快,冲洗液的含砂量大,孔壁稳定性差,易坍塌。在循环终止时大量砂粒会迅速沉降造成埋钻。因此要加长沉渣槽(沟)和增加沉淀坑,保持冲洗液性能。必要时可设除砂装置和在泥浆中加适量的化学处理剂,如聚丙烯酰胺、纤维素等。

(4) 在卵砾石层中(尤其是河床中)钻进,钻具工作不平稳、孔壁易掉块。常见蹩车、孔斜、不进尺等现象。因此,施工中要保持钻具同心度和刚度;使用优质泥浆(黏度 30~50s、相对密度 1.2~1.3)护壁;用一字钻头或十字钻头冲碎大的砾石或挤于侧壁;用筒状钢粒钻头(内焊有钢丝绳)及时将大漂石取出等。

(二) 反循环回转钻孔灌注桩施工工艺

反循环包括泵吸反循环、气举反循环和射流反循环,桩基施工中常用头一种方法。

1. 施工前的准备工作

反循环与正循环不同,需配专用器具。

(1) 主动钻杆常用与孔内钻杆口径相同的无缝钢管制作,其长度大于孔内单根钻杆(为单根钻杆与机高之和),外周用 4 根规格长度适宜的角钢焊成正方形断面。

(2) 钻杆多数单位用内径为 147~200mm、壁厚 10~15mm 的无缝钢管。钻杆与接头一般采用焊接,同时要求接头与钻杆通孔一致,有法兰盘接头和牙嵌式法兰盘接头,二者均用螺栓紧定。还有齿形插装式接头,由专门厂家生产。

(3) 水笼头与排渣管两者内径与钻杆和砂泵出口内径一致,其弯曲处应有一定曲率半径,不得有直角弯。

(4) 冲洗液净化是泵吸反循环的技术关键,可以采用大循环净化法、加长循环系统长度,多坑沉淀等方法使岩屑从泥浆中分离出来,沉淀净化。必要时可用振动筛和旋流除砂器。

2. 反循环钻进施工工艺

(1) 启动砂石泵:常用两种方法,一是利用真空泵的抽吸作用,排除吸水管线及泵体内的空气,形成负压,使钻杆内的液体上升充满管线和砂石泵,再启动砂石泵;二是注浆启动法,利用另一台离心泵向砂石泵及其管线注满清水或泥浆,之后启动砂石泵。待循环正常后即可开车钻进。

(2) 停泵在加钻杆或暂停钻进或提升钻具前,应停泵,但停车后必须使砂石泵继续运转 1~2min,使钻杆内的岩屑全部排到地表,否则过早停泵,会使钻渣回落在钻头入渣口内,造成堵塞。

(3) 转数与正循环回转钻进相同。

(4) 泵量:反循环钻进不仅要求冲洗液在钻杆内和钻头工作面有足够的流速使岩屑进入排渣口,同时还应考虑对井壁的冲刷及节能等因素。国内外有关经验资料认为,钻杆内冲洗液上返速度为 2~4m/s 为宜,孔底工作面冲洗液横向流速应达到 0.3~0.5m/s(泥浆冲洗时为 0.3m/s,清水冲洗时为 0.5m/s),沿孔壁下流速度限制在 0.02~0.04m/s,最大不超过

0.167m/s。

(5) 清孔:反循环钻进结束后一般不需专程捞渣,如遇特殊情况(如停电等),则需专程捞渣,直至合乎要求为止。

3. 施工中的注意事项

(1) 反循环钻进管线系统一定连接牢固、严密、畅通,各连接处须用胶垫或密封,不得漏气,不得有直角弯,钻杆排渣管与砂石泵出口内径一致。

(2) 下钻时钻头应与孔底有一定距离(一般大于0.2m),防止沉渣堵塞进渣口。

(3) 砂石泵启动后有时反循环液流逐渐减少以至中断,泵体及软管颤动、说明钻头或软管中有卵石块堵塞或有漏气地方,应进行检查,对各拐弯处先用手锤敲振,如还不行可改正循环送液或提钻检查。

(4) 储浆池容积应为钻孔容积的1.5~3倍,保证有充足的浆液补给,尤其漏失钻孔,必须保证孔内液面高于地下水位2.0m以上。

(5) 在一般地层中钻进可用清水做冲洗液以提高钻进效率。极不稳定地层,仅靠液柱压力还不足以保护孔壁稳定时应采用泥浆钻进。

(三) 无循环螺旋钻孔灌注桩施工工艺

施工中监理员应注意的事项:

1. 螺旋钻进应根据地层情况,选择合理的转数和钻压,按电流表控制进尺速度,电流值增大说明回转阻力加大,则应降低钻进速度。

2. 安装有筒式出土器的钻头,为迅速准确使钻头对准桩位,可在桩上放置定位环。

3. 开始钻进或穿过软硬互层交界时,应缓慢进尺,保证钻具垂直,在钻进含水量大的软塑黏土层时,应尽量控制钻杆晃动,防止扩径。

4. 长螺旋钻杆与出土装置、导向滑轮的间隙不得大于钻杆外径的4%。出土装置的出土口离地面高度应大于1.2m。

5. 采用短螺旋钻孔时,每次钻进深度应视地层情况合理掌握,一般应控制在钻头长度的2/3左右,砂层、粉土层可控制0.8~1.2m;黏土、粉质黏土一般在0.6m以下,甚至0.35~0.40m。

6. 钻进不稳定地层(如含水砂层、干砂层、砂砾石层),应采用低转数钻进,上钻前上下活动钻具,以挤实孔壁,需要时可投入少量黏泥球,保护井壁。

三、混凝土灌注桩的监理巡视检查

(一) 预控

1. 场地三通一平(电通、水通、路通和场地平整)应满足施工要求,监理员要根据地下管线图督促施工单位清除施工场区各种地下管线(上、下水管、煤气管、电缆电讯线等)、老基础、人防和古墓等地下障碍物,或已有成熟的对策措施不影响施工。

2. 施工场地平面布置图合理,搭建临时临设施办公、值班、膳宿、卫生等用房均满足施工要求。钢筋、水泥、砂石料堆场、钢筋笼制作场地、混凝土试块养护、泥浆循环系统或污泥堆放等布置合理,便于施工和确保场地整洁。

3. 监理员要注意设计文件和桩位布置图、钢筋笼制作图以及各项设计要求有关参数已进行交底且明确无误。

4. 根据规划红线,建筑物位置和桩位轴线经监理员检查无误,并开始孔位放样和埋设护筒、水准点和桩位轴线定位点应在施工影响范围之外。

5. 成孔成桩机械的选型、主要性能以及配套设备齐全和满足设计要求，经试运转一切完好，还应有一定的备品备件。

6. 钢筋、水泥、砂石料和外加剂等材料已部分到位，并经材质复试质量合格，材料计划和后续供应已经落实。

7. 在现场需有一定的电器、机修和采购力量，确保机械正常运转和材料及时供应等。

(二) 过程质量

灌注桩施工可分成孔、钢筋笼和成桩三大部分，每部分又分若干道工序，现以回转钻进、泥浆护壁、水下导管灌注混凝土工艺流程为例，分述如下：

1. 成孔施工监控

(1) 护筒埋设

护筒中心允许偏差≤2cm，筒顶高出地表10～20cm，筒底一般埋入原状±20cm，筒外围用素土分层填实，回转钻进时筒径比孔径大10cm，冲击钻进时筒径比孔径大20～40cm，监理应会同承建商一起复核验收桩位轴线，其允许偏差≤±2cm。

(2) 钻机就位

钻机底盘和转盘必须稳固水平，钻架必须垂直，钻架天轮外缘(或钻头中心)、钻盘中心和护筒中心三点成一铅垂线，确保桩位精度和钻孔垂直度。

泥浆循环系统事先一定要有全局考虑，泥浆管理的好坏，将直接影响施工质量进度和文明施工。一般用原土造浆，泥浆质量指标主要包括密度、黏度和含砂量，见表4-25。当发生塌孔或漏浆时，应立即增加泥浆密度，甚至向孔内投入黏土等。

泥浆性能技术指标 **表4-25**

钻进方法	泥浆密度		漏斗粘度		含砂量
	注入孔口	排出孔口	注入孔口	排出孔口	
正循环	≤1.15	≤1.3	18″～22″	20″～26″	一般≤4%在砂层中钻进可适当提高
反循环	≤1.1	≤1.2	16″～18″	18″～22″	
冲击钻	1.3～1.5				

(3) 开(成)孔钻进

开孔前监理员必须量测钻头直径和钻具长度，并记录备查，钻头直径应符合设计桩径要求，并经常检查如有磨损应调换或焊接。成孔钻进时应根据不同桩径、桩深、地下水位高低、穿越地层和桩端持力层等情况。成孔和桩位质量标准见表4-26。

泥浆性能技术指标 **表4-26**

项次	项目		允许偏差	检测方法
1	孔径 d	承重桩	−0 +0.20d	用井径仪
		围护桩	−0 +0.10d	
2	孔深		−0 +300mm	钻具或冲击钢绳长度

续表

<table>
<tr><th>项次</th><th colspan="3">项　目</th><th>允许偏差</th><th>检测方法</th></tr>
<tr><td>3</td><td colspan="3">垂　直　度</td><td>≤1%</td><td>用测斜仪</td></tr>
<tr><td rowspan="2">4</td><td colspan="2" rowspan="2">孔底沉淤或虚土厚度</td><td>端承桩</td><td><100mm</td><td rowspan="2">用核定的标准测绳测定</td></tr>
<tr><td>摩擦桩</td><td>≤300mm</td></tr>
<tr><td rowspan="3">5</td><td rowspan="3">桩位</td><td colspan="2">单桩、条形桩基沿垂直轴线方向和群桩基础边桩</td><td>1/6d</td><td rowspan="3">基坑开挖后，重新放出纵横轴线，对照轴线用钢尺检测</td></tr>
<tr><td colspan="2">条形桩基沿顺轴线方向和群桩基础中间桩</td><td>2/4d</td></tr>
<tr><td colspan="2">基坑围护桩、垂直于轴线方向</td><td>1/12d</td></tr>
</table>

成孔钻进时监理员应督促施工人员注意如下要点：

1) 回转钻进：开孔时宜轻压慢钻，钻进过程中大钩适当吊紧，防止孔斜和断钻杆事故，正循环护壁效果好，但不适用大于一米直径的钻孔。反循环钻进效率高，孔径越大越明显，其泥浆在孔内下降速度以 0.03m/s(2m/min)左右为宜，过大易冲塌孔壁，泥浆在钻杆内上返速度以 3～4m/s 为宜，过小排渣效果差，过大消耗功率大，一般采用泵吸反循环，孔深大于 70m 需用气举反循环；

2) 冲击钻进成孔：在钻头锤顶和提升钢绳之间，需设自动转向装置，确保冲击成圆孔，有利于钢筋笼顺利下入，冲击钻进易塌孔，应根据不同地层采取相应措施防止塌孔，确保正常钻进；

3) 螺旋钻成孔：防止钻杆晃动引起扩径和增加孔底虚土，钻进速度根据电流值及时调正；

4) 潜水钻成孔：钻进时应指定专人收放电缆和进浆胶管，防止其缠绕钻头而发生事故，电缆的架设和收放应严格按照电器操作规程，同时要注意防止孔斜塌孔和埋钻；

5) 扩底钻进成孔：先钻到设计孔深后再扩孔，一般扩底角(斜度)不大于 12 度，扩底率(扩底有效面积与桩身截面积之比)不大于 3.2，扩底状况应进行检测，检测方法有：在成孔机械装置上设扩底检测装置或用超声波孔壁测定仪，后者较可靠，国外也有用调频波的孔径测定装置，在高浓度的泥浆中也能得到鲜明的记录曲线；

6) 冲抓锤钻进成孔：该法是将锤办闭合的冲抓锤吊入孔内进行冲击，而后提起冲抓锤张开锤办进行冲抓钻进成孔。该法最大优点是适宜于在卵石层中钻进，成孔的关键是根据不同地层选择不同的冲程和采取相应的护壁措施防止塌孔；

7) 机动洛阳铲成孔：适用于地下水位以上的一般粘性土、黄土和人工填土，施工时应注意防止塌孔和清除孔底虚土；

8) 正式施工前应进行试成孔，以便核对地层资料和检验选用的机械设备、施工工艺等是否满足设计要求，对不利用的试成孔必须回填密实和分层止水杜绝隐患。如在同一地区同类工程做过很多，确有充分成功的把握，试成孔可结合施工进行；

9) 施工桩孔的最小间距：应根据地层情况、混凝土硬化时间和钻孔机械安全距离而定，如为较硬粘性土时，孔距符合机械安全即可，如为砂性土或软土时，孔距不宜小于 4 倍桩径，或硬化时间不少于 36h。

(4) 清孔验收

第一次清孔：终孔后立即清孔称为第一次清孔。第一次清孔是否彻底对成桩质量是关键,要求泥浆中不含小泥块,孔底沉淤≤10cm,泥浆密度 1.15 左右(含砂量高时可 1.2),黏度 18~22s,含砂量≤4%,监理员应对孔深,沉淤厚度、泥浆密度等(必要时增加粘度和含砂量)进行验收签证;

第二次清孔:下入钢筋笼和导管后再次清孔称二次清孔,要求沉淤厚度:端承桩≤10cm,摩擦桩≤30cm,或按设计要求执行,泥浆密度 1.15,含砂量高时可酌情放大,第二次清孔对成桩质量有直接影响,监理人员应进行验收签证。

2. 钢筋笼施工监控

(1) 钢筋笼制作规格

应严格按钢筋笼设计图纸施工,钢筋笼宜分节制作,每节长度视成笼整体刚度,来料钢筋长度及起吊设备的有效高度合理确定。在笼上每 4~6m 应对称设置四只高 5cm 的钢筋定位环或混凝土填块,以确保钢筋笼居中和混凝土保护层厚度 5cm。其制作允许偏差见表 4-27。

钢筋笼制作允许偏差 **表 4-27**

项 次	项 目		允许偏差(mm)
1	主筋间距		±10
2	箍筋间距		±20
3	钢筋笼直径		±10
4	钢筋笼总长		±100
5	主筋保护层厚度	水下导管灌注混凝土	±20
		非水下灌注混凝土	±10

(2) 钢筋笼焊接要求

主筋搭接长度单面焊为 $8d$(Ⅰ级钢)或 $10d$(Ⅱ级钢),双面焊为 $4d$(Ⅰ级钢)或 $5d$(Ⅱ级钢),d 为钢筋直径。焊缝宽度不小于 $0.7d$,厚度不小于 $0.3d$。主筋接头≤50%,不应位于同一平面上,应上下错开,其上下间距应>$30d$,且≥50cm。所有箍筋可用点焊间隔固定,Ⅰ级钢焊条通常用 T4z－T4z,Ⅱ级钢需用 Tso2－Tso,焊条应有合格证,并作为资料存档。主筋每 200 个焊接点需做钢筋焊接拉伸试验和焊接冷弯试验各一组(三根为一组)。拉伸试验长度为 5d 时,二端长度各留 200~250mm,为 $10d$ 时各留 200mm,冷弯试验长度为 $5d+150$mm,≥28mm 时加 $1d$。

(3) 钢筋笼的安装

钢筋笼在制作、搬运及起吊时,应确保笼子挺直、牢固、不变形,安装入孔时应保持垂直状态,对准孔中心徐徐下放,避免碰撞孔壁,若遇阻碍应查明原因酌情处理后再继续下入。安装位置应符合设计要求,允许偏差±100mm。安装入孔时应补足主筋焊接部位的箍筋并用吊筋固定,严防下落和灌混凝土时上拱。

(4) 钢筋笼属隐蔽工程,监理人员应对钢筋笼的制作规格和焊接情况进行验收签证合格后才能下入孔中。

3. 成桩施工监控

钻孔灌注桩的质量问题,多数发生在成桩阶段,监理人员应特别注意以下各点:

(1) 混凝土配合比

配合比必须保证所配制的混凝土能满足桩身设计强度以及施工工艺要求。配合比必须根据设计要求和由有资质的单位提供，其配方需附于竣工报告中。试配用料应是施工实际用料，若后续供料有明显变化，应由试配单位调正配方。试配强度应比设计桩身强度高15%～25%，或高一个强度等级，如桩身强度为C30，配方按C35要求，同时，应具有良好的和易性和流动度，初凝时间应为正常灌注时间的2倍，水泥用量不大于500kg/m^3。

(2) 混凝土拌制

拌制用料应严格计量，其允许偏差分别为水泥、外掺混合材料±2%，粗细骨料±3%，水、外加剂溶液±2%，碎包水泥、粗细骨料必须用磅秤严格计量和记录备查。粗细骨料的含水率，晴天和雨天变化很大，应进行现场调整加水量，以保证实际水灰比和坍落度符合要求。投料拌制时，依次是粗细骨料、水泥、掺合料和外加剂，混凝土必须有足够的搅拌时间。冬季气温低于0℃以下，可采取下列防冻措施：1)降低混凝土水灰比；2)拌制混凝土的材料应无冻结现象；3)拌制时间应比规定时间延长50%；4)桩顶标高与自然地面标高接近或相等的桩，其桩头应加盖草包或采取其他保温措施。

(3) 混凝土灌注

混凝土灌注分水下导管灌注成桩和非水下灌注成桩二类。

1) 非水下灌注混凝土成桩，又称直接灌注法

一般应用于干法成孔，在灌注混凝土前，监理人员必须对孔深、孔径、孔壁、垂直度、孔底虚土厚度和积水深度进行检查，合格后才能灌注混凝土，并应连续灌注，分层振捣密实，每层高度不宜超过1～1.5m。混凝土应适当超过设计桩顶标高，确保凿除浮浆层后桩顶混凝土强度符合设计要求。混凝土塌落度一般采用8～10cm，如孔径较小且无钢筋笼，塌落度宜取6～8cm。混凝土试块同一配合比每台班或每100m^{3}混凝土不得少于一组(三块)。

2) 水下导管灌注混凝土

其施工顺序是先在孔内按设计要求下入钢筋笼用吊筋固定，而后在钢筋笼中心下人导管，利用导管进行清孔，在导管中下入隔水球塞，灌入0.1～0.2m^{3}的1∶1.5水泥砂浆后再连续灌注混凝土至结束。灌注中应测定坍落度和做试块，并要保证桩顶混凝土质量。施工中监理人员对导管质量及其下入深度，隔水球塞，特别是初灌量应进行核查，对灌注中发生的事故应进行跟踪检查等等。

3) 初灌量：料斗要有足够的容量，应能满足混凝土初灌量达到导管埋深0.8～1.3m。

(三) 常见的问题

混凝土灌注桩施工中的常见问题、主要原因及预防措施见表4-28。

常见的问题 **表4-28**

名称	主要原因	预防措施
坍孔	护筒埋设太浅，筒外围未分层捣实。回转钻进时泥浆密度和黏度偏小。冲击钻进时钢丝绳太松，钻具碰撞孔壁	护筒埋入原状土大于0.2m，筒外围分层捣实。冲击钻进密度和黏度可适当放大，钢丝绳适当吊紧钻具不碰孔壁
扩径	钻孔浅部地层有流砂层，钻进时钻具晃动太大	遇流砂层加大泥浆密度和黏度，尽量减小钻具晃动
缩径	有流塑黏性土层或含有高岭土成分的黏性土和膨润土	在缩径地段进行扫孔

续表

名　称	主 要 原 因	预 防 措 施
孔底沉淤偏大	第一次清孔不彻底,泥浆中含有小泥块或含砂量偏大	彻底清孔,含砂量<4%,合理调整泥浆密度和粘度
钢筋笼上拱	孔底沉淤偏大,泥浆密度和含砂量偏大。混凝土面至笼底时猛烈冲击笼上升,导管起拔时钩笼上升,吊筋太细或未固定,混凝上初凝等	孔底沉淤≤10cm,混凝土面至笼底时放慢灌注速度,导管居笼中心,顺时针转动导管,吊筋使笼固定,初凝时间需大于灌注时间二倍等
桩上部夹泥	清孔不彻底,沉淤偏大,导管埋深太小	彻底清孔,沉淤≤10cm,导管埋深3～10m
桩混凝土局部离析	混凝土质量不好(未按设计配合比实施,搅拌时间太少,坍落度太小等),导管不密封漏水,相邻桩施工间距太小	混凝土质量要好,导管要密封不漏水,施工间距≥4d或时间间隔>36h
导管堵塞	导管变形,混凝土质量不好(同上),离析,或混有大石块、水泥袋碎屑等堵塞导管和操作不当等	导管需圆直光滑不变形,混凝土搅拌和制作质量要好,进料时偏大石块、水泥袋碎块需捡出,避免导管插入孔壁或孔底
导管被埋	导管埋深大于10m,混凝土因故初凝,有异物使导管和钢筋笼卡住	导管埋深3～10m,水泥中不能含无水石膏成分,水泥安定性要合格,不能用不同品种、不同标号的水泥混用,预防导管和笼卡住等
断　桩	导管埋深太小或拔出混凝土面	导管埋深3～10m严禁拔出混凝土面,一旦拔出需再次彻底清孔二次剪球灌注混凝土

(四) 钻孔灌注桩质量控制的关键点

钻孔灌注桩的施工有很多道工序,有很多要点必须执行,但监理人员要着重要进行监督的是:

1. 孔径、孔深及第一次清孔的沉淤厚度和泥浆密度,孔后立即清孔称为第一次清孔。第一次清孔是否彻底对成桩质量是关键,要求泥浆中不含小泥块,孔底沉淤≤10cm,泥浆密度1.15左右(含砂量高时可1.2),黏度18～22s,含砂量≤4%,监理人员应对孔深,沉淤厚度、泥浆密度等(必要时增加黏度和含砂量)进行验收签证;

2. 钢筋笼制作、焊接和下笼质量:钢筋笼属隐蔽工程,监理人员应对钢筋笼的制作规格和焊接情况进行验收签证合格后才能下人孔中。

3. 二次清孔后的沉淤厚度和泥浆密度:下人钢筋笼和导管后再次清孔称二次清孔,要求沉淤厚度为端承桩≤10cm,摩擦桩≤30cm,或按设计要求执行,泥浆密度1.15,含砂量高时可酌情放大。第二次清孔对成桩质量有直接影响,监理应进行验收签证。

4. 混凝土制作和灌注质量:混凝土灌注分水下导管灌注成桩和非水下灌注成桩二类。

1) 非水下灌注混凝土成桩,又称直接灌注法。

一般应用于干法成孔,在灌注混凝土前,监理人员必须对孔深、孔径、孔壁、垂直度、孔底虚土厚度和积水深度进行检查,合格后才能灌注混凝土,并应连续灌注,分层振捣密实,每层高度不宜超过1～1.5m。混凝土应适当超过设计桩顶标高,确保凿除浮浆层后桩顶混凝土强度符合设计要求。混凝土坍落度一般采用 8～10cm，如孔径较小且无钢筋笼，坍落度宜取 6～8cm。混凝土试块同一配合比每台班或每 $100m^3$ 混凝土不得少于一组(三块)。

2) 水下导管灌注混凝土

其施工顺序是先在孔内按设计要求下入钢筋笼用吊筋固定，而后在钢筋笼中心下入导管，利用导管进行清孔，在导管中下入隔水球塞，灌入 0.1～$0.2m^3$ 的 1∶1.5 水泥砂浆后再连续灌注混凝土至结束。灌注中应测定坍落度和做试块，并要保证桩顶混凝土质量。施工中监理人员对导管质量及其下入深度，隔水球塞，特别是初灌量应进行核查，对灌注中发生的事故应进行跟踪检查等等。

3) 初灌量：料斗要有足够的容量，应能满足混凝土初灌量达到导管埋深 0.8～1.3m。

四、混凝土灌注桩的监理验收

混凝土灌注桩经承建商(施工单位)自检确认符合设计要求和有关规范，规程以及资料齐全后，方可进行施工验收。混凝土灌注桩施工验收包括隐蔽工程验收、工程竣工验收。

1. 隐蔽工程验收：是监理人员在施工过程中的验收，是在被检工序施工完毕，下道工序施工前进行。如钢筋笼验收合格后才能下入孔内，孔径、孔深及沉淤或虚土厚度、泥浆密度经验收合格后才能进行灌桩等；

2. 工程竣工验收：应视下列三种情况分别组织进行；

1) 桩顶设计标高与自然地面标高相同时，监理工程师可在桩体混凝土达到龄期强度后组织验收；2)桩顶设计标高低于自然地面标高时，监理工程师应在基坑开挖至设计标高后组织验收；3)如有静载、动测、超声波或钻探取芯等质量检验，应在其成果报告提交后组织验收。由于测试成果报告往往滞后，例如动测检验需在基坑开挖后进行，而基坑不能暴露过久，故在基坑开挖后，先与质量监督站和设计等部门联系进行初步验收，主要是验收桩位偏差、桩顶标高和混凝土观感质量，待测试成果提交后再进行正式工程竣工验收。

混凝土灌注桩质量检验标准应符合表 4-29、表 4-30 和表 4-31 的规定。

混凝土灌注桩钢筋笼质量检验标准(mm) **表 4-29**

项	序	检查项目	允许偏差或允许值	检查方法
主控项目	1	主筋间距	±10	用钢尺量
	2	长　度	±100	用钢尺量
一般项目	1	钢筋材质检验	设计要求	抽样送检
	2	箍筋间距	±20	用钢尺量
	3	直　径	±10	用钢尺量

混凝土灌注桩质量检验标准 **表 4-30**

项	序	检查项目	允许偏差或允许值		检查方法
			单位	数值	
主控项目	1	桩　位	见表 4-31		基坑开挖前量护筒，开挖后量桩中心
	2	孔　深		+300	只深不浅，用重锤测，或测钻杆、套管长度，嵌岩桩应确保进入设计要求的嵌岩深度

灌注桩的平面位置和垂直度的允许偏差 **表 4-31**

序号	成孔方法		桩径允许偏差(mm)	垂直度允许偏差(%)	桩位允许偏差(mm)	
					1～3 根、单排桩基垂直于中心线方向和群桩基础的边桩	条形桩基沿中心线方向和群桩基的中间桩
1	泥浆护壁灌注桩	$D≤1000mm$	±50	<2	$D/6$,且不大于 100	$D/4$ 且不大于 150
		$D～1000mm$	±50		$100+0.01H$	$150+0.01H$
2	套管成孔灌注桩	$D≤500mm$	−20	<1	70	150
		$D～500mm$			100	150
3	干成孔灌注桩		−20	<1	70	150
4	人工挖孔桩	混凝土护壁	+50	<0.5	50	150
		钢套管护壁	+50	<1	100	200

注：1. 桩径允许偏差的负值是指个别断面。

2. 采用复打、反插法施工的桩，其桩径允许偏差不受上表限制。

3. H 为施工现场地面标高与桩顶设计标高的距离，D 为设计桩径。

第六节 人工挖孔桩

一、人工挖孔桩的材料

施工前应对水泥、砂、石子(如现场搅拌)、钢材等原材料进行检查(钢筋、水泥、骨料等材料的技术要求见本章第五节相关内容)。

二、人工挖孔桩的施工工艺过程

(一) 成孔施工工艺

人工挖孔桩按全质管理的方法，主要工艺流程和生产准备工作见图 4-1 和表 4-32。

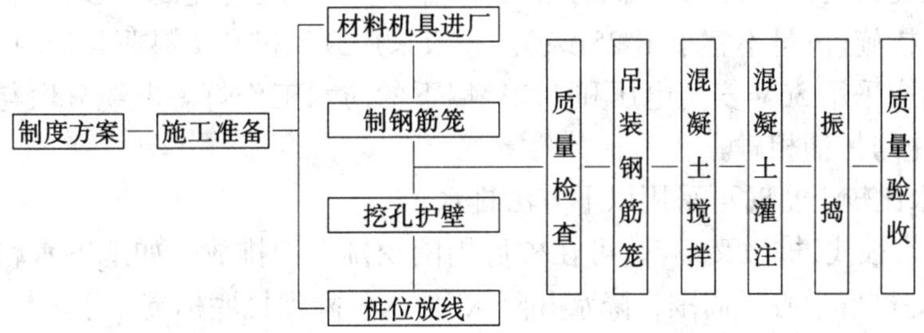

图 4-1 挖孔桩施工工艺流程

挖孔桩施工准备要求 **表 4-32**

项　目	内　容
四 明 确	工程量、工期、技术要求、质量标准
三 通 一 平	水通、路通、电通、场地平整
地 质 条 件	持力层及深度、桩深、桩周土物理力学指标、水文地质情况、地下水埋深及贮存情况

续表

项　目	内　　容
施工平面图的制作	砂、石、水泥、钢筋堆放位置及混凝土搅拌、钢筋笼制做地点、道路进出口位置、照明线及排水管线位置、弃土场地、挖孔顺序
劳动组织	每孔3人,制笼3人,搅拌4人,灌注4人(包括振捣1人)同时可视工期长短及有无伙食点等情况增减人员

(二) 挖孔桩施工时监理员要注意的事项:

1. 护筒上端应高出地表25～30cm,防止雨季进水和掉入异物。如地质条件好无须支模护壁时,孔口可用砖砌护圈、壁厚30～40cm;上部高出地表25～30cm并用水泥砂浆抹好。

2. 挖掘前必须向工人进行技术交底,注意抓好下挖、吊运弃土、支模护壁、找正、桩底扩大等几个重要环节。对通风、排水、照明、信号联络亦应注意。

每下挖一施工段(一般0.8～1.2m),进行支模护壁,护壁厚度不宜小于100mm,混凝土不低于C15,待干固后拆除模板继续下挖并注意校正、修直井筒。

3. 处理孤石用爆破法时,炮眼位置、孔径及深度、药量应以不危及邻近建筑物、周围桩孔、上部土体安全为原则确定。爆破后要通风排烟,由上至下对井壁进行检查,排除不安全隐患。

4. 挖孔时如有少量渗水,一般采用同时吊运土、水方法;如渗水量较大可先超前挖一小坑用潜水泵排水,并加强支护。

5. 吊运出的土石方应及时运走,不得堆积在孔口周围2.0m范围内。

6. 挖孔桩一般均为扩底桩,在挖扩大端时须严格注意,如井壁条件不好,可先下铁护筒再扩底,或将钢筋笼下入离井底0.5～0.8m深之后扩底,防止造成塌方埋入事故。

7. 注意通风与照明,在孔深超过10m,或地下土层长期受石油、化工弃积物污染时,每天开挖前必须先检测井下有无有毒、有害气体,作业人员有不适感或CO含量超过0.2%时,必须采取通风措施(风量不宜小于25L/s)。一般采用鼓风机和塑料薄膜带即可。

井下照明应采用36V安全电压和1.2V以下的防水工作灯。电缆分段与井壁相固定、长度适中,防止与吊桶相碰。

8. 地下水比较丰富时可采用以下方法排水:

(1) 地下水很浅,桩墩又不深,可在桩群周围挖排水沟排放。如地下水较深,排水沟难以解决时,可在桩群中心或周围设降水井降水,使水位降到桩底标高以下。

(2) 先挖导坑集中用潜水泵排水,如水色混浊携带泥砂可下小一级的护筒,保证安全作业。

当地下水很丰富,多桩并列全面挖掘的施工区,可先挖一个或几个桩,周围用混凝土护壁,并在壁上制成蜂窝孔使周围水集中于此进行集中排放。

三、人工挖孔桩的监理巡视检查

(一) 过程质量

施工过程监控是施工监理工作的重点之一。在开工前应首先召开机班长及主要人员会议，由项目工程师按照施工组织设计进行技术交底，由监理员按照监理实施细则进行监理交底，使全体施工人员明确施工工艺流程，明确每道工序的质量标准和质保措施，明确监理内容和要求，特别是明确哪些关键工序必须由监理人员验收签证，未经验收签证不得进入下道工序等等。施工过程监理员的质量控制为如下几个方面：

1．护壁的监测。

(1) 护壁混凝土强度等级不低于 C15，当孔深大于 10m 时，混凝土强度等级应大于 C20；(2)护壁与护壁之间应挂筋，且上、下两模混凝土搭接量为 50mm，监理工程师可根据桩径、桩长确定每模挂筋数量，一般 6～8 根；(3)开挖进行到第三模以后监理员应严格控制混凝土从井口直接落下，应采取提斗法将混凝土送入孔内，当送入一定量混凝土后施工人员应下入孔内进行捣固。

2．控制桩位及垂直度。

(1)桩位测定后，监理员应按桩孔四个固定控制点(对角线方向)不断检查桩孔中心位置及桩径；(2)作好施工记录，并随时观察土质变化，对照复核地质报告。

3．遇地下水施工控制：(1)采用小模板(0.5m×1.0m)分段护壁及孔内降水相结合方法进行施工；(2)相邻桩孔交替降水施工；(3)当地下水量较大时，采用机械钻探成孔，其施工工艺按水下混凝土的灌注方法执行。

4．灌注前孔内质量监测。

(1)安装钢筋笼前监理员对孔内虚土，沉渣进行检查；(2)严格控制超挖部分垫土、垫砂，如有扰动或超挖应在清理干净后，用低标号混凝土垫平。

5．对灌注桩导管进行控制。

(1)监理员应禁止混凝土从井口直接落下；(2)施工中应采用帆布导管或串筒(便于拆卸)进行灌注，直径不宜大于 300mm，导管下端距混凝土面保持 2m 为宜；(3)监理工程师应经常检查混凝土面的上升高度，每上升 1m 至少振捣一次，振捣延续时间应使混凝土面不再沉落为止。

(二) 常见的问题

人工挖孔桩施工中的常见问题及预控措施见表 4-33。

常见的问题 表 4-33

人工挖孔桩质量预控	可能产生的隐患	(1)孔径、孔深、桩端扩大尺寸不够；(2)桩身混凝土强度达不到要求；(3)桩顶标高及桩位与设计图纸不符；(4)持力层与设计图纸要求不一致；(5)孔斜、孔底沉渣超厚、塌孔等
	质量预控制措施	(1)协助业主选择与工程要求相适应、资质审查合格的承建商(施工单位)，施工中现场要委派资质合格的监理人员跟班监控，作好施工记录；(2)桩位测定后，挖孔过程中监理工程师应按桩孔四个固定控制点(对角线方向)不断检查桩孔中心位置及桩径尺寸；(3)随时抽查混凝土原材料质量，混凝土配合比应通过实验室取得，并经监理人员审查同意后方可正式使用；(4)监理人员对每孔的桩顶及钢筋笼标高应进行检查，必要时应亲自复查；(5)混凝土灌注前，监理工程师对孔内虚土，沉渣认真检查，令施工人员清除；(6)对持力层土样要认真检查，必要时要通过工程地质试验手段进行测试；(7)定期检查挖孔桩成孔验收记录表和灌注混凝土记录表；(8)发生塌孔现象时，应及时采取有效措施进行处理，尽量使用速凝剂

续表

钢筋加工质量预控	可能产生的隐患	(1)焊件搭接长度不够,接头偏心弯折;(2)焊缝长、宽、厚度不符合要求;(3)凹陷、焊瘤、裂纹、烧伤、咬边、气孔、夹渣等缺陷;(4)焊条型号不符合要求;(5)主筋、箍筋间距误差偏大
	质量预控制措施	(1)检查焊工有无合格证,禁止无证上岗;(2)工程中采用的各种型号的Ⅰ和Ⅱ级钢筋必须具有出厂合格证及材料报告单;(3)焊工正式施焊前,必须按规定对钢筋焊件进行力学试验,合格后方可正式施焊;(4)监理工程师在检查焊接质量时,应同时检查焊条型号;(5)安装钢筋笼时,为防止弯曲变形,起吊时在笼内应绑扎具有一定强度的木条,以增加钢筋笼的坑弯能力

(三) 人工挖孔桩质量控制的关键点

在施工过程中,监理员要着重注意的是:

1. 灌注前监理员对孔内质量监测。(1)安装钢筋笼前监理员对孔内虚土,沉渣进行检查;(2)严格控制超挖部分垫土、垫砂,如有扰动或超挖应在清理干净后,用低标号混凝土垫平。

2. 灌注混凝土时的灌注质量。

3. 对灌注桩导管进行控制。(1)监理员应禁止混凝土从井口直接落下;(2)施工中应采用帆布导管或串筒(便于拆卸)进行灌注,直径不宜大于300mm,导管下端距混凝土面保持2m为宜;(3)监理员应经常检查混凝土面的上升高度,每上升一米至少振捣一次,振捣延续时间应使混凝土面不再沉落为止。

四、人工挖孔桩的见证试验

持力层强度检验方法包括以下几种:

1.现场取样筛分法;2.钎探;3.触探或标贯法。

五、人工挖孔桩的监理验收

人工挖孔桩经承建商(施工单位)自检确认符合设计要求和有关规范、规程以及资料齐全后,方可进行施工验收。人工挖孔桩施工验收包括隐蔽工程验收、工程竣工验收。

1. 隐蔽工程验收:是监理人员在施工过程中的验收,是在被检工序施工完毕,下道工序施工前进行。如钢筋笼验收合格后才能下入孔内,孔径、孔深及沉淤或虚土厚度泥浆密度经验收合格后才能进行灌桩等;

2. 工程竣工验收:应视下列三种情况分别组织进行:

(1)桩顶设计标高与自然地面标高相同时,监理工程师可在桩体混凝土达到龄期强度后组织验收;(2)桩顶设计标高低于自然地面标高时,监理工程师应在基坑开挖至设计标高后组织验收;(3)如有静载、动测、超声波或钻探取芯等质量检验,应在其成果报告提交后组织验收。由于测试成果报告往往滞后,例如动测检验需在基坑开挖后进行,而基坑不能暴露过久,故在基坑开挖后,先与质量监督站和设计等部门联系进行初步验收,主要是验收桩位偏差、桩顶标高和混凝土观感质量,待测试成果提交后再进行正式工程竣工验收。

人工挖孔桩质量检验标准应符合表4-34和表4-35的规定。

人工挖孔桩钢筋笼质量检验标准(mm) 表 4-34

项	序	检查项目	允许偏差或允许值	检查方法
主控项目	1	主筋间距	±10	用钢尺量
	2	长度	±100	用钢尺量
一般项目	1	钢筋材质检验	设计要求	抽样送检
	2	箍筋间距	±20	用钢尺量
	3	直径	±10	用钢尺量

人工挖孔桩质量检验标准 表 4-35

项	序	检查项目	允许偏差或允许值		检查方法
			单位	数值	
主控项目	1	桩位	见表 4-31		基坑开挖前量护筒,开挖后量桩中心
	2	孔深		+300	只深不浅,用重锤测,或测钻杆、套管长度

第五章　土　方　工　程

第一节　土方工程施工的一般规定

1. 土方工程施工前应进行挖、填方的平衡计算，综合考虑土方运距最短、运程合理和各个工程项目的合理施工程序等，做好土方平衡调配，减少重复挖运。

土方平衡调配应尽可能与城市规划和农田水利相结合，将多余土一次性运到指定弃土场。

2. 当土方工程挖方较深时，施工单位应采取措施，防止基坑底部土的隆起并避免危害周边环境。

3. 在挖方前，应做好地面排水和降低地下水位工作。

4. 平整场地的表面坡度应符合设计要求，如设计无要求时，排水沟方向的坡度不应小于2‰。平整后的场地表面应逐点检查。检查点为每 100～400m^2 取 1 点，但不应少于 10 点；长度、宽度和边坡均为每 20m 取 1 点，每边不应少于 1 点。

5. 土方工程施工，应经常测量和校核其平面位置、水平标高和边坡坡度。平面控制桩和水准控制点应采取可靠的保护措施，定期复测和检查。土方不应堆在基坑边缘。

6. 对雨季和冬季施工还应遵守国家现行有关标准。

第二节　土　方　开　挖

土方开挖是深基坑工程施工的关键工序，因此必须十分慎重。

一、土方开挖的方法

土方开挖施工工艺大体分为四种：(1)分层开挖；(2)分段开挖；(3)中心岛开挖；(4)盆式开挖。具体采用哪一种或哪几种工艺要根据基坑面积大小、围护结构型式、开挖深度和工程环境条件等因素确定。

(一) 分层开挖

一般适用于基坑较深，且不允许分段分块施工混凝土垫层的基坑，或土质较软弱的基坑。分层开挖，整体浇灌混凝土垫层和基础。开挖顺序也视工作面与土质情况，可从基坑的一边向基坑的另一边平行开挖，也可从基坑两头对称开挖，也可从基坑中间向两边平行对称开挖，也可交替分层开挖。最后一层土开挖后，立即浇灌混凝土垫层。开挖方法可采用人工开挖或机械开挖。挖运土方方法应根据工程具体条件、开挖方式与方法及挖运土方机械设备等情况采用设坡道、不设坡道和阶梯式开挖三种方法。

1. 设坡道

可设土坡道或栈桥坡道。

土坡道的坡度视土质、挖土深度和运输设备情况而定，一般为1:8～1:10，坡道两侧要采取挡土或其他加固等措施。栈桥结构分两种：一种是根据运输设备动力状况设坡度，把挖土机械和运输车辆直接开进坑底作业；另一种是设一定的坡度，把坡道深入坑内，但不下底，使挖土机械能以较少的翻驳次数，就能把土方直接装车外运，加快挖土速度。

2. 不设坡道

一般有钢平台、栈桥和阶梯式三种。

钢平台要根据挖土机械和运输车辆的荷载进行设计。挖土机械可用吊车吊下坑底作业，用吊车或铲车出土；或采用抓斗挖掘机在平台上作业，辅以推土机、挖土机等机械或人工集土修坡。

栈桥可结合基坑围护结构的第一道钢筋混凝土水平支撑，设置十字形的贯通全基坑的栈桥，作为挖土平台和运输通道，栈桥与支撑合而为一。按照支撑梁、桥面梁板的重量和挖土机械、满载的车辆等荷载设计栈桥和立柱，栈桥宽度为两道支撑梁顶端的间距，两道支撑梁之间设联系小梁，桥面铺设标准路基箱，立柱可利用工程桩加强，作为栈桥立柱。

3. 阶梯式开挖

在基坑较深，基坑面积较大，土方开挖也可采用阶梯式分层开挖，每个阶梯台作为挖土机械接力作业平台。阶梯宽度要以挖土机械可以作业为度，阶梯的高度要视土质和挖土机臂长而定。

(二) 分段开挖

分段分块开挖适用于基坑周围环境复杂，土质较差或基坑开挖深浅不一，或基坑平面不规则的情况。分段和分块的大小、位置和开挖顺序要根据开挖场地工作面条件、地下室平面与深浅和施工工期的要求来决定。分块开挖，即开挖一块，施工一块混凝土垫层或基础，必要时可在已封底的基底与围护结构之间加斜撑。在挖某块土时，在靠近围护结构处，可先挖一至二皮土，然后留一定宽度和深度的被动土区，待被动土区外的基坑浇灌混凝土垫层后，再突击开挖这部分被动土区的土，边开挖边浇灌混凝土垫层。其开挖顺序为：

第一区先分层开挖2～3m→预留被动土区后继续开挖，每层2～3m直到基底浇灌混凝土垫层→安装支撑→挖预留的被动土区→边挖边浇灌混凝土垫层→拆斜撑（视土质情况而定）→继续开挖另一个区。

(三) 中心岛开挖

首先在基坑中心开挖，而周围一定范围内的土暂不开挖，视土质情况，可按1:1～1:2.5放坡，或做临时性支护挡土，使之形成对四周围护结构的被动土反压力区，保护围护结构的稳定性。四周的被动区土可视情况，待中间部分的混凝土垫层、基础或地下结构物施工完成后，再用斜撑或水平撑在四周围护结构与中间已施工完毕的基础或结构物之间对撑，然后进行四周土的开挖和结构施工。如四周土方量不大，可采取分块挖除，分块施工混凝土垫层和顶板结构的方法，然后与中间部分的结构连接在一起。也可采用“中顺边逆”的施工工艺，即先开挖中心岛部分的土方，由下而上顺序施工中间部分的基础和结构，然后把中心岛的结构与周边围护结构连接成支撑体系后，再对周边结构进行逆作法施工，自上而下边开挖土方边施工结构物，直至基础、底板。

(四) 盆式开挖

采用与中心岛开挖法施工顺序相反的做法，先开挖两侧或四周的土方，并进行周边支撑或基础和结构物施工，然后开挖中间残留的土方，再进行地下结构的施工。

二、土方开挖的监理巡视检查

(一) 预控

1．监理人员应在土方开挖前检查定位放线、排水和降低地下水系统。

2．监理人员要了解施工单位土方运输车的行走路线及弃土场，熟悉采用的开挖方法和开挖顺序，以及与之相配合的地下水控制措施，做到心中有数。

3．督促并监督施工单位做好施工与材料准备及技术措施准备。

(二) 过程质量

1．监理员应规定各家施工单位在基坑边缘堆置的土方和建筑材料，或沿挖方边缘移动运输工具和机械，应距基坑上部边缘不少于 2m，弃土堆置高度不应超过 1.5m，并且不能超过设计荷载值，在垂直的坑壁边，此安全距离还应适当加大，软土地区应禁止在基坑边堆置弃土。

2．监理员检查施工中机具停放的位置是否平稳，大、中型施工机具距坑边距离应根据设备重量、基坑支撑情况、土质情况等，经计算确定。督促施工方对机械行走的上下坡道加固，在基顶周边设有围护栏杆和安全标志，同时严禁从基坑顶乱扔物体、工具入基坑内。

3．要求施工单位在开挖过程中应随时做好坑内明排水，并经常检查降水是否正常，水位是否达到设计要求，是否引起周围建筑物下沉变形或基底土隆起等事故。如在恶劣的季节开挖，应要求施工单位采取相应和必要的技术措施，同时，坑面、坑底排水系统应良好：如在潮汛期开挖土方，应有防洪措施，防止坑外水浸入坑内；冬开挖时，须防止基土遭冻，如设有围护结构但须隔一段时间方施工基础时，应要求施工单位留适当厚度的土或用其他保温材料覆盖；如发现围护结构有水土流失现象时，应及时通知施工单位封堵。

4．临时性挖方的边坡值应符合表 5-1 的规定。

临时性挖方边坡值 **表 5-1**

土的类别		边坡值(高:宽)
砂土(不包括细砂、粉砂)		1:1.25～1:1.50
一般性黏土	硬	1:0.75～1:1.00
	硬、塑	1:1.00～1:1.25
	软	1:1.50 或更缓
碎石类土	充填坚硬、硬塑黏性土	1:0.50～1:1.00
	充填砂土	1:1.00～1:1.50

注：1．设计有要求时，应符合设计标准。
2．如采用降水或其他加固措施，可不受本表限制，但应计算复核。
3．开挖深度，对软土不应超过 4m，对硬土不应超过 8m。

5．基坑开挖时监理员必须时时提醒施工人员遵循“由上而下，先撑后挖，分层开挖”的基本原则。要求基坑支护施工单位与挖土单位密切配合，要坚持先撑后挖的原则，严禁先挖后撑，或边挖边撑，或超挖等做法。在开挖支撑位置时，应快挖快撑，一般应先开挖支撑位置的土方，待支撑好后，在开挖其他土方。

6．采用机械开挖基坑时，应根据土质情况和挖土机械的类型，要求施工单位在基坑底保留 150～300mm 土层不用机械开挖，由人工开挖修整，以保持坑底土体的原状结构。

7. 无论采用机械开挖或人工开挖都要要求挖土单位注意保护测量坐标、水准点，以及监测埋设的仪器与元件；严禁在开挖过程中碰撞、损坏围护结构、支撑、工程桩和止水帷幕、降排水设施；对周围的电讯、电缆、煤气、供排水管道等重要地下设施，要求施工方必须采取可靠的保护措施，防止撞坏而造成事故。

8. 在基坑开挖过程中，应与监测单位保持密切联系，随时对围护结构、支撑等的内力变化与变形、基坑顶地面沉降、坑底隆起、孔隙水压力、地下水位变化以及临近周围建筑物动态等进行了解，施工过程中还应加强现场巡视，用肉眼观察。及时将信息反馈给施工单位，发现异常，应及时采取对策，加以控制。同时，还要经常对平面控制桩、水准点、标高、基坑平面位置、边坡坡度等复测检查。

9. 基坑开挖中拆支撑要求施工单位按设计方案实施，自下而上逐层施工的结构，逐层拆撑。如要换撑，必须用临时支撑顶住，然后再拆除原有支撑。

10. 监理员对基底的主要检查内容

(1) 检查基底的土质情况，特别是土质与承载力是否与设计相符。

(2) 通过施工变形监测，检查基底围护结构是否基本稳定。

(3) 当基底为砂或软黏土时，应督促施工单位按设计要求，及时铺碎石、卵石，其厚度不小于 20cm，对下沉尚未稳定的沉井，其刃脚下还应密垫块石。

(4) 如遇有局部超挖时，不能允许施工单位用素土回填，一般应用封底的混凝土加厚填平。

(5) 如发现基底土体仍有松土或有水井、古河、古湖、橡皮土或局部硬土(硬物)等，应与施工单位、设计单位共同协商，根据具体情况，采用相应的处理措施。

11. 基底垫层施工时监理员的检查内容：

(1) 当底板混凝土强度达到 70%以上后，方允许施工单位停止抽水。

(2) 施工单位人员用法兰盘加橡胶垫圈封闭集水井，在其上敷设加强钢筋，应用不低于 C20 混凝土(最好掺些快凝剂)填筑该处与底板平。

以上各点中，监理员应重点控制 1、3、4、5、8、10。

(三) 挖土施工中常见的问题

挖土工程中的问题一般就是指工程事故。杜绝事故关键在于做好预防，一旦出现事故苗头，应立即采取应急措施，阻止事故的发展扩大。

1. 悬臂式围护结构过大的内倾位移

建议应急措施：首先应采取坡顶卸载的办法，如在桩后适当挖土卸载或人工降水，坑内桩前堆筑砂石袋；或增设钢内支撑或增加坑内混凝土垫层的厚度，或设置配筋混凝土垫层等方法来增大被动土压力。

建议预防方法：首先要根据有关勘察设计资料，做好结构的合理选型，勘察资料应准确，设计参数取值要合理；在打入式群桩打设后，宜停留一段时间待土体重新固结后，才能开始开挖土方；土方开挖分层与开挖顺序要合理，严禁超挖；要做好防水、降水、排水，尽量避开在不利的季节施工，如无法避开，应采取安全的技术措施；不能在基坑顶周围搭设临时建筑物、库房，不得停放大型的施工机械和车辆，严禁超载堆土、堆材料；施工机械不能碰撞围护结构和工程桩；先开挖土方后在坑内施工人工挖孔桩时，要挖一根桩孔随即灌注一根混凝土，防止同时出现临空面。

2. 内撑或锚杆围护结构失稳发生较大向内凸变形

建议应急措施：首先也应在坡顶或桩后卸载，坑内停止一切作业，在坑内增设支撑、锚杆。

建议预防方法：除了有关勘察设计上和施工中应注意的问题，在开工前应准备适量的内撑杆件（如钢管、槽钢、工字钢等）、砂石袋作为备用，一旦现场出现事故苗头，即可及时处置。

3. 边坡失稳

建议应急措施：当出现边坡失稳苗头时，就要分析研究是什么因素引起土体抗剪强度降低，然后有针对性地采取应急措施。首先在可能的条件下，应尽快降低坑外地下水位，进行坡顶卸载，加强未滑坡区段的监测和保护，严防事故的继续扩大；其次在坡脚堆筑砂石袋，或在未滑部位施打钢板桩、钢管、木桩等以挡土。并尽快灌注封底混凝土。

建议预防方法：首先是边坡设计要根据水文地质条件，严格按规定坡度放坡，做好降水、排水和边坡保护的设计和施工；其次在坑内和坡顶要做好排水沟、集水井，将渗透水、地面水、雨水排出场地外，防止浸泡基坑和边坡；接近边坡处的土方开挖速度要放慢，严禁坡脚掏土和超挖；要严格控制地面荷载，严禁在坡顶堆土、堆材料设备等。

4. 基底隆起

建议应急措施：当发现由于基坑土回弹变形过大，将危及围护结构安全时，一方面应在基坑外卸载；另一方面在坑底加压重，如堆砂石袋或其他压重材料，或用快凝压力注浆或高压旋喷对基底土体进行加固等；有条件时也可在坑内、坑外周围进行深层降水减压，由于土体失水固结，桩周产生负摩擦力往下拉，会迫使桩下沉，同时也减小了底板的上浮力。

建议预防方法：对于大面积深基坑在施工组织设计时，就要考虑采取防止基坑土回弹变形过大的措施。如采取分段开挖，分段施工垫层，土方挖到设计标高时，应减少暴露时间，最好随即浇灌混凝土垫层，加快基础底板的施工进度；要注意做好排水，防止坑内浸水。在基坑设计时，为防止基坑隆起，可增设桩基，或增加围护结构的插入深度等。如条件许可，可采用换重法进行施工与安装，即先预压需加上的全部重量，然后在施工和安装时加上多少重量就取走相应的压重，这样，就可以控制标高。

5. 渗流破坏

渗流破坏由于破坏现象不相同，分为流土和管涌两种。

(1) 流土

建议应急措施：

1) 流土不严重时，宜放慢开挖速度，使地下水平稳降落，水力坡度逐渐减小，直到接近或小于临界水力坡度；当出现较严重流砂时，应立即停止挖土，同时有针对性地采取应急措施进行处理。

2) 如因围护桩间距过大产生流砂、流土，引起地面下沉，应立即停止开挖；采取补桩；或在桩间加挡土板等进行堵封。

3) 当基底为砂层，土压力和动水压力都较大，地下水丰富，混凝土难于固结时，也可采用化学灌浆快速凝固，进行抢险。

建议预防方法：

1) 分别采用各类井点降水，降低基坑内外的地下水位。

2）在条件允许时，可适当积累基坑内水，保留一定的水深，减小坑内外水头差，以达到减小地下水水力坡度。

3）在基坑四周设置止水帷幕或支挡结构，使地下水的渗透路径增长，从而达到减小水力坡度。

4）在条件许可时，可采用冻结法，使基坑周围一定范围内土体冻结，阻隔地下水流动。

5）在地下水位高的地区，如有条件，应在枯水期施工，使最高水位不高于坑底的0.5m，这时动水压力不大，就不会产生流土。

（2）管涌

建议应急措施：与流土相同。

建议预防方法：通常是采用降低水力坡度和在管涌出口处增设反滤层。反滤层的作用也是降低出口处水力坡度，让水流流出，又能阻止土层中的土粒从孔隙中通过。

6．坑底突涌

建议应急措施：当判断可能或已出现突涌时，主要采取用降压井降低承压水头。其余的应急措施与流砂处理方法基本相同，首先停止坑内抽水，在采取降低承压水头措施的同时，设法采取快凝压力注浆或灌筑快凝混凝土等堵住涌口。

建议预防方法：在基坑围护结构设计前要查地下承压含水层标高，然后采用降压井降低承压水头，同时止水帷幕墙要进入不透水层，以防止管涌、突涌的出现。

7．周围地面沉降

建议应急措施：当出现周围地面沉降时，要根据发生的原因，有针对性地采取对策，一般讲：首先要停止坑外降水，采取回灌措施或在围护结构外围施以压力注浆或深层搅拌桩、钢板桩进行隔水。有流土、管涌要根据上述5、6方法采取抢救。如围护结构、支撑变形，应进行加固。

建议预防方法：要合理设计围护结构，如地下水位高的地区要根据土质情况设置止水帷幕墙，对围护结构周围进行止水处理，坑外要设置若干回灌井、观察井，或在周围建筑物与围护结构之间设隔水墙，防止因降水而影响原有建筑物稳定。同时要建立监测系统，在施工全过程对围护结构、周围地面、建筑物等进行变形监测，发现苗头，立即进行回灌和采取其他相应措施。

三、土方开挖的监理验收

土方开挖的质量要求见表5-2。

土方开挖的质量检验标准 表5-2

项	序	项目	允许偏差或允许值					检验方法
			柱基基坑基槽	挖方场地平整		管沟	地(路)面基层	
				人工	机械			
主控项目	1	标高	-50	±30	±50	-50	-50	水准仪
	2	长度、宽度（由设计中心线向两边量）	+200 -50	+300 -100	+500 -150	+100	-	经纬仪，用钢尺量
	3	边坡	设计要求					观察或用坡度尺检查

续表

项	序	项目	允许偏差或允许值					检验方法
			柱基基坑基槽	挖方场地平整		管沟	地(路)面基层	
				人工	机械			
一般项目	1	表面平整度	20	20	50	20	20	用2m靠尺和楔形塞尺检查
	2	基底土性	设计要求					观察或土样分析

注：地(路)基层的偏差值适用于直接在挖、填方上做地(路)面的基层。

第三节 土方回填

土是由矿物颗粒、水溶液、气体组成的三相体系。具有弹性、塑性和黏滞性。土的特征是分散性，颗粒之间没有坚强的连接，水溶液易浸入。因此，分散土在外力作用下或在自然条件下遇到浸水和冻融都会产生变形，为使填土满足强度和稳定性要求，就必须正确选择土料和填筑方法。

一、填方土料的要求

填方土料含水量的大小，直接影响到夯实遍数和夯实质量，在夯实前应予试验，以得到符合密实度要求条件下的最佳含水量和最少夯实遍数。当填料为黏性土或排水不良的砂土时，其最佳含水量与相应的最大干容重，应用击实试验确定，如无击实试验条件时，可按下式计算。

$$\gamma_{dmax} = \eta \frac{\gamma_w d_s}{1 + 0.01\omega_y d_s}$$

式中 γ_{dmax}——最大干容重(kN/m³)；

η——经验系数，按 $1 - V_\alpha$ 计算；

V_α——土的含气率；

γ_w——水的容重(kN/m³)；

d_s——土的颗粒相对密度，由实验得出或参考表5-3的数据选用；

ω_y——土的最佳含水量(%)，可按当地经验或 $\omega_y = \omega_p + 2$ 确定；

ω_p——土的塑限。

填土压实的经验系数和土的颗粒相对密度 表5-3

土的类别	经验系数	颗粒相对密度	土的类别	经验系数	颗粒相对密度
砂土	—	2.65~2.69	亚黏土	0.96	2.72~2.73
轻亚黏土	0.97	2.70~2.71	黏土	0.95	2.74~2.76

土的实际干容重，可用下式计算：

$$\gamma_d = \frac{\gamma}{1 + 0.01\omega}$$

式中 γ_d——土的实际干容重(kN/m³)；

γ——土的天然容重(kN/m^3)；

ω——土的天然含水量(%)。

各种土的最佳含水量和最大干容重的参考值见表5-4。

土的最佳含水量和最大干容重参考表 表5-4

土的种类	变动范围		土的种类	变动范围	
	最佳含水量(%)	最大干容重(kN/m^3)		最佳含水量(%)	最大干容重(kN/m^3)
砂土	8~12	18.0~18.8	重亚黏土	16~20	16.7~17.9
粉土	16~22	16.1~18.0	粉质亚黏土	18~21	16.5~17.4
亚砂土	9~16	18.5~20.8	黏土	19~23	16.8~17.0
亚黏土	12~15	18.5~19.5			

土料含水量一般以手握成团，落地开花为适宜。当土料为黏性土时，填土前应检验其含水量是否在控制范围内，如含水量偏高，可采用翻松、晾干、均匀掺入干土或其他吸水性材料等措施，如含水量过低、土料过干，可采用预先洒水润湿、增加压实遍数或使用大功能压实机械等措施。每立方米铺好的土料需要补充的水量可按下式计算：

$$g_w = \frac{g_s}{1+0.01w_0} \times 0.01(w - w_0)$$

式中 g_w——所需的加水量(t)；

g_s——含水量为w_0时的土容重(kN/m^3)；

w_0——土的含水量(%)；

w——要求达到的含水量(%)。

在气候干燥时，须采取加速挖土、运土、填土和压实的过程。应减少施工过程中雨淋或暴晒，以防止土的湿度急剧变化。

当填料为碎石类土(充填物为砂土)时，压实前应充分洒水湿透，以提高压实效果。

二、土方回填的压实机械

用自卸汽车运土回填时，一般须配备推土机推土摊平。回填时，卸土、推平、压实等工序要分区域交叉进行。

压实机械的选择，根据土的类别、土的湿度、压实层厚度、密实度标准、施工场地及设备条件等确定。基坑回填多采用各式小型夯实机具，因其轻便灵活，便于零星分散，边角地区的回填夯实工作。常用各式小型夯实机具性能见表5-5。

蛙式打夯机、振动夯实机，内燃打夯机、立式打夯机技术性能 表5-5

项目	蛙式打夯机			振动夯实机	内燃打夯机		电动立式打夯机
	BA-215A	HW-70	HW-20	HZ-380A	HN-120	HN-60	LH-1
夯板面积(cm^2)	400	400	450	2800	550	900	
夯击次数(次/min)	142	140~145	140~150	1100~1200(频率)	60~70		440
前进速度(m/min)	5~7	6~8	8~10	10~16			
夯头起落高度(mm)	120~150	150	145	500(影响深度)	300~500		

续表

项　　目	蛙式打夯机			振动夯实机	内燃打夯机		电动立式打夯机
	BA-215A	HW-70	HW-20	HZ-380A	HN-120	HN-60	LH-1
生产率(m^3/台班)		60	100	336(m^2/min)	18～27	64	100
外形尺寸(mm)（长×宽×高）	1000×500×850	1120×650×860	1006×500×900	1205×560×889	434×265×1280	632×315×1288	1000×420×950
重量(kg)	130	140	125	380	120	60	136

三、土方回填的监理巡视检查

(一) 预控

对填方土料应按设计要求验收后方可填入。填方应尽量采用同类土填筑，要控制适宜含水量。当采用不同的土回填时，应按类有规则地分层铺填，将透水性较大的土层置于透水性较小的土层之下，不得混杂使用，以利水分排除和基土稳定，并避免在填土内形成水囊和滑动现象。

(二) 过程质量

施工人员进行基坑回填时，应遵守下列规定，监理员要严格进行监督：

1．基础的现浇混凝土应达到一定的强度，不致因填土而受损伤时，方可回填。

2．土方回填前施工人员应清除基底的垃圾、树根等杂物，抽出坑穴积水、淤泥，验收基底标高，监理员检查合格后方可施工。如在耕植土或松土上填方，应要求施工方在基底压实后再进行。

3．基坑回填顺序，应按基底排水方向由高至低分层进行。

4．回填管沟时，为防止管道中心线位移或损坏管道，应要求施工人员先在管子周围填土夯实，并应从管道两边同时进行，直至管顶 0.5m 以上，在不损坏管道的情况下，方可采用机械回填和压实。

5．基坑回填土方时，应在相对的两侧或四侧同时进行，同时应检查排水措施，每层填筑厚度、含水量控制、压实程度。填筑厚度及压实遍数应根据土质，压实系数及所用机具确定。如无试验依据，应符合表 5-6 的规定。

填土施工时的分层厚度及压实遍数　　表 5-6

压实机具	分层厚度(mm)	每层压实遍数	压实机具	分层厚度(mm)	每层压实遍数
平　碾	250～300	6～8	柴油打夯机	200～250	3～4
振动压实机	250～350	3～4	人工打夯	<200	3～4

6．填土应预留一定的下沉高度，以备在堆重或干湿交替等自然因素作用下，土体逐渐沉落密实。当填土用机械分层夯实时，其预留下沉高度，一般不超过填方高度的 3%。

7．人力夯实要按一定方向进行，打夯时应一夯压半夯，夯夯相接，行行相连，每遍纵横交叉，分层夯打。夯实基槽及地坪时，行夯路线应由四边开始，然后再夯中间。蛙式打夯机等小型机具夯实之前，对填土应初步平整，打夯机依次夯打，均匀分布，不留间隙。

8．冬期填方每层铺土厚度应比常温施工时减少 20%～25%，预留沉陷量应比常温施工时适当增加。含有冻土块的土料用作填土时，冻土块的体积不得超过填土总体积的 15%，冻土块粒径不得大于150mm。铺填时,冻土块应均匀分布,逐层压实。室内的基坑不得用含有冻土块的土回填。回填土工作应连续进行,防止基土或已填土层受冻。

以上各点中,监理员应重点控制1、5、7。

四、土方回填的监理验收

填方施工结束后,监理员应检查标高、边坡坡度、压实程度等,检验标准应符合表5-7的规定。

填土工程质量检验标准(mm) **表5-7**

<table>
<tr><th rowspan="3">项</th><th rowspan="3">序</th><th rowspan="3">检查项目</th><th colspan="5">允许偏差或允许值</th><th rowspan="3">检验方法</th></tr>
<tr><th rowspan="2">桩基基坑基槽</th><th colspan="2">场地平整</th><th rowspan="2">管沟</th><th rowspan="2">地(路)面基层础</th></tr>
<tr><th>人工</th><th>机械</th></tr>
<tr><td rowspan="2">主控项目</td><td>1</td><td>标高</td><td>−50</td><td>±30</td><td>±50</td><td>−50</td><td>−50</td><td>水准仪</td></tr>
<tr><td>2</td><td>分层压实系数</td><td colspan="5">设计要求</td><td>按规定方法</td></tr>
<tr><td rowspan="3">一般项目</td><td>1</td><td>回填土料</td><td colspan="5">设计要求</td><td>取样检查或直观鉴别</td></tr>
<tr><td>2</td><td>分层厚度及含水量</td><td colspan="5">设计要求</td><td>水准仪及抽验检查</td></tr>
<tr><td>3</td><td>表面平整度</td><td>20</td><td>20</td><td>30</td><td>20</td><td>20</td><td>用靠尺或水准仪</td></tr>
</table>

第六章　基　坑　支　护

第一节　基坑支护的一般规定

1. 在基坑(槽)或管沟工程等开挖施工中,现场不宜进行放坡开挖,当可能对邻近建(构)筑物、地下管线、永久性道路产生危害时,应对基坑(槽)、管沟进行支护后再开挖。

2. 基坑(槽)、管沟开挖前应做好下述工作:

(1) 基坑(槽)、管沟开挖前,应根据支护结构形式、挖深、地质条件、施工方法、周围环境、工期、气候和地面载荷等资料制定施工方案、环境保护措施、监测方案,经审批后方可施工。

(2) 土方工程施工前,应对降水、排水措施进行设计,系统经检查和试运转,一切正常时方可开始施工。

(3) 对围护结构的验收合格后方可进行土方开挖。

3. 土方开挖的顺序、方法必须与设计工况相一致,并遵循"开槽支撑,先撑后挖,分层开挖,严禁超挖"的原则。

4. 基坑(槽)、管沟的挖土应分层进行。在施工过程中基坑(槽)、管沟边堆置土方不应超过设计荷载,挖方时不应碰撞或损伤支护结构、降水设施。

5. 基坑(槽)、管沟土方施工中应对支护结构、周围环境进行观察和监测,如出现异常情况应及时处理,待恢复正常后方可继续施工。

6. 基坑(槽)、管沟开挖至设计标高后,应对坑底进行保护,经验槽合格后,方可进行垫层施工。对特大型基坑,宜分区分块挖至设计标高,分区分块及时浇筑垫层。必要时,可加强垫层。

7. 基坑(槽)、管沟土方工程的验收必须确保支护结构安全和周围环境安全为前提。当设计有指标时,以设计要求为依据,如无设计指标时应按表 6-1 的规定执行。

基坑变形的监控值(cm)　　**表 6-1**

基坑类别	围护结构墙顶位移监控值	围护结构墙体最大位移监控值	地面最大沉降监控值
一级基坑	3	5	3
二级基坑	6	8	6
三级基坑	8	10	10

注:1. 符合下列情况之一,为一级基坑:

1) 重要工程或支护结构做主体结构的一部分;

2) 开挖深度大于 10m;

3) 与临近建筑物,重要设施的距离在开挖深度以内的基坑;

4) 基坑范围内有历史文物、近代优秀建筑、重要管线等需严加保护的基坑。

2. 三级基坑为开挖深度小于 7m,且周围环境无特别要求时的基坑。

3. 除一级和三级外的基坑属二级基坑。

4. 当周围已有的设施有特殊要求时,尚应符合这些要求。

第二节　排桩墙支护工程

排桩墙支护结构包括灌注桩、预制桩、板桩等类型桩构成的支护结构。在此仅介绍板桩的监控要求，灌注桩的监控要求见第四章。

一、钢板桩

1. 材料

钢板桩均为工厂成品，不论是新购置的还是租赁的，进入施工现场前均需检查整理，新桩可按出厂标准检验，重复使用的钢板桩应符合表6-2的规定。

重复使用的钢板桩检验标准　　**表6-2**

序	检查项目	允许偏差或允许值		检查方法
		单位	数值	
1	桩垂直度	%	<1	用钢尺量
2	桩身弯曲度		<2%l	用钢尺量，l为桩长
3	齿槽平直度及光滑度	无电焊渣或毛刺		用1m长的桩段做通过试验
4	桩长度	不小于设计长度		用钢尺量

2. 施工工艺过程

(1) 钢板桩的打入

1) 准备工作

(A) 钢板桩的运输及堆放

板桩整理检验合格后，在运输和堆放时要尽量不使其弯曲变形，避免碰撞，尤其不能将连续锁口碰坏。堆放场地应平整坚实，不产生大的沉陷。最下层板桩应垫木块。不同断面板桩需分开堆放，每堆板桩间要留出一定通道，便于吊机或运输车辆的通行。当在水上打板桩时，需用预制的金属构架导向。施工时先在船上或栈桥上打脚手桩，再用吊机将预制好的金属导向架搁置在桩上，以后板桩沿着该构架上的导向槽逐块打入。

(B) 板桩施工的导向装置

设置导向装置是确保施工后的板桩轴线，对一些要求闭合的围护结构，更需导向，导向桩或导向梁都可用木材或预制的金属构架制作，导向梁间的净距即板桩墙宽度。为保持准确距离，可在导向梁间，每隔一定距离，嵌一临时垫木。导向装置在用完后，可拆出移至下一段继续使用。

(C) 桩帽及送桩

桩帽及送桩都是板桩施工必不可少的辅助工具。在锤击法施工时，桩帽是为防止桩顶面损伤及确保锤与桩对中，避免偏心锤击。桩帽要做到与板桩的接触面尽可能的大；能承受较大的冲击力，为确保板桩在桩帽中的位置，需在桩帽内设置定向块，定向块的孔隙要大小适当。为防止过大的冲击，帽内应放置缓冲料，一般用硬木，既可缓冲又避免能量过多损耗，硬木厚度约200至250mm，硬木需经常更换。在水上打板桩时，需用送桩。

2) 钢板桩的打入

(A) 陆上、水上及脚手上打桩

陆上打桩，导向装置设置方便，设备材料容易进入，打桩精度容易控制。应尽量争取这种方法施工。水深较浅时，回填后也可陆上施工。但水深很大，靠回填经济上不合理，需用船施工，船上施工的桩架高度比陆上施工低，作业范围广，但是材料运输不方便，作业受风浪影响大，精度不易控制，对导向装置要求较高，为解决此类不足，可在水上设置钢或木脚手，桩架行至脚手上打桩，对精度控制较好，但脚手的设置有一定难度，造价亦高。

(*B*) 单根板桩施工

这是最普通的施工法，即板桩结构中的板桩是一根根地打入土中。这种施工法速度快，桩架高度相对可低一些，但是容易倾斜，对此可在一根桩打入后，把它与前一根焊牢，既防止倾斜又避免被后打的桩带入土中。

(*C*) 屏风法打桩

将 10～20 根板桩插入土中一定深度，使桩机来回锤击，并使两端 12 根桩先打到要求深度再将中间部分的板桩顺次打入。这种屏风施工法可防止板桩的倾斜与转动，对要求闭合的围护结构，常采用此法。其缺点是施工速度比单桩施工法慢且桩架较高。

(2) 钢板桩的拔除

1) 拔桩方法

钢板桩运用较早，拔桩方法也较成熟。不论何种方法都是从克服板桩的阻力着眼，根据所用机械的不同，拔桩方法分为静力拔桩、振动拔桩和冲击拔桩 3 种。

静力拔桩所用的设备较简单，主要为卷扬机或液压千斤顶，受设备及能力所限，这种方法往往效率较低，有时不能将桩顺利拔出，但成本较低。

振动拔桩是利用机械的振动，激起钢板桩的振动，以克服板桩的阻力，将桩拔出。这种方法的效率较高，由于大功率振动拔桩机的出现，使多根板桩一起拔出有了可能。

冲击拔桩是以蒸汽、高压空气为动力，利用打桩机的原理，给予板桩向上的冲击力，同时利用卷扬机将板桩拔出。这类机械国内不多，工程中不常运用，本节重点介绍静力拔桩与振动拔桩。

(*A*) 静力拔桩

a. 静力拔桩对操作人员的技能要求较高，必须配备有足够经验与操作技术的施工人员。

b. 由于总拔力很大，对地面的接地压力较高，要防止桩架或板桩设备的沉降，宜在桩架或拔桩设备下设置钢板或路基箱以扩散荷载。

c. 拔桩所用卸克，钢索，滑轮，浪风绳等要加强检查，经常更换。

d. 静力拔桩不同于振动或冲击拔桩，在拔桩初期因桩周阻力从静止到破坏需有一段过程，不能操之过急。宜将卷扬机间歇启动，渐渐地将桩拔出，切忌一次性地启动卷扬机，否则会引起钢索崩断，设备损坏甚至人身事故。

(*B*) 振动拔桩

振动拔桩，效率高，操作简便，是施工人员优先考虑的一种方法。振动拔桩产生的振动为纵向振动，这种振动传至土层后，对砂性土层，颗粒间的排列被破坏，使强度降低；对黏性土由于振动使土的天然结构破坏，密度发生变化，黏着力减小，土的强度降低，最终大幅度减少桩与土间的阻力，板桩被轻易拔出。

a. 与土质有关的振动拔桩机参数

(*a*) 振动频率

在某一振动频率时,土对板桩的阻力会被破坏,从而使板桩能容易地拔出,这一频率对不同的土质是不一样的。粗砂在5Hz时,产生液化;坚硬的黏土在50Hz时,出现松动现象。工程中的土层为各类土质分层构成,实用的振动频率为8.3～25Hz。

(*b*) 振幅

要使砂层产生液化或使黏土、粉土减少其黏着力而使用强制振动的最小振幅值(当振动频率为16.7Hz时),对砂土需达到3mm以上,对粉土,黏土要达到4mm以上。

(*c*) 激振力

强制振动的激振力必须超过前述已被振动减弱以后的土的阻力。

b. 选用振动拔桩机

目前市场上振动拔桩机型号较多,有国产的也有进口的,功率从几千瓦至150kW,甚至1000kW,机种选择得合适与否,直接影响到工程的成败,拔桩机的能力应尽可能地使拔桩机在机器限定的范围内作业。表6-3为振动打拔桩锤性能表,表6-4则可供初选机种使用。

振动打拔桩锤性能表 **表6-3**

型号	重量(t)	功率(kW)	偏心矩(N·m)	激振力(kN)	许用抗拔力(kN)	尺寸m×m×m	振幅(mm)	频率(rpm)	制造国家
DZ30	2.4	30	154	120	130	1.4×0.9×1.8		900	中国
DZ45	3.1	45	210	275	147	1.9×1.2×1.2	8～10	780	中国
DZ60	4.5	60	367	531	250	1.4×1.5×1.4	7.5	1100	中国
DZ90	5.3	90	300～500	400～600	255	2.4×1.5×1.4			中国
DM_2-500		90	300	550		4.6×1.3×1.1	8.2	1100	日本
DZ120	8.4	120	695	760	350	4.6×1.3×1.1			中国
DZ150	9.3	150	980	1354	500	1.4×1.3×4.7			中国
DM_2-500		150	2000	860		4.4×1.7×1.4	27	620	日本
M450	2	1100	4500	2500	800	6.1×2.4×2.4	75	700	荷兰

振动拔桩机的作业范围 **表6-4**

拔桩机功率(kW)	钢板桩长度(m)		拔桩机功率(kW)	钢板桩长度(m)	
	砂质土	黏性土		砂质土	黏性土
3.7—7.5	轻型8	轻型6	55—60	Ⅳ型24	Ⅳ型18
11—15	Ⅱ型12	Ⅱ型9	120—150	Ⅴ型36	Ⅴ型36
22—30	Ⅲ型16	Ⅲ型12			

2) 拔桩施工

钢板桩拔除的难易,多数场合取决打入时顺利与否,如果在硬土或密实砂土中打入板桩,则板桩拔除时也很困难,尤其当一些板桩的咬口在打入时产生变形或者垂直度很差,在拔桩时会碰到很大的阻力。此外,在基础开挖时,支撑不及时,使板桩变形很大,拔除也很困难,这些因素必须予以充分重视。在软土地层中,拔桩引起地层损失和扰动,会使基坑内已施工的结构或管道发生沉陷，并引起地面沉陷，从而严重影响附近建筑和设施的安全，对此必须采取有效措施，对拔桩造成的地层空隙要及时填实，但灌砂填充法往往效果较差，因此在控制地层位移有较高要求时必须采取在拔桩时跟踪注浆等新的填充法。

(*A*) 施工要点

a. 作业前必须对土质及板桩打入情况，基坑开挖深度及支护方法，开挖过程中遇到的问题等作详细调查，依此判断拔桩作业的难易程度，做到事先有充分的准备。

b. 基坑内的土建施工结束后，回填必须要有具体要求，尽量使板桩两侧土压平衡，有利于拔桩作业。

c. 有关噪声与振动等公害，需征得有关部门认可。

d. 拔出的板桩及时清除土砂后，涂以油脂。变形较大的板桩需调直。完整的板桩要及时运出工地，堆置在平整的场地上。

(*B*) 有利于拨桩的其他辅助手段

a. 以便于拨桩为目标的特殊打桩方法

(*a*) 膨润土泥浆槽施工法

膨润土浆随板桩一起进入土层中，在板桩表面形成一薄膜有如润滑剂，既有利于打桩又有利于拔桩。使用的膨润土泥浆浓度为5%～10%，这种方法对黏性土效果更好，对板桩周围土层的上升亦可抑制。除膨润土浆外，还可使用10%～20%浓度的黏土浆，或者黏土、水和磷酸钠的悬浮液都可减少板桩表面的阻力，为使板桩表面保持全部的悬浮液，在桩尖处设置一台阶比较好。

(*b*) 排除板桩齿口中的土砂

在砂土层中打板桩，在板桩的齿口内会进入一部分砂，在打下一块桩时，少量砂被挤出齿口外，大量留在齿口内且被压实，造成打桩阻力增大，齿口变形，以致拔桩的阻力也增大。用专用排砂器具，可将砂土排除。也可在齿口的开口部放入发泡塑料以防止砂土进入，既有利于下一块板桩打入且可减少拔桩阻力。

(*c*) 涂以油脂或沥青

在钢板桩齿口内，桩表面涂以油脂或沥青可减少齿口内部或桩表面的摩阻，也可防止表面锈蚀同样达到降低摩阻的目的。

(*d*) 射水施工法

在板桩一侧安放一根管道，板桩入土同时将高压水泵入，使水流破坏桩表面与土之间的摩阻力。拔桩时也可用此法。管道直径为2.5cm，水压力需根据土层的固结情况，采用不同的数值，一般在0.2～0.7MPa。也可采用高压空气，但土层的透气性要高于透水性，耗用空气量较大。

(*e*) 与长螺旋转孔并用

板桩施工前先用长螺旋转孔，再将板桩插入，钻孔时已将土松动，拔桩时周围摩阻亦可减少。

b. 为减少已打入钢板桩的摩阻而采用的特殊施工方法

(*a*) 钻孔法

在板桩的侧面钻孔，松动土层以减少周围摩阻。当与振动或冲击并用效果更佳。有时可用小型钻机钻孔，放入小型管道，压入高压水减阻效果也是好的。

(*b*) 电渗施工法

当粘土中含水量增加时，其抗剪强度会降低。利用此现象，以板桩作为阴极，阳极置于土层中，通电后，土中孔隙水便会集结在钢板桩周围，使其周围的粘土含水量大大增加，在板桩与土之间产生水膜并有气泡发生，起到减阻作用。一般电压为 220V，电流 20～30A 即可。当电渗发生时在板桩顶部施加振动力或竖向冲击力效果更好。

(*c*) 不同的机械并用

板桩相互连接处锈蚀后使拔桩阻力增大，可用落锤在起拔前锤击板桩，使铁锈掉落，再用高能量拔桩机将桩拔出。

3．钢板桩的监理巡视检查

(1) 检查内容

1) 要求施工单位在钢板桩的吊运采用两点吊，成捆起吊采用钢索捆扎，单根吊运采用专用的吊具。吊运时，应注意提醒施工人员保护企口免受损伤。

2) 锁口不合格的应要求施工人员修整，然后涂黄油或其他油脂，经检查合格后方能使用。钢板桩的长度不够时，允许施工方用同型号的板桩等强度接长，但应按先对焊，再焊加强板，最后调直的顺序操作。

3) 施工单位采用锤击法施工时，桩帽是为防止桩顶面损伤及确保锤与桩对中，避免偏心锤击而制作的，因此监理员应要求施工方使桩帽做得与板桩的接触面尽可能地大一些。

4) 静力拔桩对操作人员的技能要求较高，监理人员在巡视过程中应注意：

(*A*) 由于总拔力很大，对地面的接地压力较高，要求施工人员在桩架或拔桩设备下设置钢板或路基箱以扩散荷载，防止桩架或板桩设备的沉降。

(*B*) 监理员要对拔桩所用的钢索，滑轮，浪风绳等进行抽查。

(*C*) 在拔桩初期因桩周阻力从静止到破坏需有一段过程，建议施工人员将卷扬机间歇启动，渐渐地将桩拔出，禁止一次性地启动卷扬机，否则会引起钢索崩断，设备损坏甚至人身事故。

5) 拔桩开始时的注意事项：

(*A*) 由于拔桩设备的重量及拔桩时对地基的反力，会使板桩受到侧向压力，为此监理员应要求施工人员使板桩设备同拔桩保持一定的距离。当荷载较大时，还要搭临时脚手，减少对板桩的侧压。

(*B*) 作业时地面荷载较大，必要时要建议施工人员在拔桩设备下放置路基箱或垫木，确保设备不发生倾斜。

(*C*) 提醒施工人员要注意观察与保护作业范围内的高压电线或重要管道。

6) 拔桩施工中需注意事项：

(*A*) 提醒施工人员加强对受力钢索等检查，避免突然断裂，监理人员也要注意检查。

(*B*) 为防止邻近板桩同时拔出，应要求施工人员将邻近板桩临时焊死或在其上加配重。

7) 拔桩结束后监理人员仍需要注意，对孔隙填充的情况要及时随机检查，发现问题尽快采取措施弥补。

(2) 钢板桩支护施工中的常见问题

1) 打桩阻力过大不易贯入

这由两种原因造成，一是在坚实的砂层或砂砾层中打桩，桩的阻力过大；二是钢板桩连接锁口锈蚀、变形，致使板桩不能顺利沿锁口而下。对第一种原因，需在打桩前对地质情况作详细分析，充分研究贯入的可能性，在施工时可伴以高压冲水或振动法沉桩，不能用锤硬打。对第二种原因，应要求施工人员在打桩前对板桩逐根检查，有锈蚀或变形的及时调整。还要在锁口内涂以油脂，以减少阻力。

2）板桩向行进方向倾斜

图 6-1 是在软土中打板桩时，由于连接锁口处的阻力大于板桩周围的土体阻力，形成一个不均衡力，使板桩向前进方向倾斜。这种倾斜要尽早调整，可用卷扬机钢索将板桩反向拉住后再锤击，也可以改变锤击方向(见图 6-1)。当倾斜过大，靠上述方法不能纠正时，可使用特别的锲形板桩，达到纠偏的目的(见图 6-2)。

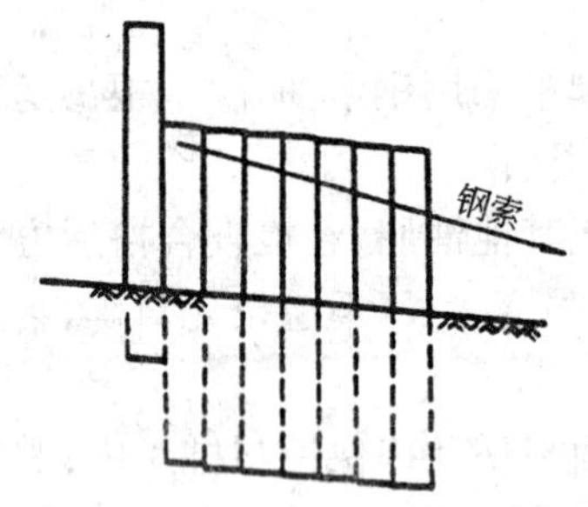

图 6-1　板桩倾斜及钢索纠偏

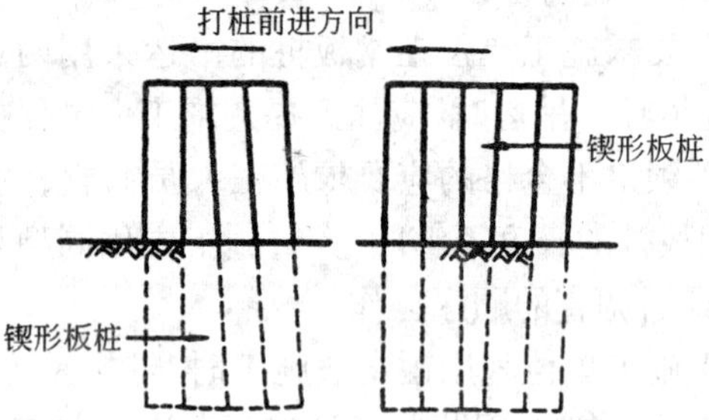

图 6-2　锲形板桩纠偏

3）将相邻板桩带入

这种现象常发生在软土中打板桩，当遇到了不明障碍物，孤石或板桩倾斜等情况时，板桩阻力增加，便会把相邻板桩带入。可以按下列措施处理：

(*A*) 要求施工方不是一次把板桩打到标高，留一部分在地面，待全部板桩入土后，用屏风法把余下部分打入土中。

(*B*) 把相邻板桩焊牢在围檩上。

(*C*) 数根板桩用型钢连在一起。

(*D*) 在连接锁口上涂以黄油等油脂，减少阻力。

(*E*) 运用特殊塞子，防止土砂进入连接锁口。

板桩被带入土中后，必须要求施工人员在其顶部焊以同类型的板桩以补充不足的长度。

4）地基液化，板桩难以控制

在地面下地下水位以下的砂性地层易液化时，打桩振动会引起地层液化使板桩蠕动，在此情况下要求施工单位先降水疏干地层。

(3) 钢板桩施工监控关键点

1) 钢板桩的施工必须确保垂直且不能扭转，桩间的距离要严格按设计尺寸施工。

2) 板桩拔出时会形成孔隙，必须要求施工方及时填充，否则极易造成邻近建筑或地表沉降。为使填充效果更好，建议采用膨润土浆液填充，也可跟踪注水泥浆。

4．钢板桩的验收

(1) 打桩前需对钢板桩进行验收，标准如表 6-1 所示。

(2) 打桩过程中监理人员需验收：桩顶标高偏差 ±100mm，钢板桩轴线偏差 ±100mm，钢板桩垂直度偏差 1%。

(3) 打桩结束后，基坑开挖时监理人员应注意以下三点要符合设计要求。

1) 墙后土、坑底和钢板桩墙的沉降和位移；

2) 相邻建筑物的位移沉降；

3) 地下水位和降水系统水量；

4) 来自附近打桩、爆破或交通等的振动所造成的影响。

二、钢筋混凝土板桩

1. 钢筋混凝土板桩的材料

钢筋混凝土板桩的断面形状和尺寸目前主要有以下几种：

(1) 矩形：一般厚度 $h=45\sim70$cm，宽度 $b=50\sim80$cm，取决于打桩设备的能力。

(2) T形：由翼板和肋两部分组成，翼板的厚度 $h=10\sim15$cm，宽度 $b=100\sim160$cm，翼板的作用是挡土和挡水。肋的作用主要是承受竖向弯矩，它的厚度常采用 $d=20\sim30$cm，肋的高度 c 由最大弯矩决定。施工中常用的T形板每块的吊装重量8～12t，黏土中用直接锤击法打入，而在砂性土质中，常用振动配合射水法沉入。

(3) 实心或空心的管柱断面也是常用的桩型之一，管柱之间的接口用预制锁槽连接。在沉入过程中，同样可采用直接锤击或振动配合射水沉入。

钢筋混凝土板桩的制作标准应符合表6-5。

混凝土板桩制作标准 **表6-5**

项	序	检查项目	允许偏差或允许值		检查方法
			单位	数值	
主控项目	1	桩长度	mm	+10 0	用钢尺量
	2	桩身弯曲度		$<0.1\%l$	用钢尺量，l 为桩长
一般项目	1	保护层厚度	mm	±5	用钢尺量
	2	模截面相对两面之差	mm	5	用钢尺量
	3	桩尖对桩轴线的位移	mm	10	用钢尺量
	4	桩厚度	mm	+10 0	用钢尺量
	5	凹凸槽尺寸	mm	±3	用钢尺量

此外，桩尖沿厚度方向的尖楔形是为了打入时减小阻力。同时，在桩尖的1m范围内，将钢箍适当加密，间距10cm左右。当需要打入硬土或风化层时，桩尖也常采用钢桩靴加固保护。为了保护桩顶在打入时不致开裂，桩顶需另外加固多配箍筋，间距一般也为10cm，4～6层，必要时还应套上钢桩帽。为了不妨碍相邻钢筋混凝土桩的打入，钢桩帽一般要做得比桩的实际断面略小一点。

非预应力板桩混凝土的强度等级一般采用C25以上，预应力板桩混凝土的强度等级一般用C35以上，多用双向对称配筋，纵向受力钢筋的直径选用12mm以上。

钢筋混凝土板桩预制工艺过程要严格遵守规范，保证质量。主筋位置要求准确，保护层均匀且不宜太厚，否则在锤击过程中骨架会产生偏心冲击力，使桩身混凝土开裂甚至出现折断。主筋的顶部一般要求整齐，以保证不会发生个别筋应力集中而首先产生局部破坏。

混凝土粗骨料应采用 5～40mm 碎石，浇注过程要保证密实性和均匀性。

2. 钢筋混凝土板桩的施工工艺过程

(1) 打设机具和打设方法

板桩可采用柴油打桩锤、落锤、气动锤等各种机具打设，桩锤大小视板桩而定，也可以采用静力压桩以及预钻孔射水等辅助方法沉入。

打设方法分单桩打入、排桩打入(或称屏风法)或阶梯打等入多种。封闭式板桩施工还可以分为敞开式和封闭式打入。所谓封闭式打入就是先将板桩全部通过导向架插入桩，后使桩墙合拢后再打入地下，此种打入方法有利于保证板桩墙的封闭尺寸。

(2) 打设前的准备工作

桩材准备：在混凝土达到设计强度后，才能进行搬运和起吊，否则应作施工运输过程验算。钢筋混凝土桩的抗弯能力很低，起吊时因吊点不同产生的由最大弯矩所决定的抗拔力，往往是控制纵向钢筋的因素。这一点在运输、堆放过程中也应随时注意。板桩应达到设计强度的 100%，且混凝土的龄期已在 28d 以上方可施打，冬季浇灌的混凝土无论在蒸汽养生窑中或露天养护必须达到设计强度的 100%后方可施打，否则极易打坏桩头或将桩身打裂。

围檩设置：在板桩墙两侧平行于板桩墙需设置围檩导框，以利于控制板桩定位并能起到保持板桩打入的垂直度和桩墙面平直的作用。围檩通常由导柱和导框组成，其型式分单面和双面，单层、双层和多层，锚固式和移动式，刚性和柔性等多种，导桩可用型钢和钢管，也可以采用特制的混凝土板桩。导柱间距 3～5m，其打入土中深度以 5m 左右为宜。导框底面距地面高度设为 50mm，双层或多层导框的层高间距按导框刚度情况而定，但不宜过大。围檩应结构简单、牢固和设置方便。围檩每次设置长度按施工具体情况而定，同时可以考虑周转使用。导框宽度略大于板桩厚度 3～5cm。板桩在导框内打入时，可采用单桩打入法，如采用屏风法打桩可在板桩全部插入土中后，并在拆除围檩导框后再将桩打入地下。

异形桩制作：异形桩包括转角用的角桩，调整桩墙轴线方向倾斜的斜截面桩，调整桩墙长度尺寸的变宽度桩，以及起导向和固定桩位作用的导桩等，异型板桩可用钢材制作或采用其他种类桩，如 H 形钢桩等。转角桩制作比较复杂，板桩墙转角也可以不采用角桩而施工成下型封口(即转角处板桩墙相互不咬合，而相互垂直贴合)。

(3) 打桩施工

打桩机械移动方式：打桩机械可站在板桩墙一侧平行于板桩墙移动前进，边打边走，或跨在桩墙轴线上沿轴线方向前进或后退打桩，见图 6-3。采取后一方式打桩，可利用打桩机械本身控制和调整轴线方向的偏侧并有利于保证板桩凹凸榫之间的紧密咬合。

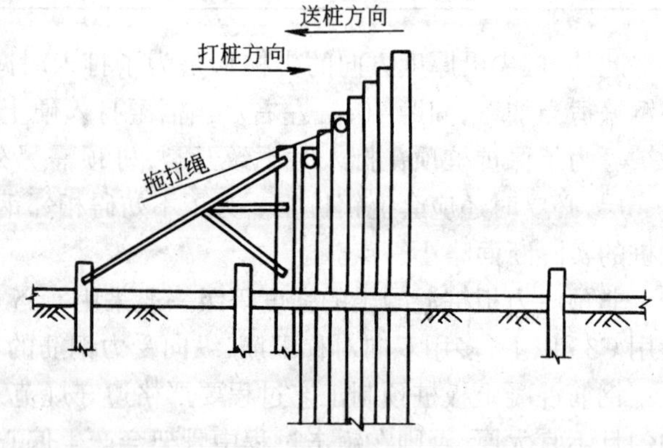

图 6-3 起始打桩程序

导桩施工：初始打桩可设导桩、引桩保持打一根桩便定位准确。当板桩墙较长而采取分段施工时，也可以根据具体情况逐一设置导桩。

斜截面桩施工(亦称斜锥桩)：由于挤土等影响，板桩凸凹榫较难在全桩长范围内均紧密咬合，桩墙会产生沿轴线方向倾侧，倾侧过大时施工将很困难。此时可通过打入斜截面桩即楔子桩进行调整。斜截面桩打入数量及位置应根据施工经验及情况而定。

转角施工：转角处可采取特制钢桩，两根 H 形钢桩焊接成型，也可采用 T 字形封口。为保证转角处尺寸准确，也可先施工转角处的桩而后打其他桩。

(4) 打桩技术

屏风法施工时，每排桩插桩数量以 10～20 根为宜，如果一次插桩数量过多，在桩打入时由于板桩间挤压力较大，打桩较困难并容易把桩打坏。

3．钢筋混凝土板桩的监理巡视检查

(1) 钢筋混凝土板桩施工中监理员应注意以下几点内容：

1) 钢筋混凝土板桩的施工，需根据工程地质情况，决定采用锤击，静压、振动或射水等方法的哪一种或哪几种沉入土中，这些方法可单独或相互配合使用，当采用锤击沉入板桩时，宜采用重锤低击的方法。

2) 板桩必须在达到设计强度的 100%，且混凝土的龄期已在 28d 以上时方可允许施工人员施打。

3) 采用屏风法施工时，要求施工人员控制每排桩插桩数量，建议 10～20 根为宜。

4) 施打前要严格检查桩的截面尺寸是否符合设计要求，误差是否在规范允许范围之内，特别对桩的相互咬合部位，无论凸榫或凹榫均须详细检查以保证桩的顺利施打和正确咬合，凡不符合要求的均需要求施工人员进行处理。

(2) 钢筋混凝土板桩支护施工中的常见问题

板桩在施打时应用经纬仪经常观测保持板桩在两个方向的垂直，如有倾斜时可按表6-6所列方法纠偏。

打桩倾斜纠正法 **表 6-6**

概　　略　　图	说　　明
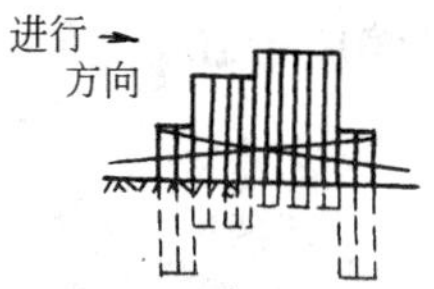 进行→方向 (*a*)	两端导桩倾斜歪曲时应用卷扬机铰磨拽正
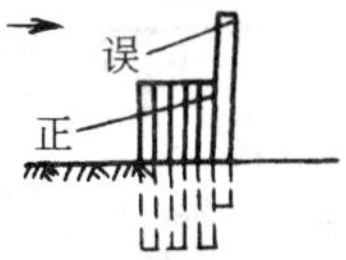 →　误　正 (*b*)	板桩倾斜时用钢绳导向，但注意钢绳不宜绷得太紧，以免绷断发生危险
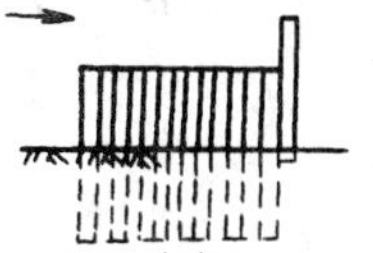 → (*c*)	板桩下端可削成倾斜的(斜向已打板桩)，利用土压力将板桩挤紧

续表

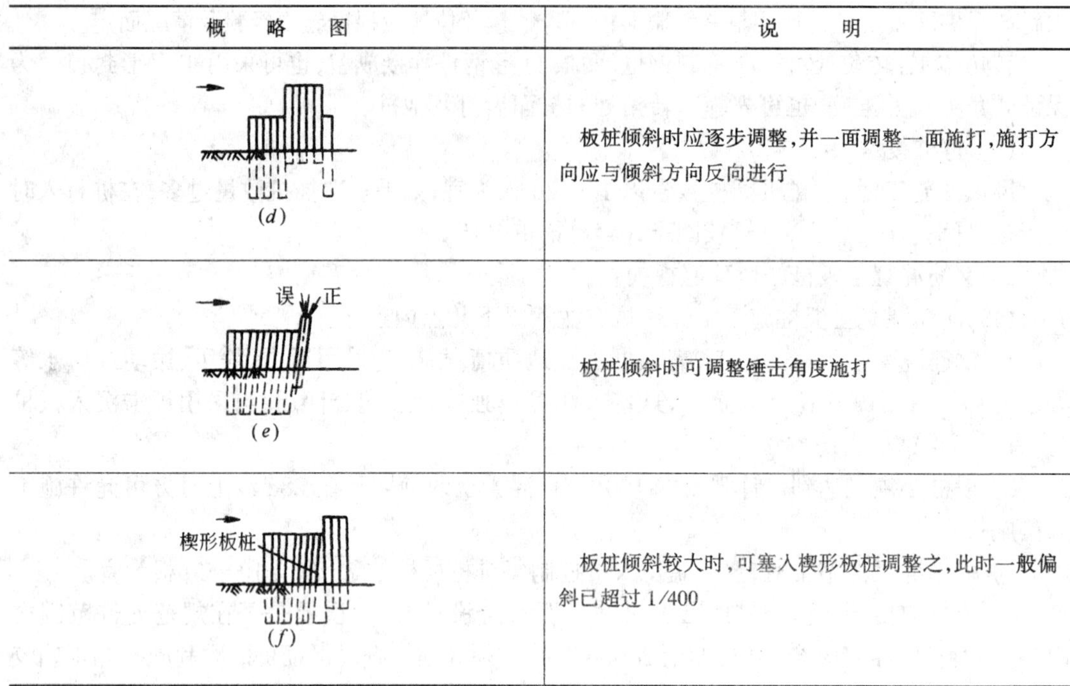

概略图	说明
(d)	板桩倾斜时应逐步调整,并一面调整一面施打,施打方向应与倾斜方向反向进行
误 正 (e)	板桩倾斜时可调整锤击角度施打
楔形板桩 (f)	板桩倾斜较大时,可塞入楔形板桩调整之,此时一般偏斜已超过1/400

4. 钢筋混凝土板桩的监理验收

打桩施工标准:

(1) 板桩插入垂直度不得超过0.5%;

(2) 板桩施工平面位置不允许偏差100mm;

(3) 板桩施工垂直度允许偏差1%;

(4) 板桩用于防渗时板桩间的隙缝不得大于20mm;用于挡土时不得大于25mm;

(5) 板桩轴线允许偏差20mm;板桩施工桩顶标高允许偏差±100mm。打桩施工质量标准见表6-7。

打桩施工质量标准 **表6-7**

施工阶段	项次	项目	允许偏差(mm)		备注
			国家标准	企业标准	
施放桩位	1	桩轴线位置			
		(1) 板桩	20	≤5	
		(2) 单排桩	10	≤5	
打桩	1	桩平面位移	100		
	2	桩垂直度	l/100	≤l/300	l~桩长
	3	钢筋混凝土板桩间的缝隙			
		(1) 用于防渗时	≤20		
		(2) 用于挡土时	≤25		
送桩	1	桩顶标高		+50~-50	

第三节 水泥土桩支护工程

水泥土桩支护结构指水泥土搅拌桩(包括加筋水泥土搅拌桩)、高压喷射注浆桩所构成的围护结构。

一、水泥土桩的施工工艺过程

水泥土桩墙挡土支护结构是由水泥土搅拌桩(包括加筋水泥土搅拌桩)、高压喷射注浆桩所组成的,因此我们将先介绍一下深层搅拌法和高压喷射注浆法的施工工艺,再介绍水泥土桩墙的施工工艺。

(一) 深层搅拌法

深层搅拌法适用于处理淤泥、淤泥质土、粉土和含水量较高且地基承载力标准值不大于120kPa的黏性土等地基。当用于处理泥炭土或地下水具有侵蚀性时,宜通过试验确定其适用性。冬期施工时应注意负温对处理效果的影响。

深层搅拌法施工的场地应事先平整,清除桩位处地上、地下一切障碍物(包括大块石、树根和生活垃圾等)。场地低洼时应回填黏性土料,不得回填杂填土。基础底面以上宜预留500mm厚的土层,搅拌桩施工到地面,开挖基坑时,应将上部质量较差的桩段挖去。

深层搅拌施工可按下列步骤进行:

1. 深层搅拌机械就位;
2. 预搅下沉;
3. 喷浆搅拌提升;
4. 重复搅拌下沉;
5. 重复搅拌提升直至孔口;
6. 关闭搅拌机械。

固化剂浆液应严格按预定的配比拌制。制备好的浆液不得离析,泵送必须连续,拌制浆液的罐数、固化剂与外掺剂的用量以及泵送浆液的时间等应有专人记录。

应保证起吊设备的平整度和导向架的垂直度,搅拌桩的垂直度偏差不得超过1.5%,桩位偏差不得大于50mm。

搅拌机预搅下沉时不宜冲水,当遇到较硬土层下沉太慢时,方可适量冲水,但应考虑冲水成桩对桩身强度的影响。

搅拌喷浆提升的速度和次数必须符合施工工艺的要求,应有专人记录搅拌机每米下沉或提升的时间,深度记录误差不得大于50mm,时间记录误差不得大于5s,施工中发现的问题及处理情况均应注明。

(二) 高压喷射注浆法

当土中含有较多的大粒径块石、坚硬黏性土、大量植物根茎或过多的有机质时,应根据现场试验结果确定其适用程度。

高压喷射注浆法可用于既有建筑和新建建筑的地基处理、深基坑侧壁挡土或挡水、基坑底部加固、防止管涌与隆起、坝的加固与防水帷幕等工程。对地下水流速过大和已涌水的工程,应慎重使用。

高压喷射注浆法的注浆形式分旋喷注浆、定喷注浆和摆喷注浆等三种类别。根据工程需要和机具设备条件,可分别采用单管法、二重管法和三重管法。加固形状可分为柱状、壁状和块状。在制定高压喷射注浆方案时,应掌握场地的工程地质、水文地质和建筑结构设计资料等。对既有建筑尚应搜集竣工和现状观测资料、邻近建筑和地下埋设物等资料。高压喷射注浆方案确定后,还应进行现场试验、试验性施工或根据工程经验确定施工参数及工艺。

旋喷桩的强度和直径,应通过现场试验确定。当无现场试验资料时,亦可参照相似土质条件下其他旋喷工程的经验。高压喷射注浆用于深基坑底部加固时,加固范围应满足按复合地基计算圆弧滑动或抵抗管涌的要求。高压喷射注浆用于深基坑挡土时,应根据所承受的土压力进行相应的计算。高压喷射注浆用作防水帷幕时,应根据防渗要求进行设计计算。

施工前应根据现场环境和地下埋设物的位置等情况,复核高压喷射注浆的设计孔位。高压喷射注浆单管法及二重管法的高压水泥浆液流压力和三重管法高压水射流的压力宜大于20MPa,三重管法使用的低压水泥浆液流压力宜大于1MPa,气流压力宜取0.7MPa,提升速度可取0.1~0.25m/min。

对于无特殊要求的工程,宜采用强度等级32.5普通硅酸盐水泥。根据需要可加入适量的速凝、悬浮或防冻等外加剂及掺合料。

水泥浆液的水灰比应按工程要求确定,可取1.0~1.5,常用1.0。水泥在使用前需作质量鉴定。搅拌水泥浆所用的水,应符合《混凝土拌合用水标准》JGJ 63—89的规定。

高压喷射注浆的施工工序为:机具就位、贯入注浆管、喷射注浆、拔管及冲洗等。钻机与高压喷射注浆泵的距离不宜过远。钻孔的位置与设计位置的偏差不得大于50mm。实际孔位、孔深和每个钻孔内的地下障碍物、洞穴、涌水、漏水及与工程地质报告不符等情况均应详细记录。

当注浆管贯入土中,喷嘴达到设计标高时,即可喷射注浆。在喷射注浆参数达到规定值后,随即分别按旋喷、定喷或摆喷的工艺要求,提升注浆管,由下而上喷射注浆。注浆管分段提升的搭接长度不得小于100mm。

对需要扩大加固范围或提高强度的工程,可采取复喷措施,即先喷一遍清水再喷一遍或两遍水泥浆。

在高压喷射注浆过程中出现压力骤然下降、上升或大量冒浆等异常情况时,应查明产生的原因并及时采取措施。

当高压喷射注浆完毕,应迅速拔出注浆管。为防止浆液凝固收缩影响桩顶高程,必要时可在原孔位采用冒浆回灌或第二次注浆等措施。

当处理既有建筑地基时,应采取速凝浆液或大间距隔孔旋喷和冒浆回灌等措施,以防旋喷过程中地基产生附加变形和地基与基础间出现脱空现象,影响被加固建筑及邻近建筑。同时,应对建筑物进行沉降观测。

施工中应如实记录高压喷射注浆的各项参数和出现的异常现象。

(三)水泥土桩墙的施工工艺

1. SJB系列深层搅拌机

SJB系列深层搅拌机的主要技术参数见表6-8。

其施工工艺顺序如下所示。

SJB系列深层搅拌机的主要技术参数 **表6-8**

(一) SJB-Ⅰ型

深层搅拌机	搅拌轴数量(根) 搅拌轴转数(rpm) 搅拌叶片外径(mm) 电机功率(kW) 总量(kN)	2 46 700～800 2×30 30	固化剂制备系统	灰浆拌制机(台数×容量)(L) 灰浆泵输送量(m^3/h) 灰浆泵工作压力(kPa) 集料斗容量(m^3)	2×200 3 1500 >0.4
起吊设备	提升力(kN) 提升高度(m) 提升速度(m/min) 接地压力(kPa)	大于100 大于14 0.2～1.0 60	技术指标	一次加固面积(m^2) 最大加固深度(m) 加固效率(m/台班) 总重量(t) 电力供应(kVA)	0.71～0.8 12 40 4.5 >100～150

(二) SJB30型和40型

参数	SJB30型	SJB40型
1. 电机功率(kW)	2×30	2×40
2. 额定电流(A)	2×60	2×75
3. 搅拌轴转数(r/min)	43	43
4. 额定扭矩(N·m)	2×6400	2×9500
5. 搅拌轴数量(根)	2	2
6. 搅拌头距离(mm)	515	515
7. 搅拌头直径(mm)	700	700
8. 一次处理面积(m^2)	0.71	0.71
9. 加固深度(m)	10～12	15～18
10. 外形尺寸(主机)(mm)	950×482×1617	950×482×1737
11. 总重量(主机)(t)	2.25	2.45

(1) 定位

用履带起重机悬吊深层搅拌机到达桩位并对中；当地面高低不平时应使起重机保持平稳；如用桩架在轨道上就位，轨道应不断按要求移动调整。

(2) 搅拌下沉

搅拌机冷却水循环正常后，启动搅拌机电机，放松起重机或桩架的钢丝绳，使搅拌机沿导向架切土搅拌下沉，使土搅松，下沉速度由电机的电流监测表控制，工作电流不应大于10A；如下沉速度太慢，可从输浆系统补给清水以利钻进；当搅拌机下沉至一定深度时，即开始按预定掺入比和水灰比拌制水泥浆，并将水泥浆倒入集料斗备喷；

(3) 喷浆搅拌提升

搅拌机下沉到设计深度后，开启灰浆泵，其出口压力保持0.4～0.6MPa，使水泥浆自动连续喷入地基，搅拌机边喷浆边旋转边严格按已确定的速度提升，直至设计要求桩顶标高，集料斗中的水泥浆正好排空。

(4) 重复搅拌下沉

为使已喷入土中的水泥浆与土充分搅拌均匀，再次将搅拌机边旋转边沉入土中，直至设计要求深度。

(5) 重复搅拌提升

一般情况下即将搅拌机边旋转边提升，再次回至设计桩顶标高，并上升至地面，制桩完毕；当水泥浆掺量较大时也可留一部分水泥浆在重复搅拌提升时喷用。

(6) 清洗

向已排空的集料斗注入适量清水，开启灰浆泵，清洗管道中残留水泥浆，直至基本干净，同时将粘附于搅拌头的土清洗干净。

(7) 移位

按重复上述(1)至(6)步骤，进行下一根桩的施工。

2. GZB-600 型深层搅拌机

GZB-600 型深层搅拌机由下列各部分组成：

(1) 动力部分：两台 30kW 电机，各连接一台 2K-H 行星齿轮减速器；

(2) 搅拌轴和输浆管：单轴叶片输浆方式，水泥浆由中空轴经喷浆叶片沿着旋转方向输入土中；搅拌轴外径 ϕ129，轴内输浆管外径 ϕ76；

(3) 搅拌头：设有搅拌叶片和喷浆叶片，两层叶片相距 0.5m，成桩直径 600mm；喷浆叶片上开有 3 个喷浆口。

GZB-600 型深层搅拌机所需配套设备：

1) PM2-15 型灰浆计量配料装置；

2) 灰浆拌制机两台，容积各 500L；

3) 集料斗，容积 0.18m^3；

4) 灰浆泵，PA-15-B 型；

5) 电磁流量计，即灌浆压力、流量计量测定装置。

GZB-600 型深层搅拌机也用水泥浆为固化剂，其工艺顺序与 SJB 系列大致相似，所不同之处在于 SJB 系列采用中心管输浆，而 GZB-600 型则用叶片喷浆。

3. GPP-5 型深层喷射搅拌机

GPP-5 型深层喷射搅拌机的主要技术参数见表 6-9。

GPP-5 型深层喷射搅拌机的主要技术参数 **表 6-9**

主机	(1) 地基加固最大深度(m)	12.5
	(2) 标准搅拌叶型直径(mm)	500
	(3) 转盘转速(正反)(r/min)	28、50、92
	转速 50r/min 时的扭矩(kN·m)	4.9
	(4) 给进提升能力(kN)	74.4
	提升速度(m/min)	0.48、0.8、1.47
	(5) 井架结构与高度(m)	14
	(6) 方钻杆尺寸(mm)	108×108×5500(或 7500)
	(7) 液压步履纵向单步行程(m)	1.2
	横向单步行程(m)	0.5
	接地压力(t)	9.25
	(8) 重量(kN)	92.5
	(9) 外形尺寸(m)	4×2.23×15.49

续表

粉体喷射机	(1) 最大送粉量(kg/min)	100
	(2) 储料量(kg)	200
	(3) 给料方式	叶轮压送式
	(4) 送料管直径(mm)	50
	(5) 最大送粉压力(MPa)	0.5
	(6) 外形尺寸(m)	2.7×1.82×2.45

与前两种机型不同，GPP-5 型深层喷射搅拌机以干法施工为主，且行走系统为液压步履式，移动转向都很方便。其施工工艺顺序如下所示。

(1) 驱动液压步履机构，前后左右移动钻机，使钻头正确对准桩位，并保持垂直；

(2) 开启主空压机，打开送灰管道，调整风量风压后送风，钻机正转给进，风压控制在 100～150kPa；

(3) 钻头钻进至设计加固深度，钻机换档，反向转动；

(4) 开启副空压机，待料灌压力和送灰管压力已调试至正常(前者略大于后者 20～50kPa)后，开启发送器阀门进行喷粉及提升；

(5) 钻头提升至设计桩顶标高后停止送粉，钻头换向旋转提升至地面，成桩完毕，钻机移至另一桩位。

在上述成桩作业过程中，一方面应根据地质条件合理选择钻机旋转速度、提升速度及喷粉流量，以保证喷粉均匀和搅拌充分，另一方面对桩顶 2～3m 以及其他需要加强的部位还可实施局部复搅复喷，以满足设计要求。

二、水泥土桩的监理巡视检查

(一) 巡视检查

1. 搅拌桩施工前监理员需注意的问题

工程地质勘察时应查明填土层的厚度和组成；软土层的分布范围、含水量和有机质含量，地下水的侵蚀性质等。深层搅拌设计前必须进行室内加固试验，针对现场地基土的性质，选择合适的固化剂及外掺剂，为设计提供各种配比的强度参数。加固土强度标准值宜取 90d 龄期试块的无侧限抗压强度。

深层搅拌法处理软土的固化剂可用水泥，也可用其他有效的固化材料。固化剂的掺入量宜为被加固土重的 7%～15%。外掺剂可根据工程需要选用具有早强、缓凝、减水、节省水泥等性能的材料，但应避免污染环境。

施工使用的固化剂和外掺剂必须通过加固土室内试验检验方能使用。

施工前应标定深层搅拌机械的灰浆泵输浆量、灰浆经输浆管到达搅拌机喷浆口的时间和起吊设备提升速度等施工参数，并根据要求通过成桩试验，确定搅拌桩的配比和施工工艺。

2. 过程质量

(1) 采用 SJB 系列深层搅拌机或 GZB-600 型深层搅拌机搅拌施工时，监理员巡视时应重点注意以下内容：

1) 监理人员应注意提醒施工人员控制搅拌机下沉速度，其下沉速度通过电机的电流监测表控制，工作电流不应大于 10A。

2) 重复搅拌提升时，要求施工人员对桩顶以下 2～3m 范围内或其他需要加强的部位，在重复搅拌提升时增喷水泥浆。

(2) 采用GPP-5型深层喷射搅拌机搅拌施工时,监理员巡视时应重点注意:

1) 同施工单位根据地质条件共同决定钻机旋转速度、提升速度及喷粉流量,以保证喷粉均匀和搅拌充分。

2) 监督施工方对桩顶2~3m以及其他需要加强的部位实施局部复搅复喷,以满足设计要求。

(3) 无论采用哪种施工方法监理人员均需注意的是:

1) 预搅下沉时不允许施工人员冲水,只有遇较硬土层而下沉太慢时,方可适量冲水,但须考虑冲水对桩身强度的影响。

2) 以水泥浆作固化剂时,要求施工单位提交拌制后防止浆液离析的措施。

3) 喷浆(粉)口到达桩顶设计标高时,要求施工人员停止提升,搅拌数秒,以保证桩头均匀密实。

4) 要求施工方控制桩与桩搭接时间,不应大于24h,如因特殊情况间歇时间太长,搭接质量无保证时,要求采取局部补桩或注浆措施。

5) 作为挡墙的桩体顶面如设计要求铺筑路面时,应要求施工单位尽早铺筑,并使路面筋与锚固筋连成一体。路面未完成前,严禁施工方开挖基坑。

以上各点中,监理员应重点控制(3)。

3. 水泥土桩支护施工中的常见问题

(1) 水泥搅拌桩施工中常见问题和处理方法

常见问题和处理方法见表6-10。

水泥搅拌桩施工中常见问题和建议处理方法 **表6-10**

常见问题	发生原因	建议处理方法
预搅下沉困难,电流值高,电机跳闸	① 电压偏低 ② 土质硬,阻力太大 ③ 遇大石块、树根等障碍物	① 调高电压 ② 适量冲水或浆液下沉 ③ 挖除障碍物
搅拌机下不到预定深度,但电流不高	土质黏性大,搅拌机自重不够	增加搅拌机自重或开动加压装置
喷浆未到设计桩顶面(或底部桩端)标高,集料斗浆液已排空	① 投料不准确 ② 灰浆泵磨损漏浆 ③ 灰浆泵输浆量偏大	① 重新标定投料量 ② 检修灰浆泵 ③ 重新标定灰浆输浆量
喷浆到设计位置集料斗中剩浆液过多	① 拌浆加水过量 ② 输浆管路部分阻塞	① 重新标定拌浆用水量 ② 清洗输浆管路
输浆管堵塞爆裂	① 输浆管内有水泥结块 ② 喷浆口球阀间隙太小	① 拆洗输浆管 ② 使喷浆口球阀间隙适当
搅拌钻头和混合土同步旋转	① 灰浆浓度过大 ② 搅拌叶片角度不适宜	① 重新标定浆液水灰比 ② 调整叶片角度或更换钻头

(2) 高压喷射注浆桩施工中的常见故障以及防治措施

1) 喷嘴或管路被堵塞,表现是压力骤然上升。建议预防措施;

(A) 在高压泵和注浆泵的吸水管进口和水泥浆储备箱中都设置过滤网,并经常清理。高压水泵的滤网筛孔规格以1mm左右为宜,注浆泵和水泥浆储备箱的滤网规格以2mm左右为宜,筛网的面积不要过小。

(B) 按操作要点,认真检查风、水、浆的通道;在插管前用薄塑料包扎好风、水喷嘴;遵守空压机、高压泵和注浆泵的开动顺序,避免高压水和风的通道在压力较低的情况下,被泵送的水泥浆侵入造成堵塞。

(C) 加强注浆泵的维护保养,保证注浆中途不发生故障,避免水泥浆在管道中沉淀而堵塞。

(D) 若喷射过程出现水泥供不应求时,应将注浆管提起一段距离,抽送清水将管道中的水泥浆顶出喷头后再停泵。

(E) 喷射结束后,按要求做好各系统的清理工作。

2) 高压泵排量达不到要求或压力上不去,处理办法是:

(A) 检查阀、活塞缸套等零件,磨损大的及时更换。有杂物影响阀关闭时,要清理。

(B) 检查吸水管道是否通畅,是否漏气,避免吸入空气,尽量减少吸水管道的流动阻力。

(C) 检查活塞每分钟的往复次数是否达到要求,消除传动系统中的打滑现象。

(D) 检查安全阀、高压管路,消除泄漏。

(E) 检查喷嘴直径是否符合要求,更换过度磨损的喷嘴。

4. 搅拌桩质量控制的关键点

(1) 施工停浆(粉)面必须高出桩顶设计标高0.5m,监理员要进行严格控制,在开挖基坑时,则将该高出部分先行挖除。

(2) 施工中因故停浆(粉),监理员必须到场,并要求施工人员将搅拌机下沉至停浆(粉)点以下0.5m,待恢复供浆(粉)时,再搅拌提升。

(3) 成桩后,监理员到场检查,控制桩的垂直偏差不得超过1%,桩位偏差不得大于50mm,桩径偏差不得大于4%,深度达到设计要求,并要求施工人员做好每根桩的施工记录,深度记录误差不大于10mm,时间记录误差不大于5s,以便监理人员核查。

(4) 当设计要求桩体插筋时,监理员要求施工人员必须在成桩后2～4h内在监理员的监督下插完。

三、水泥土桩的见证试验

深层搅拌法中要进行的测试试验有:

1. 施工过程中应随时检查施工记录,并对每根桩进行质量评定。对于不合格的桩应根据其位置和数量等具体情况,分别采取补桩或加强邻桩等措施。

2. 搅拌桩应在成桩后7d内用轻便触探器钻取桩身加固土样,观察搅拌均匀程度,同时根据轻便触探击数用对比法判断桩身强度。检验桩的数量应不少于已完成桩数的2%。

3. 在下列情况下尚应进行取样、单桩载荷试验或开挖检验:

(1) 经触探检验对桩身强度有怀疑的桩应钻取桩身芯样,制成试块并测定桩身强度;

(2) 场地复杂或施工有问题的桩应进行单桩载荷试验,检验其承载力;

(3) 对相邻桩搭接要求严格的工程,应在桩养护到一定龄期时选取数根桩体进行开挖,检查桩顶部分外观质量。

高压喷射注浆法中要进行的测试试验有:

1. 高压喷射注浆可采用开挖检查、钻孔取芯、标准贯入、载荷试验或压水试验等方法进行检验。

2. 检验点应布置在下列部位：

(1) 建筑荷载大的部位；

(2) 帷幕中心线上；

(3) 施工中出现异常情况的部位；

(4) 地质情况复杂，可能对高压喷射注浆质量产生影响的部位。

检验点的数量为施工注浆孔数的 2%～5%，对不足 20 孔的工程至少应检验 2 个点。不合格者应进行补喷。

3. 质量检验应在高压喷射注浆结束 4 周后进行。

四、水泥土桩的监理验收

水泥土搅拌桩及高压喷射注浆桩的质量检验应分别满足表 6-11 和表 6-12 的规定。

水泥土搅拌桩质量检验标准 **表 6-11**

项	序	检查项目	允许偏差或允许值		检查方法
			单位	数值	
主控项目	1	水泥及外掺剂质量	设计要求		查产品合格证书或抽样送检
	2	水泥用量	参数指标		查看流量计
	3	桩体强度	设计要求		按规定办法
	4	地基承载力	设计要求		按规定办法
一般项目	1	机头提升速度	m/min	≤0.5	量机头上升距离及时间
	2	桩底标高	mm	±200	测机头深度
	3	桩顶标高	mm	+100 −50	水准仪(最上部 500mm 不计入)
	4	桩位偏差	mm	<50	用钢尺量
	5	桩径		<0.04D	用钢尺量，D 为桩径
	6	垂直度	%	≤1.5	经纬仪
	7	搭接	mm	>200	用钢尺量

高压喷射注浆桩质量检验标准 **表 6-12**

项	序	检查项目	允许偏差或允许值		检查方法
			单位	数值	
主控项目	1	水泥及外掺剂质量	符合出厂要求		查产品合格证书或抽样送检
	2	水泥用量	设计要求		查看流量表及水泥浆水灰比
	3	桩体强度或完整性检验	设计要求		按规定方法
	4	地基承载力	设计要求		按规定方法
一般项目	1	钻孔位置	mm	≤50	用钢尺量
	2	钻孔垂直度	%	≤1.5	经纬仪测钻杆或实测
	3	孔深	mm	±200	用钢尺量

续表

<table>
<tr><td rowspan="2">项</td><td rowspan="2">序</td><td rowspan="2">检查项目</td><td colspan="2">允许偏差或允许值</td><td rowspan="2">检查方法</td></tr>
<tr><td>单位</td><td>数值</td></tr>
<tr><td rowspan="4">一般项目</td><td>4</td><td>注浆压力</td><td colspan="2">按设定参数指标</td><td>查看压力表</td></tr>
<tr><td>5</td><td>桩体搭接</td><td>mm</td><td>>200</td><td>用钢尺量</td></tr>
<tr><td>6</td><td>桩体直径</td><td>mm</td><td>≤50</td><td>开挖后用钢尺量</td></tr>
<tr><td>7</td><td>桩身中心允许偏差</td><td></td><td>≤0.2D</td><td>开挖后桩顶下500mm处用钢尺量，D为桩径</td></tr>
</table>

第四节 锚杆及土钉支护工程

一、锚杆及土钉材料

(一) 锚杆材料

1. 制作拉杆用材料

锚杆的受力拉杆与钢筋混凝土结构中的钢筋相似，采用的钢材在张拉时具有足够大的弹性变形与强度，为了降低用钢量，大多宜采用高强度钢。

(1) 粗钢筋

我国当前常用的拉杆材料为热轧光圆钢筋及变形钢筋，其规格根据中华人民共和国国家标准GB 13013—91和GB 1499—91(1992年实施)，见表6-13。拉杆钢筋通常采用ϕ22～ϕ32，为增强钢筋与砂浆的握固力，灌浆锚杆的拉杆钢筋宜选用变形钢筋。由于高强钢筋可焊性差，根据条件可选用精轧螺旋钢筋45SiMn(25)及配用出厂的螺帽。

热轧光圆钢筋与变形钢筋规格 **表6-13**

<table>
<tr><td colspan="2">品种</td><td rowspan="2">牌号</td><td rowspan="2">公称直径(mm)</td><td rowspan="2">屈服点强度/抗拉强度
(kN/mm^2)</td><td rowspan="2">伸长率δ_0(%)</td></tr>
<tr><td>外形</td><td>强度等级</td></tr>
<tr><td>光圆钢筋</td><td>Ⅰ</td><td>Q235</td><td>8～20</td><td>0.24/0.38</td><td>25</td></tr>
<tr><td rowspan="2">月牙肋</td><td>Ⅱ</td><td>20MnSi
20MnNb(b)</td><td>8～25
28～40</td><td>0.34/0.51</td><td>16</td></tr>
<tr><td>Ⅲ</td><td>25MnSi</td><td>8～25
28～40</td><td>0.40/0.57</td><td>14</td></tr>
<tr><td>等高肋</td><td>Ⅳ</td><td>40Si2MnV
45SiMnV
45Si2MnTi</td><td>10～25
28～32</td><td>0.55/0.85</td><td>10</td></tr>
</table>

钢筋材料的验收、质量证明要求等应符合GB 2103有关规定。

(2) 钢丝及钢绞线

热轧光圆钢筋与变形钢筋规格，按中华人民共和国国家标准GB 5223—1995预应力混凝土用钢丝按外形分为光面、刻痕和螺旋肋的冷拉或消除应力高强度圆形钢丝。冷拉钢丝的尺寸及其主要力学性能见表6-14。

<table>
<caption>冷拔钢丝力学性质　　表 6-14</caption>
<tr><th>公称直径(mm)</th><th>屈服强度 $\delta_{0.2}$/抗拉强度 σ_b 不小于(kN/mm)</th><th>公称直径(mm)</th><th>屈服强度 $\delta_{0.2}$/抗拉强度 σ_b 不小于(kN/mm)</th></tr>
<tr><td>3.0</td><td>1.10/1.47
1.18/1.57</td><td rowspan="2">5.0</td><td rowspan="2">1.10/1.47
1.18/1.57<1.25/1.67</td></tr>
<tr><td>4.0</td><td>1.25/1.67</td></tr>
</table>

按国家标准 GB 5224—85 预应力混凝土用钢绞线由七根圆形断面钢丝捻成的作预应力混凝土配筋用的钢绞线,钢绞线的力学性能见表 6-15。

预应力钢绞线力学性质　　表 6-15

公称直径(mm)	强度级别(kN/mm²)	屈服负荷(kN)	公称直径(mm)	强度级别(kN/mm²)	屈服负荷(kN)
9.0(7ϕ3)	1.67 1.70	70.66 74.77	15.0(7ϕ5)	1.47 1.57	173.17 184.73
12.09(7ϕ4)	1.57 1.67	118.09 125.44			

近年来我国在不少实际工程中还采用国外进口的各种型号钢丝及钢绞线,其型号性能等均应按各国的标准、规定使用。

2. 喷射混凝土配合比

喷射混凝土配合比应通过试验确定,粗骨粒最大料径不宜大于 12mm,水灰比不宜大于 0.45,并应通过外加剂来调节所需塌落度和早强时间。

3. 锚杆灌浆所用水泥、水、骨料、外加剂

原则上采用硅酸盐水泥或普通硅酸盐水泥,强度等级宜用 32.5 级以上的,必要时也可用早强硅酸盐水泥。不得使用高铝水泥。

搅拌水泥浆用的水所含油、酸度、盐类、有机物等都会影响水泥砂浆的质量。混合水中不应含有影响水泥正常凝结与硬化的有害物质,不得使用污水。永久性锚杆不得使用 pH 值小于 4.0 的酸性水和硫酸盐含量按 SO_4^{2-} 计算超过水重 1%的水。

细骨料应选用粒径小于 2mm 的中细砂,并必须经过筛选、洗清,对含泥量、有机物等不得超过有害含量。砂的含泥量按重量计不得大于 3%;砂中所含云母、有机质、硫化物及硫酸盐等有害物质的含量,按重量计不宜大于 1%。

必要时,水泥浆中可加入控制泌水或延缓凝结等外加剂,但必须符合产品标准。水泥浆中氯化物的总含量不得超过水泥重量的 0.1%。除二次劈裂灌浆和自由段的充填灌浆外,一般不宜采用膨胀剂。

4. 钢拉杆的防锈蚀

钢材未加保护地置于大气中时,很快就会生锈。但若有良好的混凝土保护层(大于10~15mm)就不会出现锈蚀。因为水泥凝固时所引起的碱性环境(pH 为 9~13)会使钢材表面产生一层氧化铁防护膜。但是引起锈蚀的条件是,例如土和水的化学性能随着时间可能发生复杂的变化,拉杆处于拉应力状态的同时又会松弛收缩,这样水泥材料必然会开裂,裂缝慢慢发展达到钢材表面,氧、水分和水气逐渐渗入,钢材就会发生锈蚀。

国内目前对粗钢筋的防锈措施，设计时对地下水无腐蚀性时，采用2mm保护层，有腐蚀性时应有3mm以上的保护层。一般情况下，锚杆在钻孔内有效锚固段的拉杆用水泥砂浆保护，非锚固段涂防锈油漆并用二层玻璃布涂三层热沥青包扎，并要特别注意拉杆孔口及接缝处的防锈质量。如使用钢绞线等预应力锚杆时则对防锈蚀的要求更大，必须在其全长上进行预先的防锈处理。

也可以使用其他一些防腐材料，但这些防腐材料应满足下列要求：

(1) 在锚杆服务年限内，应保持其耐久性。

(2) 在规定的工作温度内或张拉过程中不得开裂、变脆或成为流体。

(3) 不得与相邻材料发生不良反应，应保持其化学稳定性和防水性。

(4) 不得对锚杆自由段的变形产生任何限制。

5. 其他附件

塑料套管材料应满足以下要求：

(1) 具有足够的强度，保证其在加工和安装过程中不致损坏。

(2) 具有抗水性和化学稳定性。

(3) 与水泥砂浆和防腐剂接触无不良反应。

隔离架应由钢、塑料或其他对杆体无害的材料组成，不得使用木质隔离架。

(二) 土钉材料

1. 土钉钢筋用Ⅲ级或Ⅱ级热轧变形钢筋，直径在18～32mm的范围内。

2. 喷射混凝土配合比应通过试验确定，粗骨料最大粒径不宜大于12mm，水灰比不宜大于0.45，并应通过外加剂来调节所需塌落度和早强时间。

3. 注浆材料宜选用水泥浆或水泥砂浆；水泥浆的水灰比宜为0.5，水泥砂浆配合比宜为1:1～1:2(重量比)，水灰比宜为0.38～0.45。水泥浆、水泥砂浆应拌合均匀，随拌随用，一次拌合的水泥浆、水泥砂浆应在初凝前用完。

二、锚杆及土钉的施工工艺过程

(一) 锚杆

1. 施工准备工作

(1) 了解施工区土层分布及各土层的物理力学性能，以便实施锚杆的布置、选择钻孔方法；了解地下水埋藏状况及其化学成分，以确定排水、截水措施、以及拉杆的防腐措施。

(2) 查明施工区范围内地下埋设物的位置状况，预测锚杆施工对其影响的可能性与后果。

(3) 锚杆长度超建筑红线，应征得有关部门和单位的批准、许可。

(4) 请设计单位作技术咨询，以全面了解设计意图、编制施工组织设计。

2. 钻孔

(1) 旋转式钻机、冲击式钻机和旋转冲击式钻机均可用于土层锚杆的钻孔。具体选择何种钻机应根据钻孔孔径、孔深、土质及地下水情况而定。

国内目前使用的土层锚杆钻孔机具，一部分是土锚专用钻机，另一部分则是经适当改装的常规地质钻机和工程钻机。专用锚杆钻机可用于各种土层，非专用钻机若不能带套管钻进则只能用于不易塌孔的土层。

钻孔机具选定之后再根据土质条件选择造孔方法。常用的土锚造孔方法有：

螺旋钻孔干作业法：

由钻机的回转机构带动螺旋钻杆，在一定钻压和钻削下，将切削下的松动土体顺螺杆排出孔外。这种造孔方法宜用于地下水位以上的黏土、粉质黏土、砂土等土层。

压水钻进成孔法：

土层锚杆施工多用压水钻进成孔法。其优点是，把钻孔过程中的钻进、出碴、固壁、清孔等工序一次完成，可防止塌孔，不留残土，软、硬土都适用。

应当注意，土层锚杆钻孔要求孔壁平直，不得坍塌松动；不得使用膨润土循环泥浆护壁，以免在孔壁形成泥皮，降低土体对锚固体的摩阻力。

在砂性土地层，孔位处于地下水位以下钻孔时，由于静水压力较大，水及砂会从外套管与预留孔之间的空隙向外涌出，一方面造成继续钻进困难，另一方面水、砂土流失过多会造成地面沉降，从而造成危害。为此必须采取防止涌水涌砂措施。一般采用孔口止水装置，并采用快速钻进，快速接管，入岩后再冲洗。这样既保证成孔质量，又能解决钻进过程中涌水涌砂问题。同样在注浆时，也可采用高压稳压注浆法，用较稳定的高压水泥浆压住流砂和地下水，并在水泥浆中掺外加剂，使之速凝止水。拔外套管到最后二节时，可把压浆设备从高压快速挡改成低压慢速挡，并在浆液中改变外加剂，增大水泥浆稠度，待水泥浆把外套管与预留孔之空隙封死，并使水泥浆呈初凝状态后，再拔出外套管。

(2) 扩孔方法

为了提高锚杆的抗拔能力，往往采用扩孔方法扩大钻孔端头。扩孔有四种方法：机械扩孔、爆炸扩孔、水力扩孔、以及压浆扩孔。目前国内多用爆炸扩孔与压浆扩孔。扩孔锚杆的钻孔直径一般 90～130mm，扩孔段直径一般为钻孔直径的 3～5 倍。扩孔锚杆主要用于松软地层。

3. 锚拉杆的制作

制作锚拉杆需要用切断机、电焊机或对焊机等。插入钻机的拉杆要求顺直，并应除锈。用粗变形钢筋制作锚拉杆时，为了承受荷载需要采用的拉杆是 2 根以上组成的钢筋束时，应将所需长度的拉杆点焊成束，间隔 2～3m 点焊一点。为了使拉杆钢筋能放置在钻孔的中心以便于插入，宜在拉杆下部焊船形支架。间距 1.5～2.0m 一个。同时为了插入钻孔时不至于从孔壁带入大量的土体到孔底，可在拉杆尾端放置圆形锚靴。

在孔口附近的拉杆应事先涂一层防锈漆并用两层沥青玻璃布包扎做好防锈层，使灌浆凝固时砂浆能封住防锈层头部。

当钢筋长度不够时，拉杆焊接可采用对焊，亦可用电焊在工地用帮焊焊接。帮焊焊接可用 T-55 电焊条，帮焊长度按钢筋混凝土工程施工及验收规范中对钢筋焊接技术要求采用。

拉杆也可用钢束和钢绞线构成，锚索是在工地工棚里现场装配。因此首先要决定锚索的总长，并将各钢束切断至该长度。由于锚索通常以涂油脂和包装物保护的形式送到现场，为此钢束切断后应清除有效锚固段的防护层，并用溶剂或蒸汽清除防护油脂。如果锚索是由若干根钢束构成，则必须沿锚索长度使用和安装可靠的间隔块以使各钢束保持平行。间隔块间距 2～4m。这些间隔块必须是坚固耐用的，使用的材料能经受住装卸和安装就位时的强度并能保证对锚索钢材无有害的影响。

锚拉杆加工和安装结束时，必须进行仔细的检验，如核对尺寸，检查中心装置是否恰当，防护装置有否损伤等。组装好的锚索运往工地,在就位前还必须再检查拉杆的完好情况。

插入时要将拉杆有支架的一面向下方。若钻孔时使用套管,则在插入拉杆灌浆后,再将套管拔出。

4. 注浆

锚孔注浆是土层锚杆施工的重要工序之一。注浆的目的是形成锚固段,并防止钢拉杆腐蚀。此外,压力注浆还能改善锚杆周围土体的力学性能,使锚杆具有更大的承载能力。

锚杆注浆用水泥砂浆,宜用强度等级不低于 32.5 的普通硅酸盐水泥,其细骨料、含泥量、有害物质含量等均应符合相应规范的要求。注浆常用水灰比 0.4～0.45 的水泥浆,或灰砂比 1:(1～1.2)、水灰比 0.38～0.45 的水泥砂浆,必要时可加入一定量的外加剂或掺和料,以改善其施工性能,以及与土体的粘结。锚杆注浆用水、水泥及其添加剂应注意氯化物与硫酸盐的含量,以防对钢拉杆的腐蚀。

注浆方法有一次注浆法和两次注浆法两种。

一次注浆法:用泥浆泵通过一根注浆管自孔底起开始注浆,待浆液流出孔口时,将孔口封堵,继续以 0.4～0.6MPa 压力注浆,并稳压数分钟后结束注浆。

两次注浆法:锚孔内同时装入两根注浆管。注浆管可以用 0.75in 镀锌铁管制成。两根注浆管分别用于一次注浆与二次注浆。一次注浆管的管底出口用黑胶布封住,以防沉放时管口进土。开始注浆时管底距孔底 50cm 左右,随一次浆注入,一次注浆管可逐步拔出,待一次浆量注完即予以回收。二次注浆用注浆管,管底出口封堵严密,从管端起向上沿锚固段全长每隔 1～2m 作一段花管,花管孔眼 $\phi6$～$\phi8$,花管段用黑胶布封口。花管段长度及孔眼间距需要专门设计。一次注浆可注水泥浆或水泥砂浆,注浆压力 0.3～0.5MPa。待一次浆初凝后,即可进行二次注浆。二次注浆压力 2MPa 左右,要稳压 2min。二次注浆实为劈裂注浆。二次浆液冲破一次注浆体,沿锚固体与土的界面,向土体挤压劈裂扩散,使锚固体直径加大,径向压力也增大,周围一定范围内土体密度及抗剪强度均有不同程度增加。因此,二次注浆可显著提高土锚的承载能力。

目前国内,已大胆采用高压旋喷技术于锚杆注浆。亦即,对锚固段端部或全段实施高压旋喷,使该段形成锚杆扩大头,从而增加锚固力。使用此种方法必须注意,高压旋喷形成的扩大头体系的水泥土体。水泥土体固结龄期及其强度,因土层的不同差别很大,黏性土中的水泥土体固结龄期长而强度低,需仔细测定。此外还应测定与验算拉杆与水泥土间的粘结力。对于工期要求紧的工程应慎用本法。

此外,国内已引进一种"双层管双栓塞注浆法"用于锚杆两次注浆。这种注浆法是通过采用一种特制的注浆管来进行的。该注浆管由外管与内管两部分组成。外管侧壁每隔一定间距开有若干小孔,开孔处外侧用橡胶圈盖住,小孔是注浆液通往管外的出口,而橡胶圈则起逆止阀的作用。外管外侧与锚孔孔壁之间通过一次注浆,由水泥浆充填封闭密实。内管底端设两个与外管相匹配的栓塞,内管在两栓塞之间设有出浆孔,二次注浆浆液经内管于两栓塞间的出浆孔注入外管,再经外管侧壁小孔注入土体。由于浆液受两栓塞的限制,只能从两栓塞间的外管侧壁小孔流出,因此,使出口浆液保持高压状态。在高压下浆液劈裂外管外侧水泥浆结石体及土体,扩散渗透形成直径较大的扩体。由于内管可带动两栓塞沿外管轴上下活动,因此,依次按一定间隔拔动内管,可依次逐段进行二次高压注浆,而形成一连串大小不等、不规则的扩体。这样可显著提高土层锚杆的承载能力。

5. 张拉锁定

灌浆后的锚杆养护7~8d后，砂浆的强度能够达到70%~80%的最终强度，在承载力确认以后，用液压千斤顶张拉固定。张拉锁定作业在锚固体及台座的混凝土强度达15MPa以上时进行。在正式张拉前，应取设计拉力值的0.1~0.2倍预拉一次，使其各部位接触紧密、杆体完全平直。对永久性锚杆，钢拉杆的张拉控制应力不应超过拉杆材料强度标准值f_{ptk}的0.6倍；对临时性锚杆，不应超过0.65倍。钢拉杆张拉至设计拉力的1.1~1.2倍，并维持10min(在砂土中)、或15min(在黏土中)，然后卸载至锁定荷载予以锁定。

对于作为开挖支护的锚杆，一般施加设计承载力50%~100%的初期拉张力。初期拉张力并非越大越好，因为实际荷载较小时，拉张力作为反向荷重可能过大而对结构物不利。

初期拉张力应该多大取决于所需的有效拉张力和拉张力的可能松弛程度。而拉张力可能松弛的原因来自(1)钢材的松弛；(2)结构物的二次变形(混凝土的蠕变及干缩)；(3)地基的变形。

6. 拉杆的拆除

可拆式锚杆基本上有两种做法：一是采用粗钢筋作为拉杆，在它与锚固体之间设置某种可以脱开的机械装置；二是采用钢索作为拉杆时，用某种手段破坏它与锚固体的连结。

下面介绍实际应用过的几种做法：

(1) 利用螺纹拆除拉杆法

采用全长带有螺纹的预应力钢筋作为拉杆拆除时，先用空心千斤顶卸荷，然后再旋转钢筋，使其撤出。它由三部分组成：

1) 锚固体；

2) 放在套管内的，全长带有螺纹的预应力钢筋(PC钢筋)；

3) 传荷板。

(2) 用高热燃烧剂将拉杆熔化切断法

在锚杆的锚固段与自由段的连结处先设置有高热燃烧剂的容器，通过引燃导线点火，将锚杆在该处熔化切割拔出。也有的采用燃烧剂将拉杆全长去除。

(3) 使夹具滑落拆除锚杆法

采用预应力钢绞线作为拉杆，靠装在前端的夹具。将荷载传给锚固体。设计时，保证在外力A作用下，夹具绝对不会脱落。拆除时，可施加远远大于A的外力B(但此力必须在PC钢胶线极限荷载85%以内)，使夹具脱落，从而拔出拉杆。

(二) 土钉

1. 作业面开挖

土钉墙施工是随着工作面开挖分层施工的，每层开挖的最大高度取决于该土体可以站立而不破坏的能力，在砂性土中每层开挖高度为0.5~2.0m，在黏性土中每层开挖高度可按下式估算：

$$h=\frac{2c}{\gamma \mathrm{tg}(45^{\circ}-\varphi/2)}$$

式中 h——每层开挖深度，m；

c——土的黏聚力(直剪仪快剪)，kPa；

γ——土的重度，kN/m^3；

φ——土的内摩擦角(直剪仪快剪),度。

开挖高度一般与土钉竖向间距相匹配,便于土钉施工。每层开挖的纵向长度,取决于交叉施工期间保持坡面稳定的坡面面积和施工流程的相互衔接,长度一般为10m。使用的开挖施工设备必须能挖出光滑规则的斜坡面,最大限度地减少对支护土层的扰动。松动部分在坡面支护前必须予以清除。对松散的或干燥的无粘性土,尤其是当坡面受到外来振动时,要先行进行灌浆处理,在附近爆破可能产生的影响也必须予以考虑。在用挖土机挖土时,应辅以人工修整。

2．喷射混凝土面层

一般情况下,为了防止土体松弛和崩解,必须尽快做第一层喷射混凝土。根据地层的性质,可以在安设土钉之前做,也可以在放置土钉之后做。对于临时性支护来说,面层可以做一层,厚度50～150mm;而对永久性支护则多用两层或三层,厚度为100～300mm。喷射混凝土最大骨料尺寸不宜大于15mm,通常为10mm。两次喷射作业应留一定的时间间隔,为使施工搭接方便,每层下部300mm暂不喷射,并做45°的斜面形状,为了使土钉同面层能很好地连接成整体,一般在面层与土钉交接中间加一块尺寸为150mm×150mm×10mm或200mm×200mm×12mm的承压板,承压板后一般放置4～8根加强钢筋。在喷射混凝土中,应配置一定数量的钢筋网,钢筋网能对面层起加强作用,并对调整面层应力有着重要的意义。钢筋网间距通常双向均为200～300mm,钢筋直径为ϕ6～ϕ10,在喷射混凝土面层中配置1～2层。有时,用粗钢筋将各土钉相互连接起来,使面层的整体作用得到进一步加强。

3．排降水措施

当地下水位较高时,应采取人工降低地下水措施,一般沿坡顶每隔10m左右设置一个降水井,常采用管井井点降水法,效果比较好。

在降水的同时,也要做好坡顶、坡面和坡底的排水,应提前沿坡顶挖设排水沟并在坡顶一定范围内用混凝土或砂浆护面以排除地表水。坡面排水可在喷射混凝土面层中设置排水管,一般使用300～500mm长的带孔塑料管子,向上倾斜5°～10°,排除面层后的积水。在坡底设置排水沟和积水坑,将排入积水坑的水及时抽走。

4．土钉施工

土钉施工包括定位、成孔、置筋、注浆等工序,一般情况下,可借鉴土层锚杆的施工经验和规范。

(1) 成孔

成孔工艺和方法与土层条件、机具装备及施工单位的手段和经验有关。当前国内大多数采用螺旋钻、洛阳铲等干法成孔设备,也可使用如YTN-87型土锚专用钻机成孔。对边坡加固土钉,由于往往要在脚手架上施工且钻孔长度较短,要求使用重量轻,易操作及搬运的钻机。为满足土钉钻孔的要求,可选用KHYD40KBA型岩石电钻,配置ϕ75的麻花钻杆,每节钻杆长1.5m,钻机整机重量40kg,搬运操作非常方便,钻孔速度0.2～0.5m/min,工效较高,适合于土钉施工。

依据土层锚杆的经验,孔壁“抹光”会降低浆土的粘结作用,当采用回转或冲击回转方法成孔时,建议不要采用膨润土或其他悬浮泥浆做钻进护壁。

在用打入法设置土钉时,不需要进行预先钻孔。在条件适宜时,安装速度是很快的。直接打入土钉的办法对含块石的土是不适宜的,在松散的弱胶结粒状土中应用时要谨慎,以免引起土钉周围土体局部结构破坏而降低土钉与土体间的粘结力。

(2) 置筋

在置筋前,最好采用压缩空气将孔内残留及扰动的废土清除干净。放置的钢筋一般采用Ⅱ级螺纹钢筋,为保证钢筋在孔中的位置,在钢筋上每隔 2～3m 焊置一个定位架。

(3) 注浆

土钉注浆可采用注浆泵或砂浆泵灌注,浆液采用纯水泥浆或水泥砂浆。纯水泥浆可用强度等级为 32.5 的普通硅酸盐水泥,用搅拌装置按水灰比 0.45 左右搅拌,水泥砂浆采用 1:2至 1:3 的配合比用砂浆搅拌机搅拌,再采用注浆泵或灰浆泵进行常压或高压注浆。为保证土钉与周围土体紧密结合,在孔口处设置止浆塞并旋紧,使其与孔壁紧密贴合。在止浆塞上将注浆管插入注浆口,深入至孔底 0.2～0.5m 处,注浆管连接注浆泵,边注浆边向孔口方向拔管,直至注满为止,放松止浆塞,将注浆管与止浆塞拔出,用黏性土或水泥砂浆充填孔口。为防止水泥砂浆或水泥浆在硬化过程中产生干缩裂缝,提高其防腐性能,保证浆体与周围土壁的紧密粘合,可掺入一定量的膨胀剂。具体掺入量由试验确定,以满足补偿收缩为准。为提高水泥砂浆或水泥浆的早期强度,加速硬化,可掺入速凝剂或早强剂。

5. 边坡表面处理

对临时支护的土钉墙工程来说,只要求喷射混凝土同边坡面很好地粘结在一起就行了,而对永久性工程来说,边坡表面还必须考虑美观的要求,有时使用预制的面板或喷涂。

三、锚杆及土钉的监理巡视检查

1. 预控

(1) 锚杆长度设计应符合下列规定:

1) 锚杆自由段长度不宜小于 5m 并应超过潜在滑裂面 1.5m;

2) 土层锚杆锚固段长度不宜小于 4m;

3) 锚杆杆体下料长度应为锚杆自由段、锚固段及外露长度之和,外露长度须满足台座、腰梁尺寸及张拉作业要求。

(2) 监理人员须对锚杆布置进行控制,应符合以下规定:

1) 锚杆上下排垂直间距不宜小于 2.0m,水平间距不宜小于 1.5m;

2) 锚杆锚固体上覆土层厚度不宜小于 4.0m;

3) 锚杆倾角宜为 15°～25°,且不应大于 45°。

(3) 施工前,监理人员要认真检查原材料型号、品种、规格及锚杆各部件的质量,并检查原材料的主要技术性能是否符合设计要求。

(4) 工程锚杆施工前,监理人员宜要求施工方取两根锚杆进行钻孔、注浆、张拉与锁定的试验性作业,考核施工工艺和施工设备的适应性。

(5) 土钉支护施工前监理人员必须了解工程的质量要求以及施工中的测试监控内容与要求,如基坑支护尺寸的允许误差,支护坡顶的允许最大变形,对邻近建筑物、管线、道路等环境安全影响的允许程度。

(6) 土钉支护施工前监理、施工、测量、设计单位有关人员共同到场确定基坑开挖线、轴线定位点、水准基点、变形观测点等,并在设置后要求施工单位负责加以妥善保护。

(7) 监督施工单位土钉支护的施工机具和施工工艺,要按下列要求选用:

1) 成孔机具的选择和工艺要适应现场土质特点和环境条件,保证进钻和抽出过程中不引起塌孔，一般可选用冲击钻机、螺旋钻机、回转钻机、洛阳铲等，在易塌孔的土体中钻孔时应采用套管成孔或挤压成孔；

2）注浆泵的规格、压力和输浆量满足施工要求；

3）混凝土喷射机的输送距离满足施工要求，供水设施能保证喷头处有足够的水量和水压（不小于0.2MPa）；

4）空压机应满足喷射机工作风压和风量要求，一般可选用风量 $9m^3/min$ 以上、压力大于0.5MPa的空压机。

2．过程质量

（1）锚杆施工过程质量

1）施工放所用的钻孔机具必须满足土层锚杆钻孔的要求。坚硬粘性土和不易塌孔的土层宜选用地质钻机、螺旋钻机或土锚专用钻机；饱和粘性土与易塌孔的土层宜选用带护壁套管的土锚专用钻机。

2)在进行二次高压注浆形成的连续球体形锚杆的钻孔施工时，监理员还应注意把握下列规定，要求施工人员遵照执行：

（A）钻孔采用套管护壁，一次将钻孔钻至设计长度。

（B）钻孔完成后，应立即拔出钻杆，放入预应力筋，再拔出套管。

3）进行扩大头型锚杆钻孔施工时，监理员还应注意下列要求：

（A）端部扩大头可采用机械或爆破扩孔法，爆破扩孔装药量应根据土层情况，通过试验确定。

（B）安装锚杆前应测定扩大头的尺寸。

4）施工方采用Ⅱ、Ⅲ级钢筋作锚杆杆体时，对于杆体的组装，监理员应按以下规定要求施工人员执行，监理员可进行抽检：

（A）组装前钢筋应平直、除油和除锈。

（B）沿杆体轴线方向每隔1.0～2.0m应设置一个对中支架，排气管应与锚杆杆体绑扎牢固。

（C）杆体自由段应用塑料布或塑料管包裹，与锚固体联接处用铅丝绑牢。

5）当施工方采用钢铰线或高强钢丝作锚杆杆体时，对于杆体的组装，监理员应按以下规定要求施工人员，监理员可进行抽检：

（A）钢铰线或高强钢丝应除油污、除锈，严格按尺寸下料，每股长度误差不大于50mm。

（B）钢铰线或高强钢丝应按一定规律平直排列，沿杆体轴线方向每隔1.0～1.5m设置一个隔离架，杆体的保护层不应小于2.0cm，预应力筋（包括排气管）应捆扎牢固，捆扎材料不宜用镀锌材料。

（C）杆体自由段应用塑料管包，与锚固段相交处的塑料管管口应密封并有铅丝绑紧。

6）采用二次高压注浆形成的连续球体形锚杆杆体的组装，监理员应按下列规定要求施工人员，监理员可进行抽检：

（A）编排钢铰线或高强钢丝时，应同时安放注浆套管和止浆密封装置。

（B）止浆密封装置应设置在自由段与锚固段的分界处，并具有良好的密封性能。

（C）宜用密封袋作止浆密封装置，密封袋两端应牢固绑扎在锚杆杆体上。被密封袋包裹的注浆套管上至少应留有一个进浆阀。

7) 安放锚杆杆体时监理员应按下列规定要求施工人员，监理员可抽检：

(A) 杆体放入钻孔之前，应检查杆体的质量，确保杆体组装满足设计要求。

(B) 安放杆体时，应防止杆体扭压、弯曲，注浆管宜随锚杆一同放入钻孔，注浆管头部距孔底宜为50～100mm，杆体放入角度应与钻孔角度保持一致。

8) 锚杆注浆时，监理员应按下列规定要求施工人员，并可随机检查：

(A) 注浆浆液应搅拌均匀，随搅随用，浆液应在初凝前用完，并严防石块、杂物混入浆液。

(B) 注浆作业开始和中途停止较长时间，再作业时用水或稀水泥浆润滑注浆泵及注浆管路。

9) 二次高压注浆形成的连续球体形锚杆的注浆时监理员还应按下列规定要求施工人员：

(A) 注浆材料宜选用水灰比0.45～0.50的纯水泥浆。

(B) 一次常压注浆结束后，应将注浆管、注浆枪和注浆套管清洗干净。

10) 锚杆张拉施工时，监理员应按下列规定要求施工人员，监理员要严格检查：

(A) 锚杆张拉前，应检查台座的承压面是否平整，是否与锚杆的轴线方向垂直。对张拉设备进行标定。

(B) 锚固体与台座混凝土强度均大于15.0MPa时，方可进行张拉。

(C) 锚杆张拉应按一定程序进行，锚杆张拉顺序，应考虑邻近锚杆的相互影响。

(D) 锚杆正式张拉之前，应取0.1～0.2设计轴向拉力值 N_t，对锚杆预张拉1～2次，使其各部位的接触紧密，杆体完全平直。

11) 锚杆锁定施工时，监理员应按下列规定要求施工人员：

(A) 应采用符合技术要求的锚具。

(B) 锚杆锁定后，若发现有明显预应力损失时，应进行补偿张拉。

12) 喷射混凝土作业时，监理员到场旁站监督施工人员遵守下列规定：

(A) 喷射作业应分段进行，同一分段内喷射顺序应自下而上，一次喷射厚度不宜小于40mm；

(B) 喷射混凝土时，喷头与受喷面应保持垂直，距离宜为0.6～1.0m；

(C) 喷射混凝土终凝2h后，应喷水养护，养护时间根据气温确定，宜为3～7d。

以上各点中，监理员重点控制2)、3)、7)、8)、10)、11)。

(2) 土钉施工过程质量

1) 要求施工单位根据设计规定的分层开挖深度按作业顺序施工，在完成上层作业面的土钉与喷混凝土以前，不得进行下一层深度的开挖。当基坑面积较大时，允许在距离四周边坡8～10m的基坑中部自由开挖，但应注意与分层作业区的开挖相协调。

2) 当用机械进行土方作业时，严禁施工人员在边壁出现超挖或造成边壁土体松动。基坑的边壁应要求施工方采用小型机具或铲锹进行切削清坡，以保证边坡平整并符合设计规定的坡度。

3) 支护分层开挖深度和施工的作业顺序应保证修整后的裸露边坡能在规定的时间内保持自立并在限定的时间内完成支护，即及时设置土钉或喷射混凝土。基坑在水平方向的开挖也应分段进行，一般可取10～20m。同时要求施工方应尽量缩短边壁土体的裸露时间。

对于自稳能力差的土体,如高含水量的黏性土和无天然粘结力的砂土,施工方必须立即进行支护。

4) 对于易塌的土体,监理员应要求施工单位采用以下措施中的一种或几种,防止基坑边坡的裸露土体发生塌陷:

(*A*) 对修整后的边壁立即喷上一层薄的砂浆或混凝土,待凝结后再进行钻孔;

(*B*) 在作业面上先构筑钢筋网喷混凝土面层,而后进行钻孔并设置土钉;

(*C*) 在水平方向上分小段间隔开挖;

(*D*) 先将作业深度上的边壁做成斜坡,待钻孔并设置土钉后再清坡;

(*E*) 在开挖前,沿开挖面垂直击入钢筋或钢管,或注浆加固土体。

5) 土钉支护宜在排除地下水的条件下进行施工,应要求施工单位采取恰当的排水措施包括地表排水,支护内部排水,以及基坑排水,以避免土体处于饱和状态并减轻作用于面层上的静水压力。

6) 要求施工单位对基坑四周支护范围内的地表加以修整,构筑排水沟和水泥砂浆或混凝土地面,防止地表降水向地下渗透。靠近基坑坡顶处宽 2～4m 的地面应适当垫高,并且里高外低,便于迳流远离边坡,监理员要注意检查。

7) 要求施工单位在支护面层背部插入长度为 400～600mm、直径不小于 40mm 的水平排水管,其外端伸出支护面层,间距可为 1.5～2m,以便将喷混凝土面层后的积水排出。

8) 为了排除积聚在基坑内的渗水和雨水,应要求施工单位在坑底设置排水沟及集水坑。排水沟应离开边壁 0.5～1m,排水沟及集水坑宜用砖砌并用砂浆抹面以防止渗漏,坑中积水应及时抽出。

9) 在土钉钢筋置入孔中前,应先设置定位支架,保证钢筋处于钻孔的中心部位,支架沿钉长的间距约为 2～3m 左右,支架的构造应不妨碍注浆时的浆液自由流动。支架可为金属或塑料件。监理员在土钉施工过程中需随机抽检。

10) 土钉钢筋置入孔中后,要求施工方采用重力、低压(0.4～0.6MPa)或高压(1～2MPa)方法注浆填孔。水平孔必须采用低压或高压方法注浆。压力注浆时应在钻孔口部设置止浆塞(如为分段注浆,止浆塞置于钻孔内规定的中间位置),注满后保持压力 3～5min。重力注浆以满孔为止,但在初凝前需补浆 1～2 次。

11) 对于下倾的斜孔采用重力或低压注浆时施工人员应采用底部注浆方式,注浆导管底端应先插入孔底,在注浆同时将导管以匀速缓慢撤出,导管的出浆口应始终处在孔中浆体的表面以下,保证孔中气体能全部逸出。

12) 对于水平钻孔,施工方必须用口部压力注浆或分段压力注浆的方法,此时需配排气管并与土钉钢筋绑牢,在注浆前与土钉钢筋同时送入孔中。

13) 为提高土钉抗拔能力可建议施工方采用二次挤裂注浆方法,即在首次注浆(砂浆)终凝后 2～4h 内,用高压(2～3MPa)向钻孔中的二次注浆管注入水泥净浆,注满后保持压力 5～8min。二次注浆管的边壁带孔且与钻孔等长,在首次注浆前与土钉钢筋同时送入孔中。

14) 注浆用水泥砂浆的水灰比不宜超过 0.45～0.50,当用水泥净浆时水灰比不宜超过 0.45～0.50,允许施工人员加入适量的速凝剂等外加剂用以促进早凝和控制泌水。施工时当浆体塌浇度不能满足要求时可外加高效减水剂,但严禁施工人员任意加大用水量。浆体应搅拌均匀并立即使用，开始注浆前、中途停顿或作业完毕后均须要求施工人员用水冲洗管路。

15）当土钉钢筋端部通过锁定筋与面层内的加强筋及钢筋网连接时，其相互之间应可靠焊牢，监理可随机抽检。当土钉端部通过其他形式的焊接件与面层相连时，应事先在监理员的监督下，施工人员将焊件取样送检测单位，检验焊接强度。当土钉端部通过螺纹、螺母、垫板与面层连接时，应要求施工人员在土钉端部约600～800mm的长度段内，用塑料包裹土钉钢筋表面使之形成自由段，以便于喷射混凝土凝固后拧紧螺母；垫钣与喷混凝土面层之间的空隙用高强水泥砂浆填平。

16）在喷射混凝土前，面层内的钢筋片应已牢固固定在边壁上并符合规定的保护层厚度要求监理员可根据支护面积随机取点检查。施工单位可采用将钢筋插入土中的办法固定钢筋网，在混凝土喷射下不应出现振动。钢筋网片可采用焊接或绑扎，应满足网格允许误差±10mm，钢筋网铺设时每边的搭接长度应不小于一个网格边长或200mm，如为搭焊则焊长要求不小于网筋直径的10倍。

17）施工人员进行混凝土喷射时应符合下列要求：喷射混凝土的喷射顺序应自下而上，喷头与受喷面距离宜控制在0.8～1.5m范围内，射流方向垂直指向喷射面，但在钢筋部位，应先喷填钢筋后方，然后再喷填钢筋前方，防止在钢筋背面出现空隙。如有不符，监理员应要求其纠正。

18）要求施工人员在边壁面上垂直打入短的钢筋段作为标志，以保证施工时的喷射混凝土厚度达到规定值。当面层厚度超过100mm时，应分二次喷射，每次喷射厚度为50～70mm。在继续进行下步喷射混凝土作业时，监理员要仔细检查预留施工缝接合面上的浮浆层和松散碎屑是否清除，如已清除，喷水使之潮湿。

19）监理员应根据当地条件，要求施工方在喷射混凝土终凝2h后，采取连续喷水养护5～7d，或喷涂养护剂。

以上各点中，监理员重点控制1)、3)、4)、10)、11)、12)。

3．锚杆及土钉施工质量控制的关键点

（1）锚杆施工旁站监督

1）锚杆放置完毕后，监理到场检查锚杆是否到位，要求锚杆杆体插入孔内深度不应小于锚杆长度的95%。禁止在杆体安放后随意敲击和悬挂重物。

2）锚杆注浆施工时，监理员旁站监督施工人员遵守下列规定：

（*A*）孔口溢出浆液或排气管停止排气时，可停止注浆。

（*B*）浆体硬化后不能充满锚固体时，应要求施工单位进行补浆，直到充满锚固体为止。

3）二次高压注浆形成的连续球体型锚杆在注浆施工时，监理员还应旁站监督施工人员遵守下列规定：

（*A*）一次常压注浆作业应从孔底开始，直至孔口溢出浆液。

（*B*）止浆密封装置的注浆应待孔口溢出浆液后进行，注浆压力不低于2.5MPa。

（*C*）在一次注浆形成的水泥结石体强度达到5.0MPa后，监理员才能允许施工人员对锚固体进行二次高压注浆，注浆压力和注浆时间需根据锚固体的体积确定，并分段依次由下至上进行。

4）锚杆的张拉时，监理员记录下锚杆张拉控制应力，其中永久锚杆张拉控制应力 σ_{con}

不应超过 $0.60f_{ptk}$，临时锚杆张拉控制应力 σ_{con}不应超过 $0.65f_{ptk}$。

5) 锚杆张拉至 $1.1\sim1.2N_t$，监理员注意计时，土质为砂质土时保持 10min，为黏性土时保持 15min 后，然后允许施工人员卸荷至锁定荷载进行锁定作业。锚杆张拉荷载分级及观测时间应遵守表 6-16 的规定。

锚杆张拉荷载分级及观测时间 **表 6-16**

张拉荷载分级	观测时间 (min)		张拉荷载分级	观测时间 (min)	
	砂质土	黏性土		砂质土	黏性土
$0.10N_t$	5	5	$1.00N_t$	5	10
$0.25N_t$	5	5	$1.10\sim1.20N_t$	10	10
$0.50N_t$	5	5	锁定荷载	10	10
$0.75N_t$	5	5			

(2) 土钉施工旁站监督

1) 再进行喷射混凝土施工之前，监理员到场检查喷射混凝土面层中的钢筋网铺设情况，要求符合下列规定：

(A) 钢筋网应在喷射一层混凝土后铺设，钢筋保护层厚度不宜小于 20mm；

(B) 采用双层钢筋网时，第二层钢筋网应在第一层钢筋网被混凝土覆盖后铺设；

(C) 钢筋网与土钉应连接牢固，监理员随机抽查。

2) 注浆作业时，监理员旁站检查应对照以下规定执行：

(A) 注浆前施工人员已将孔内残留或松动的杂土清除干净，对于孔中出现的局部渗水塌孔或掉落松土应要求施工人员立即处理；注浆中途停止超过 30 分钟时，应用水或稀水泥浆润滑注浆泵及其管路；

(B) 注浆时，注浆管应插至距孔底 250～500mm 处，孔口部位设置了止浆塞及排气管；

(C) 土钉钢筋设好定位支架；

(D) 孔内注入浆体的充盈系数必须大于 1。每次向孔内注浆时，监理员应明确计算所需的浆体体积并根据注浆泵的冲程数求出实际向孔内注入的浆体体积，以确认实际注浆量超过孔的体积，如实际注浆量小于计算所需的浆体体积，应要求施工方继续注浆作业，直到满足充盈系数大于 1 为止。

四、锚杆及土钉的见证试验

(一) 锚杆试验

建立在破碎风化的软岩、粗粒土以及黏土中的锚杆，由于介质条件变化，常会出现各种复杂的问题。而且在地基中钻锚杆孔时，会引起土的应力释放及机械的扰动；向锚杆孔灌浆，用增压装置、扩孔等都会出现不同的应力变化。这些复杂的影响因素都需结合具体的工程进行研究，而远非用标准的设计可解决。因此，各项锚杆工程(尤其是土锚)在施工前必须进行现场拉拔试验，目的是为了判明施工的锚杆能否满足设计的要求性能，若不能满足时，应及时修改设计或采取补救措施，以保证锚杆工程的安全。

1. 基本试验

任何一种新型锚杆或已有锚杆用于未曾应用过的土层时，必须进行基本试验。进行基本试验的锚杆不应少于 3 根，用作基本试验的锚杆参数，材料及施工工艺必须和工程锚杆相同。最大试验荷载(Q_{max})不应超过钢丝、钢铰线、钢筋的标准强度的0.8倍。

砂质土、硬黏土中锚杆基本试验加荷等级与测读锚头位移应遵守下列规定：

(1) 采用循环加荷，初始荷载宜取 $A\cdot f_{ptk}$的0.1倍，每级加荷增量宜取 $A\cdot f_{ptk}$的1/15～1/10。

(2) 砂质土、硬黏土中锚杆加荷等级与观测时间见表6-17。

砂质土、硬黏土中锚杆基本试验加荷等级与观测时间　　表 6-17

加荷增量 ($A\cdot f_{ptk}$%)	初始荷载				10			
	第一循环	10			30			10
	第二循环	10	20	30	40	30	20	10
	第三循环	10	30	40	50	40	30	10
	第四循环	10	30	50	60	50	30	10
	第五循环	10	30	50	70	50	30	10
	第六循环	10	30	60	80	60	30	10
观测时间	(min)	5	5	5	10	5	5	5

(3) 在每级加荷等级观测时间内，测读锚头位移不应少于3次。

(4) 在每级加荷等级观测时间内，锚头位移量不大于0.1mm时，可施加下一级荷载，否则要延长观测时间2.0h，直至锚头位移增量小于2.0mm时，再施加下一级荷载。

淤泥及淤泥质土中锚杆基本试验加荷等级与测定锚头位移应遵守下列规定：

(1) 初始荷载宜取 $A\cdot f_{ptk}$的0.1倍，每级加荷增量宜取 $A\cdot f_{ptk}$的1/15～1/10，加荷等级为 $A\cdot f_{ptk}$的0.5倍和0.7倍时，采用循环加荷。循环加荷分级与观测时间同表6-17。

(2) 锚杆各加荷等级的观测时间见表6-18。

淤泥及淤泥质土中锚杆基本试验各加荷等级的观测时间表　　表 6-18

加荷等级 ($A\cdot f_{ptk}$%)	初始荷载	第一级	第二级	第三级	第四级	第五级	第六级
	10	30	40	50	60	70	80
观测时间(min)	15	15	15	30	120	30	120

(3) 在每级加荷等级观测时间内，测读锚头位移不少于3次。

(4) 荷载等级小于 $A\cdot f_{ptk}$的50%时，每分钟加荷不宜大于20kN；荷载等级大于 $A\cdot f_{ptk}$的50%时，每分钟加荷不宜大于10kN。

(5) 当加荷等级为 f_{ptk}的0.6和0.8时，锚头位移增量在观测时间内2.0h小于2.0mm，才可施加下一级荷载。

锚杆破坏标准为：

(1) 后一级荷载产生的锚头位移增量达到或超过前一级荷载产生的位移增量的2倍。

(2) 锚头位移不收敛。

(3) 锚头总位移超过设计允许位移值。

基本试验所得的总弹性位移应超过自由段长度理论弹性伸长的80%，且小于自由段长度与1/2锚固段长度之和的理论弹性伸长。

试验得出的锚杆安全系数 K_0 由下式确定：

$$K_0=\frac{R_u}{N_t}$$

式中 R_u——锚杆极限承载力，取破坏荷载的95%。

2．极限抗拔力试验(又称拉拔试验)

为了验证设计所估算的锚固长度是否足够安全，得出引起锚杆周围地基破坏、周边土层抗摩擦力消失或使土锚拉出所需施加的荷载，则需测定锚体与地基之间的极限抗拔力，用以检验所采用的土质参数是否合理。

极限抗拔力试验应于施工前在工地(与施工地段相同的地质条件)进行，一般做2～3根。如果施工地段很长，而且地层变化很大的地区还应根据具体情况增加试验的数量。如在临近已有类似条件的试验资料可利用，亦可省略不做，而参考使用 τ 值。

(1) 试验设备

试验设备主要有加载装置、量测装置及反力装置三部分。

加载装置一般采用穿心式液压千斤顶，如粗钢筋用YC-60张拉千斤顶，单根钢绞线和 $7\phi5$ 钢丝束张拉用YC20D千斤顶、以及YCD120，YCQ100型千斤顶等。根据我国拉伸机油泵的生产情况，可采用A6-400型高压油泵以及与YCQ配套用的双油路2B4/500型电动超高压油泵等。千斤顶与高压油泵在锚杆外端施加拉力。锚杆被拉时可能产生相当大的变形，因此采用千斤顶或油泵的容量应为计划最大设计荷载的120%以上，并以能确保足够的行程者为佳。千斤顶的反力设置在横梁上，钢梁支点设在山坡面上或为拉拔试验专用的挡墙上。拉力量测一般可用连接于油泵的压力表或用荷载盒(自动控制油压的装置)量测；变位量测可用电测位移计、百分表、挠度计等。由于土锚的变位量测有时会相当大，用百分表需多次替换，故应选择使用行程较大者。试验时必须确认装置量测挠度计(百分表等)的支架设置在不受拉力影响范围的不动点上。

试验时由于要做到极限破坏，因此要考虑施加于拉杆的最大应力应控制在钢材屈服强度的90%以下。由于试验时所加的拉力很大，要考虑万一由于材料不均质或压力计误差等不确定因素而造成拉杆断裂，为此要预先做好防备或安全的措施。

(2)试验方法与步骤

在现场钻孔、灌浆后的锚杆，待砂浆达到70%以上的强度后才能进行拉拔试验。一般情况下对普通水泥必须养护8d左右，早强水泥4d左右。进行拉拔试验前应平整山坡，做好支座及千斤顶等的安装工作，试验开始时，每级荷载按事先预计极限荷载的1/10施加，最终按预计极限荷载的1/15施加直至破坏为止。

加载后每隔5～10min测读一次变位数值，每级加载阶段内记录数值不少于3次，每级荷载的稳定标准为连续3次百分表读数的累计变位量不超过0.1mm。稳定后即可加一级荷载。若变位量不断有所增加直至2h后仍不能达到稳定者即认为该锚杆已达极限破坏。卸荷分级约为加荷的2～4倍，每级卸荷后隔10～30min记录一次变位量，荷载全部卸除。

现场试验因要做到极限状态，张拉材料、加载装置或反力装置的能力必须有足够富余量，为防止试验时拉杆突然飞出，需采取安全措施，试验时在拉拔反力装置处禁止有人。

3．特殊试验

(1) 锚杆群的拉张试验；由于情况不得已，锚杆间距必须很密(小于 $10D$ 或1m，D 为钻孔直径)时才需做此试验,以判明锚杆群的效果。

(2) 多循环的张拉试验;承受风力、波浪或反复式等其他振动力的锚杆,需判断由于地基在重复荷载作用下的性状变化所引起的效果。

(3)蠕变试验;为了判明永久性锚杆拉紧力的下降,蠕变可能来自锚固体与地基之间的蠕变特性,也可能来自锚杆区间的压密收缩,应在设计荷载下长期量测张拉力与变位量,以便于决定什么时候需要做再拉紧。

对于设置在岩层和粗粒土里的锚杆,没有蠕变问题。但对于设置在软土里的锚杆,必须做蠕变试验,判定可能发生的蠕变变形是否在容许范围内。

蠕变试验需用能自动调整压力的油泵系统,使用于锚杆上的荷载保持恒量,不因变形而降低,然后按一定时间间隔(1、2、3、4、5、10、15,20、25、30、45、60min)精确测读 1h 变形值,在半对数坐标纸上绘制蠕变时间关系如图 6-4 所示。曲线(近似为直线)的斜率即锚杆的蠕变系数 K_s 为:

$$K_s = \frac{\Delta s}{\lg \frac{t_2}{t_1}}$$

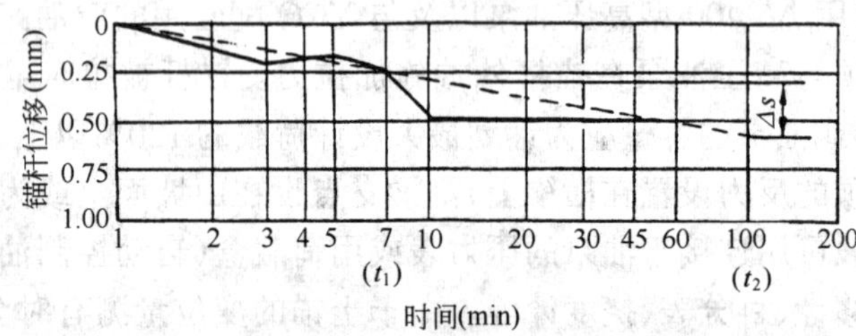

图 6-4　蠕变试验(时间与变位关系曲线)

Δs 及 t_1、t_2 如上图所示。

一般认为,K_s<0.4mm,锚杆是安全的;K_s>0.4mm 时,锚固体与土之间可能发生滑动,使锚杆丧失承载力。

4. 施工现场的监测试验

(1) 张拉试验

根据极限抗拔力试验确定的土层锚杆,当后来在施工工作面上作业后,仍需进一步核定该批施工锚杆是否已达到设计预定的承载能力,因此要在施工锚杆的工作面上做张拉试验。试验方法与拉拔试验相同,但张拉试验只做到 $1.0 \sim 1.2T_0$ 为止(T_0为设计荷载)。张拉试验的锚杆数量应做施工锚杆的 3~5%根,但不少于 3 根。这样做的目的是为了取得锚杆变位性状的数据,并可与极限抗拔力试验的成果对照核实。

(2) 确认试验

以张拉试验所获得的变位性状为依据,用简单的方法对未做张拉试验的锚杆进行试验,并与张拉试验资料相比较,确认设计荷载的安全性。确认试验以 $0.8 \sim 1.0T_0$ 为张拉力,一次加荷,在所定的荷载时间内变位不见增加,如砂土 5min、黏性土 10min。以塑性变位量与张拉试验时大体相同或更小即认为合格。

确认试验中合格与否的判别方法,可以下列计算 $P—\delta$ 关系作为参考:

$$\delta = \Delta l_0 = \frac{P - P_0}{AE} l_0$$

$$\delta_{\min} = \Delta l_{0\min} = \Delta l_0 \times 0.8$$

（考虑 0.2 的自由长度因施工漏浆而减少）

$$\delta_{\max} = \Delta l_{0\max} = \frac{P - P_0}{AE}\left(l_0 + \frac{1}{2} l_e\right)$$

式中 l_0——拉杆的自由长度(m)；

l_e——锚固体长度(m)；

E——拉杆材料的弹性模量(kN/m^2)；

A——拉杆的断面面积(m^2)；

P_0——设计荷载(kN)；

P——施加的荷载(kN)。

只要实测的 δ 值落在 $\delta_{\min}$ 与 $\delta_{\max}$ 范围内即认为合格，见图 6-5。

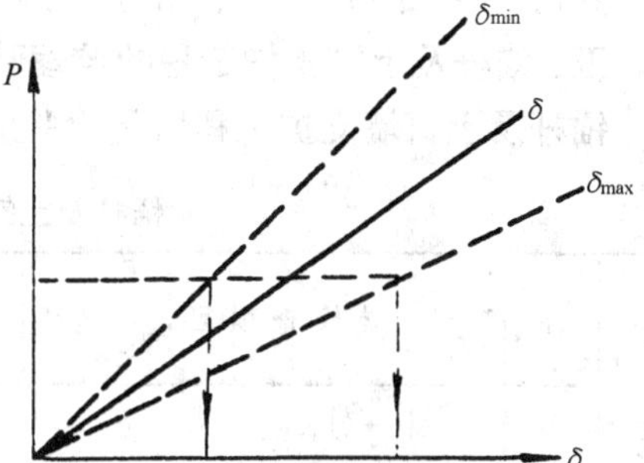

图 6-5 锚杆确认试验(试验荷载的变位量关系)

（二）土钉试验

1. 土钉墙应按下列规定进行质量检测：

(1) 土钉采用抗拉试验检测承载力，同一条件下，试验数量不宜少于土钉总数的 1%，且不应少于 3 根；

(2) 面喷射混凝土厚度应采用钻孔检测，钻孔数宜每 $100m^2$ 面积一组，每组不应少于 3 点。

2. 支护施工必须进行土钉的现场抗拔试验，一般应在专门设置的非工作钉上进行抗拔试验直至破坏，用来确定极限荷载，并据此估计土钉的界面极限粘结强度。

3. 每一典型土层中至少应有 3 个专门用于测试的非工作钉。测试钉除其总长度和粘结长度可与工作钉有区别外，应与工作钉采用相同的施工工艺同时制作，其孔径、注浆材料等参数以及施工方法等应与工作钉完全相同。测试钉的注浆粘结长度一般不小于工作钉的二分之一且不短于 5m，在满足钢筋不发生屈服并最终发生拔出破坏的前提下宜取较长的粘结段，必要时适当加大土钉钢筋直径。为消除加载试验时支护面层变形对粘结界面强度的影响，测试钉在距孔口处应保留不小于 1m 长的非粘结段。在试验结束后，非粘结段再用浆体回填。

4. 土钉的现场抗拔试验宜用穿孔液压千斤顶加载，土钉、千斤顶、测力杆三者应在同一轴线上，千斤顶的反力支架可置于喷射混凝土面层上，加载时用油压表大体控制加载值并由测力杆予以计量。土钉的(拔出)位移量用百分表(精度不小于 0.02mm，量程不小于 50mm)测量，百分表的支架应远离混凝土面层着力点。

5. 测试钉进行抗拔试验时的注浆体抗压强度一般不应低于 6MPa。试验采用分级连续加载，首先施加少量初始荷载(不大于土钉设计荷载的 1/10)使加载装置保持稳定，以后的每级荷载增量不超过荷载的 20%。在每级荷载施加完毕后记下位移读数并保持荷载稳定不变，继续记录以后 1min、6min、10min 的位移读数。若同级荷载下 10min 与 1min 的位移增量小于 1mm，即可立即施加下级荷载，否则应保持荷载不变继续测读 15、30、60min 时的位移。此时若 60min 与 6min 的位移增量小于 2mm，可立即进行下级加载，否则即认为达到极限荷载。

根据试验得出的极限荷载,可算出界面粘结强度的实测值。这一试验平均值应大于设计计算所用标准值的1.25倍,否则应进行反馈修改设计。

6.极限荷载下的总位移必须大于测试钉非粘结长度段土钉弹性伸长理论计算值的80%,否则这一测试数据无效。

7.上述试验也可不进行到破坏,但此时所加的最大试验荷载值应使土钉界面粘结应力的计算值(按粘结应力沿粘结长度均匀分布算出)超出设计计算所用标准值的1.25倍。

五、锚杆及土钉支护工程的监理验收

锚杆及土钉墙支护工程质量检验应符合表6-19的规定。

锚杆及土钉墙支护工程质量检验标准 **表6-19**

项	序	检查项目	允许偏差或允许值		检查方法
			单位	数值	
主控项目	1	锚杆土钉长度	mm	±30	用钢尺量
	2	锚杆锁定力	设计要求		现场实测
一般项目	1	锚杆或土钉位置	mm	±100	用钢尺量
	2	钻孔倾斜度	°	±1	测钻机倾角
	3	浆体强度	设计要求		试样送检
	4	注浆量	大于理论计算浆量		检查计量数据
	5	土钉墙面厚度	mm	±10	用钢尺量
	6	墙体强度	设计要求		试样送检

锚杆锁定力验收应通过现场实测试验进行操作,具体操作事项如下:

1.验收试验锚杆的数量应取锚杆总数的5%,且不得少于最初施作的3根。

2.最大试验荷载不应超过预应力筋$A \cdot f_{ptk}$值的0.8倍,并应满足以下规定:

(1)永久性锚杆的最大试验荷载为锚杆轴向拉力值的1.5倍。

(2)临时性锚杆的最大试验荷载为锚杆设计轴向拉力值的1.2倍。

3.验收试验对锚杆施加荷载与测读锚头位移应遵守以下规定:

(1)初始荷载宜取锚杆轴向拉力值的0.1倍。

(2)加荷等级与各等级荷载观测时间应满足表6-20的规定。

验收试验锚杆的加荷等级与观测时间表 **表6-20**

加荷等级	测定时间(min)		加荷等级	测定时间(min)	
	临时锚杆	永久锚杆		临时锚杆	永久锚杆
$Q_1=0.01N_t$	5	5	$Q_5=1.00N_t$	10	15
$Q_2=0.25N_t$	5	5	$Q_6=1.20N_t$	15	15
$Q_3=0.50N_t$	5	10	$Q_7=1.50N_t$	—	15
$Q_4=0.75N_t$	10	10			

(3)在每级加荷等级观测时间内,测读锚头位移不少于3次。

4. 最大试验荷载观测 15min 后,卸荷至 $0.1N_t$ 量测位移,然后加荷至锁定荷载锁定。

锚杆验收标准:

(1) 基本试验所得的总弹性位移应超过自由段长度理论弹性伸长的 80%,且小于自由段长度与 1/2 锚固段长度之和的理论弹性伸长。

(2) 在最大试验荷载作用下,锚头位移趋于稳定。

第五节　钢或混凝土支撑系统

一、钢或混凝土支撑系统的监理巡视检查

1. 预控

(1) 内支撑体系的选型和布置应根据下列因素综合考虑确定:

1) 基坑平面的形状、尺寸和开挖深度;

2) 基坑周围的环境保护要求和邻近地下工程的施工情况;

3) 场地的工程地质和水文地质条件;

4) 主体工程地下结构的布置,土方工程和地下结构工程的施工顺序和施工方法;

5) 地区工程经验和材料供应情况。

(2) 一般情况下应优先采用平面支撑体系,对于符合下列条件的基坑也可以采用竖向斜撑体系。

1) 基坑开挖深度,一般不大于 8m,在地下水位较高的软土地区不大于 7m。

2) 场地的工程地质条件能满足基坑内预留土堤的斜撑安装和受力前的边坡稳定。

3) 斜撑基础具有足够的水平方向和垂直方向的承载能力。

4) 基坑平面尺度较大,形状比较复杂。

(3) 通常应优先采用钢结构支撑。对于形状比较复杂或环境保护要求较高的基坑,宜采用现浇混凝土结构支撑。

(4) 平面支撑体系的布置应符合下列规定:

1) 一般情况下,平面支撑体系应由腰梁、水平支撑和立柱三部分构件组成;

2) 根据工程具体情况,水平支撑可以用对撑、对撑桁架、斜角撑、斜撑桁架以及边桁架和八字撑等形式组成的平面结构体系;

3) 支撑轴线的平面位置应避开主体工程地下结构的柱网轴线;

4) 相邻支撑之间的水平距离不宜小于 4m,当采用机械挖土时,不宜小于 8m;

5) 沿腰梁长度方向水平支撑点的间距:对于钢腰梁不宜大于 4m,对于混凝土腰梁不宜大于 9m;

6) 对于地下连续墙,如在每幅槽段的墙体上设有 2 个以上的对称支撑点时.可用设置在墙体内的暗梁代替腰梁;

7) 基坑平面形状有向内凸出的阳角时,应在阳角的两个方向上设置支撑点,在地下水位较高的软土地区,尚宜对阳角处的坑外地基进行处理。

(5) 平面支撑体系的竖向布置应符合下列规定:

1) 在竖向平面内,水平支撑的层数应根据基坑开挖深度、工程地质条件、支护结构类型及工程经验,由围护结构的计算确定;

2）上、下层水平支撑轴线应布置在同一竖向平面内，竖向相邻水平支撑的净距不宜小于3m，当采用机械下坑开挖及运输时，不宜小于4m；

3）设定的各层水平支撑标高，不得妨碍主体工程地下结构底板和楼板构件的施工；

4）一般情况下应利用围护墙顶的水平圈梁兼作第一道水平支撑的腰梁。当第一道水平支撑标高低于墙顶圈梁时，可另设腰梁，但不宜低于自然地面以下3m；

5）当为多层支撑时，最下一层支撑的标高在不影响主体结构底板施工的条件下，应尽可能降低；

6）立柱应布置在纵横向支撑的交点处或桁架式支撑的节点位置上，并应避开主体工程梁、柱及承重墙的位置。立柱的间距一般不宜超过15m；

7）立柱下端应支承在较好的土层上，开挖面以下的埋入长度应满足支撑结构对立柱承载力和变形的要求。

(6) 竖向斜撑体系的布置应符合下列规定：

1）竖向斜撑体系通常应由斜撑、腰梁和斜撑基础等构件组成。当斜撑长度大于15m时，宜在斜撑中部设置立柱；

2）斜撑宜采用型钢或组合型钢截面；

3）竖向斜撑宜均匀对称布置，水平间距不宜大于6m；

4）斜撑与基坑底面之间的夹角一般情况下不宜大于35°，在地下水位较高的软土地区不宜大于26°，并与基坑内土堤的稳定边坡相一致。斜撑基础与围护墙之间的水平距离不宜小于围护墙在开挖面以下插入深度的1.5倍；

5）斜撑与腰梁、斜撑与基础以及腰梁与围护墙之间的连接应满足斜撑水平分力和垂直分力的传递要求。

(7) 有条件时，可以采取“中心岛”施工方案，利用位于基坑中部先施工好的主体结构的水平刚度，在围护墙与主体结构之间布置支撑体系。

2. 过程质量

(1) 支撑构件的构造要求

监理员应对以下的支撑构件的构造要求非常了解，只有这样才能较好地完成过程质量控制。

1）支撑构件的长细比应不大于75，联系构件的长细比应不大于120，立柱的长细比应不大于25。

2）各类支撑构件的构造除应符合本节的有关规定外，尚应符合国家现行《钢结构设计规范》或混凝土结构设计规范的有关规定。

3）钢结构支撑构件长度的拼接宜采用高强螺栓连接或焊接，拼接点的强度不应低于构件的截面强度。对于格构式组合构件，不应采用钢筋作为缀条连接。

4）混凝土结构支撑构件的混凝土强度等级不应低于C20。

5）钢腰梁的构造应符合下列规定：

(*A*) 钢腰梁的截面宽度应大于300mm，可以采用H钢、工字钢或槽钢以及它们的组合截面；

(*B*) 钢腰梁的现场拼装点位置应尽量设置在支撑点附近，并不应超过腰梁计算跨度的三分点。腰梁的分段预制长度不应小于支撑间距的2倍，现场拼装节点的强度应符合本节

第三条的规定；

(*C*) 钢腰梁与混凝土圈护墙之间应留设宽度不小于60mm的水平向通长空隙。其间用强度等级不低于C30的细石混凝土填嵌；

(*D*) 支撑与腰梁斜交时，在腰梁与围护墙之间应设置经过验算的剪力传递构造；

(*E*) 在基坑平面转角处，当纵横向腰梁不在同一平面上相交时，其节点构造应满足两个方向腰梁端部相互支承的要求。

6) 钢支撑的构造应符合下列规定：

(*A*) 钢支撑的截面型式可以采用H钢、钢管、工字钢或槽钢，以及其组合截面；

(*B*) 水平支撑的现插安装节点应尽量设置在纵横向支撑的交汇点附近。相邻横向(或纵向)水平支撑之间的纵向(或横向)支撑的安装节点数不宜多于两个。节点强度应符合本节第三条的规定；

(*C*) 纵向和横向支撑的交汇点宜在同一标高上连接。当纵横向支撑采用重叠连接时，其连接构造及连接件的强度应满足支撑在平面内的稳定要求。

7) 钢支撑与钢腰梁的连接可采用焊接或螺栓连接。节点处支撑与腰梁的翼缘和腹板连接应加焊加劲板，加劲板的厚度不小于10mm，焊缝高度不小于6mm。

8) 现浇混凝土支撑和腰梁的构造应符合下列规定：

(*A*) 混凝土支撑体系应在同一平面内整浇。基坑平面转角处的纵横向腰梁应按刚节点处理；

(*B*) 支撑的截面高度(竖向尺寸)不应小于其竖向平面计算跨度的1/20；腰梁的截面高度(水平向尺寸)不应小于其水平方向计算跨度的1/8，腰梁的截面宽度不应小于支撑的截面高度；

(*C*) 支撑和腰梁内的纵向钢筋直径不宜小于16mm，沿截面四周纵向钢筋的最大间距应小于200mm。箍筋直径不应小于8mm，间距不大于250mm。支撑的纵向钢筋在腰梁内的锚固长度不宜小于30倍的钢筋直径；

(*D*) 混凝土腰梁与围护墙之间不留水平间隙；

(*E*) 对于地下连续墙，当墙体与腰梁之间需要传递剪力时，可在墙体上沿腰梁长度方向预留按计算确定的剪力槽或受剪钢筋。

9) 立柱的构造应符合下列规定：

(*A*) 基坑开挖面以上的立柱宜采用格构式钢柱，也可采用钢管或H钢柱子；

(*B*) 基坑开挖面以下的立柱宜采用直径不小于600mm的灌注桩(可以利用工程桩)，或与开挖面以上立柱截面相同的钢管或H钢桩。当为灌注桩时，其上部钢柱在桩内的埋入长度应不小于钢柱边长的4倍，并与桩内钢筋焊接；

(*C*) 立柱下端应支承在较好的土层上，开挖面以下的埋入长度应满足支撑结构对立柱承载力和变形的要求，在软土地区宜大于基坑开挖深度的2倍，并穿过淤泥或淤泥质土层；

(*D*) 立柱与水平支撑的连接可采取铰接构造，但铰接件在竖向和水平方向的连接强度应大于支撑轴向力的1/50。当采用钢牛腿连接时，钢牛腿的强度和稳定应由计算确定。

(2) 支撑构件的施工质量

1) 施工单位采用的支撑结构的安装和拆除顺序应与围护结构的设计工况相一致。

2) 支撑结构安装过程中，监理员应要求施工方(支护施工单位和挖土单位)按照以下规定组织协调施工：

（A）在基坑竖向平面内严格遵守分层开挖、先支撑后开挖的原则；

（B）支撑安装应与土方开挖密切配合，在土方挖到设计标高的区段内，及时安装并发挥支撑作用；

（C）支撑安装应采用开槽架设，在支撑顶面需运行施工机械时，支撑顶面安装标高应低于坑内土面20～30cm。钢支撑与基坑土之间的空隙应用粗砂土填实，并要求施工人员在挖土机或土方车辆的通道处铺设道板；

（D）钢结构支撑宜采用工具式接头，并配有计量千斤顶装置。千斤顶及计量仪表使用中如有异常现象应要求施工单位随时校验或更换；

（E）钢结构支撑安装后应施加预压力，监理员根据设计要求确定预压力控制值，通常不应小于支撑设计轴向力的50%，也不宜大于75%。

3）施工单位已安装好替代支撑系统后，方能允许其拆除支撑。替代支撑的截面和布置应由设计计算确定。如采用爆破法拆除混凝土支撑结构之前，监理人员必须会同施工单位有关人员对周围环境和主体结构进行勘察，共同决定如何采取有效的安全防护措施。支撑拆除手段主要有以下几种：

（A）用手工工具拆除，即人工凿除混凝土并用气割切断钢筋；

（B）在混凝土内钻孔然后装药爆破。爆破方式一般采用无声炸药松动爆破。在监理人员看到有关部门批文后，方可允许施工单位实施爆破；

（C）在混凝土内预留孔，然后装药爆破。爆破工艺同上。由于设置预留孔，要提醒施工单位在支撑构件的强度验算时计入预留孔对构件断面的削弱作用。

4）利用主体结构换撑时，监理员应要求施工人员按照以下规定进行施工：

（A）利用主体结构换撑时，主体结构的楼板或底板混凝土强度应达到设计强度的80%；

（B）在主体结构与围护墙之间设置好可靠的换撑传力构造；

（C）在主体结构楼盖局部缺少部位，要求施工单位在主体结构内的适当部位设置临时的支撑系统，支撑截面积应按计算确定；

（D）当主体结构的底板和楼板分块施工或设置后浇带时，应要求施工单位在分块或后浇带的适当部位设置传力构件。

5）监理员应注意检查在立柱穿过主体结构底板以及支撑穿越主体结构地下室外墙的部位施工单位是否采取了可靠的止水措施。

6）其次还应要求施工人员注意保护支撑构件和工程桩，具体的保护要求是：

（A）支撑系统混凝土未达到要求的设计强度80%以上前，不允许施工人员进行基坑土方开挖；

（B）施工机械不得长时间反复行驶在支撑构件上（专门设计的栈桥除外），且临时通过时应有安全措施；

（C）施工中防止重物撞击支撑构件；

（D）单肢较长的支撑构件（一般指对撑）两侧土方开挖的高差应严格限制；

（E）打入桩场地用大型机械开挖应十分谨慎。严禁挖掘机械撞击桩头，造成次生断桩；

（F）根据工程桩的断面、配筋与场地土质等因素，严格限制开挖平台间高差，以防土的侧压力导致工程桩的倾斜。

二、钢或混凝土支撑系统的监理验收

支撑质量要求：

1. 钢筋混凝土支撑截面尺寸；+8mm，-5mm；
2. 支撑中心标高及同层支撑顶面的标高差：±30mm；
3. 支撑两端的标高差：不大于20mm及支撑长度的1/600；
4. 支撑挠曲度：不大于支撑长度的1/1000；
5. 立柱垂直度：不大于基坑开挖深度的1/300；
6. 支撑与立柱的轴线偏差：不大于50mm；
7. 支撑水平轴线偏差：不大于30mm。

钢或混凝土支撑系统工程质量检验标准应符合表6-21的规定。

钢及混凝土支撑系统工程质量检验标准 **表6-21**

<table>
<tr><th rowspan="2">项</th><th rowspan="2">序</th><th rowspan="2">检查项目</th><th colspan="2">允许偏差或允许值</th><th rowspan="2">检查方法</th></tr>
<tr><th>单位</th><th>数值</th></tr>
<tr><td rowspan="2">主控项目</td><td>1</td><td>支撑位置：标高
平面</td><td>mm
mm</td><td>30
100</td><td>水准仪
用钢尺量</td></tr>
<tr><td>2</td><td>预加顶力</td><td>kN</td><td>±50</td><td>油泵读数或传感器</td></tr>
<tr><td rowspan="5">一般项目</td><td>1</td><td>围囹标高</td><td>mm</td><td>30</td><td>水准仪</td></tr>
<tr><td>2</td><td>立柱桩</td><td colspan="2">参见本书第四章</td><td>参见本书第四章</td></tr>
<tr><td>3</td><td>立柱位置：标高
平面</td><td>mm
mm</td><td>30
50</td><td>水准仪
用钢尺量</td></tr>
<tr><td>4</td><td>开挖超深（开槽放支撑不在此范围）</td><td>mm</td><td><200</td><td>水准仪</td></tr>
<tr><td>5</td><td>支撑安装时间</td><td colspan="2">设计要求</td><td>用钟表估测</td></tr>
</table>

第六节 地下连续墙

一、地下连续墙的施工工艺过程

目前，我国建筑工程中应用最多的是现浇的钢筋混凝土壁板式地下连续墙，其施工工艺过程通常如图6-6所示。其中修筑导墙、泥浆制备与处理、深槽挖掘、钢筋笼制备与吊装及混凝土浇筑是地下连续墙施工中主要的工序。

（一）修筑导墙

现浇钢筋混凝土导墙的施工顺序为：平整场地→测量定位→挖槽及处理弃土→绑扎钢筋→支模板→浇筑混凝土→拆模并设置横撑→导墙外侧回填土（如无外侧模板，可不进行此项工作）。

当表土较好，在导墙施工期间能保持外侧土壁垂直自立时，则以土壁代替模板，避免回填土，以防槽外地表水渗入槽内。如表土开挖后外侧土壁不能垂直自立，则外侧亦需设立模板。导墙外侧的回填土应用粘土回填密实，防止地面水从导墙背后渗入槽内，引起槽段

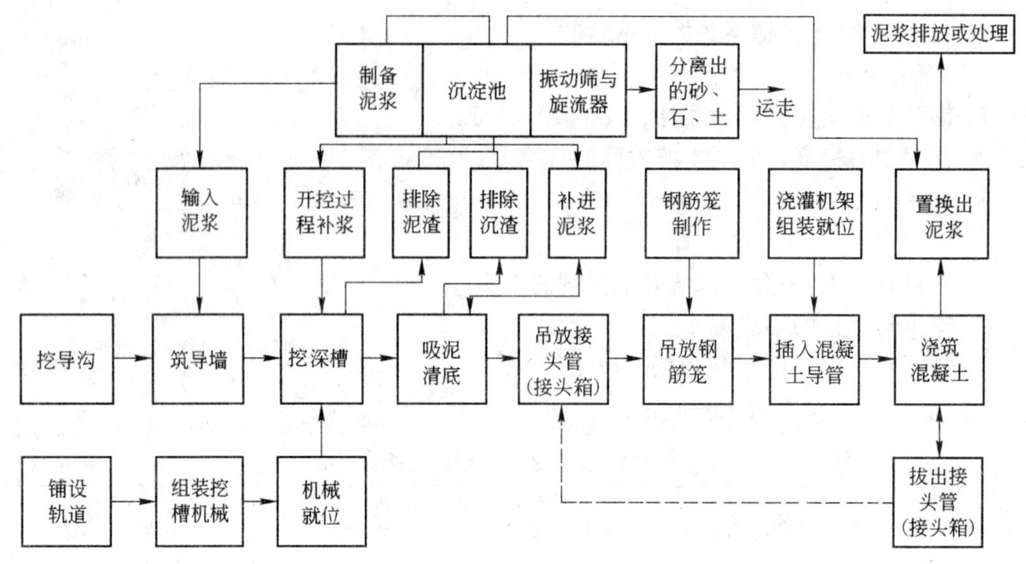

图 6-6　现浇钢筋混凝土壁板式地下连续墙的施工工艺过程

坍方。

导墙的配筋多为 $\phi12@200$，水平钢筋必须连接起来，使导墙成为整体。

导墙面至少应高于地面约 100mm，以防止地面水流入槽内污染泥浆。导墙的内墙面应平行于地下连续墙轴线，对轴线距离的最大允许偏差为 ±10mm；内外导墙面的净距，应为地下连续墙名义墙厚加 40mm，净距的允许误差为 ±5mm，墙面应垂直；导墙顶面应水平，全长范围内的高差应小于 ±10mm，局部高差应小于 5mm。导墙的基底应和土面密贴，以防槽内泥浆渗入导墙后面。

现浇钢筋混凝土导墙拆模以后，应沿其纵向每隔 1m 左右加设上、下两道木支撑，将两片导墙支撑起来，在导墙的混凝土达到设计强度并加好支撑之前，禁止任何重型机械和运输设备在旁边行驶，以防导墙受压变形。

导墙的混凝土强度等级多为 C20，浇筑时要注意捣实质量。

（二）泥浆护壁与回收

1．泥浆护壁

地下连续墙成槽中，为使槽壁稳定，一般都必须采用泥浆护壁（干作业地下连续墙例外）。泥浆具有一定的密度，泥浆的相对密度大于地下水相对密度，液面又高，在槽内对槽壁有一定的液体静水压力，形成防槽壁坍塌的支撑。泥浆能渗入土壁内形成一层组织致密透水性很低的泥皮，使土体表面结成整体，有助于槽壁稳定，根据国内外一些工程实际，泥浆液面如高出地下水位 0.6～1.2m 即可防止槽壁坍塌，日本则认为最好是高出 2m 以上。

泥浆还能降低钻头连续钻土而产生的温升和磨损，可提高工效，有利于钻进和延长钻头使用寿命。

泥浆搅制，宜选用膨润土等进行，在使用前取样进行配比试验。并对所选材料确定配合比和掺入的化学处理剂、测定泥浆物理性质指标。新鲜泥浆应存放 24h 以上或添加分散剂，使膨润土或黏土充分水化后方可使用。如泥浆受到污染，应采取保证泥浆质量的处理措施。

泥浆相对密度小于1.25，在一般能满足护壁要求的情况下，泥浆相对密度越小越好，可根据槽段稳定计算确定，一般常用值为1.05～1.1，这样能节省泥浆成本，减少材料消耗，尤其在循环出渣时，泥浆作为运土的介质，可提高泥浆的携土能力。使土渣随同循环泥浆一起排出槽外，但存在承压水的土层时，必须保证使泥浆比重和承压水层深度的乘积大于承压水头，并有一定的安全度，为增加泥浆比重必要时要在泥浆中掺入一些惰性物质，如重晶石粉、珍珠岩粉、方铝矿硫化铝、石灰石粉等。

膨润土的质量对泥浆性能影响很大，而且影响出浆率和工程造价，膨润土含量一般都用6%～8%（水重量为100%）。泥浆的成分除膨润土外，还有水和化学处理剂。水要不含杂质，呈中性，pH值在7～9之间。

使用化学处理剂，能使泥浆在调制、维护与再生中达到优质指标。化学处理剂中的有机处理剂，有分散剂如丹宁液、拷胶液等，增粘剂如煤碱液、腐殖酸纤维素、本质素、丙烯酸衍生物等，还有表面活性剂，无机处理剂常用纯碱。

化学处理剂中的纤维素主要用于增加泥浆黏度，降低失水量，硝基腐植酸有稀释、降失水、抗盐、碱污染等作用。铁铬木质素、璜酸盐素作为稀释剂，具有抗盐、钙能力，降低黏度和降失水作用。

泥浆的搅拌，一般先在搅拌筒中加水1/3，开动搅拌机。在定量水箱不断加水的同时，加入膨润土、纯碱液，搅拌3min后，加入化学处理剂继续搅拌5min，如直接使用，则搅拌时间延长1/2，每10罐抽查泥浆试样一组，测试全部指标。在循环使用过程中，每工班应进行二次泥浆质量检测，以便有效地控制好泥浆工程质量。

现场泥浆池容量一般可按下列方法设计：

(1) 一般标准槽段的容量：

$$V_0=\text{槽宽}\times\text{槽段长}\times\text{槽深}$$

(2) 新浆贮备量：$V_1\approx V_0\times 1$

(3) 泥浆循环需要量：$V_2=V_0\times 1.5$

(4) 混凝土浇灌时废浆量：$V_3=V_1\times 10\%$

泥浆池总容量：$V=(V_1+V_2+V_3)\times 1.1$

2. 泥浆回收及再生

在钻孔成槽过程中，通过成槽循环与混凝土置换而排出的泥浆，由于膨润土等主要材料的消耗，以及土渣和电解质离子的混入，泥浆质量显著降低，为了节约和防止公害起见，泥浆一般要进行回收及再生处理，然后重复使用。

地下连续墙由于使用泥浆循环成槽的方法，泥浆大量携渣流返泥浆池。最常用的方法是重力沉降处理，它是利用泥浆和土渣比重差使土渣自动沉渣的方法，如果有可能，沉淀池容积做大一些，则沉淀分离的效果就更为显著，对有回收及再生要求的沉渣池，可将池加大到一个单元槽段挖土量的两倍以上的容量，这样可以综合考虑循环、再生、舍弃等工艺要求。

其次，通过振动筛将较大的土渣除去，再通过旋流器的离心作用，将泥浆中的粉细砂除去。

一般要求重力沉渣与机械处理相结合使用，因为实际使用中，由于一次循环时间较短，旋流筛分能力有限，只能除去泥浆携带的土渣的60%～70%左右，所以再经过重力沉渣过程，效果就更显著。

泥浆的再生处理,对于连续使用的泥浆,质量控制更为重要,因为连续使用的泥浆,泥皮形成性减弱,影响槽壁稳定和成槽的质量,而且粘性增高,土渣分离困难,在泵内流动阻力增大。

(三) 地下连续墙成槽工艺

1. 传统成槽工艺

(1) 槽段划分的要求

根据设计要求的地下连续墙布置的总平面,具体划分单元槽段,单元槽段的形式,常用的是一字形、L形、丁字形、折线形等。单元槽段的长度以4~8m为多,以6m为标准槽段,最长达10m,日本则规定为5~7m,一般槽段愈长,接头愈少,防渗和整体受力愈好。具体选用还应根据:1)建筑物或构筑物总体形状尺寸,地下连续墙与柱或主体结构的连接形式和相互关系,以及预留孔洞、连接通道的构造要求。2)周围环境、槽段稳定性和邻近建筑物的影响、地面施工荷载等。3)施工条件。如成槽机械、泥浆池容量,钢筋笼的加工和吊装能力,混凝土供应和浇灌速度,施工现场条件和施工操作的有效工作时间,接头的方式等。4)地质条件。当地质较差时,如软土地基,不宜将槽段定得太长,以免影响槽段稳定。对于高地下水位的粉细砂地层及其他易发生泥浆漏失造成塌孔的地区,一般还要限制单元槽段的长度,可缩减为3~4m。

(2) 成槽机械

目前世界上地下连续墙挖槽机有三十多种,归纳起来主要有以下五种类型:

1) 旋转切削土层和泥浆循环排土成槽机械

此类机械主要使用多头钻和单头钻,对土层进行切削破碎,然后用泥浆循环排土,这两种作业是同时进行的,在合适的土层情况下,有很高的工效。

单头钻成槽机成槽形状为圆形断面,一般只用于钻导孔或桩排地下连续墙,多头钻成槽机是由数个钻头并列钻进,并设有侧刀削平孔壁,有正循环和反循环二种排渣方式,较多地使用反循环法。还有钻头加压喷射泥浆装置,以便清扫钻头部分的土渣。

这种机械由钻头自重铅直导向,在软土地区,只要控制得当,垂直精度较高,壁面平整,对槽段土体扰动少。这类机械主要有日本利根钻机公司生产的BW系列多头钻和日本TRC钻机,其钻头可钻70MPa强度的岩石,以及我国参照日本BW钻机自行设计试制成功的SF-60型多头钻机等。

采用这种机械的适用范围详见表6-22。

机械的适用范围 **表6-22**

机械型号	挖槽方式	排土方式	地基类别					
			黏土 $N<30$	风化页岩 $N>30$	砂土	砾石层		
						$D<10cm$	$D<30cm$	$D>30cm$
BW系列及SF-60	回转式	反循环	适用	适用	适用	困难	不适用	不适用

2) 抓斗式成槽机械

主要指各种液压导板抓斗、刚性导杆抓斗、索式导板抓斗。铲斗式成槽机也属于此类。目前较多使用MHL60100AYH抓斗,实践证明在黏土、砂土、各种砾石层中使用都有很高的工效。槽段间的衔接也较好。

导板抓斗成槽机使用专用机架，移动于沿导墙铺设的轨道上，也可以附设在履带吊上使用，刚性导杆抓斗则大多配在履带吊上使用。抓斗式成槽机施工时，一般都在单元槽段两端用钻机钻 2 个垂直导孔，中间用抓斗抓土形成槽段。

采用这种机械的适用范围详见表 6-23。

适用范围详表 **表 6-23**

机械型号	挖槽方式	排土方式	地基类别					
			黏土	风化残积	砂土	砾石层		
			$N<30$	$N>30$		$D<10$cm	$D<30$cm	$D>30$cm
MHL 系列	抓斗式	挖掘	适用	较适用～困难	适用	适用	适用	适用

3）冲击式钻机

主要利用仿苏 YKC 冲击钻和红旗 20 或 22 型钻机。依靠钻头本身重量反复冲击破岩、碎土，然后用取渣筒将破碎的土或石屑取出成孔，用泥浆护壁，水电部门有的土坝心墙和坝基的防渗帷幕使用这种机械完成。也有部分地下建筑和构筑物的地下连续墙使用这种机械施工。它设备简单可嵌岩，操作简单，可以大量钻机并排钻孔作业，但槽壁的平直度较差。

4）射水法造墙机

射水法造墙机由福建省水利水电科学研究所研制，最早用于堤坝防渗墙。

射水法造墙机是一种在砂质、软土地基上用射水法成槽建造混凝土或钢筋混凝土地下连续墙的机具。它主要由造孔机，水下混凝土浇筑机和混凝土搅拌机组成。其主要技术指标详见表 6-24。

射水法造墙机技术指标详表 **表 6-24**

适用地层	黏土、淤泥、砂质黏土、中粗砂	造墙功效	100～120m^2 造墙面积
最大造孔深(m)	30	电动机总容量	150kW
墙体厚度(m)	0.22　0.3　0.35　0.4　0.45	工作电压	380V
垂直度	小于 1/300		

该机是将造孔与浇筑混凝土两部分机具分开，实现流水作业。由于用射水成墙综合工效高，造价低。机架采用螺栓连接，分三层拆装的钢结构井架，易于搬迁，导向系统用电动机械手控制，下水管直管与胶管的连接采用快速接头，机架移动用电动行走轮，固定机架采用改装后的液压千斤顶，操作步骤快速。该机目前的适用范围还有一定限制，只能在一定的地质条件下的防渗墙和受力比较小的地下连续墙使用。

5）干作业机械

干作业地下连续墙，使用 KMW-300/250 型全液压专用机械。

(3) 槽段开挖

地下连续墙的槽段开挖，是保证成槽施工的关键。这不仅需要合理地选择成槽机械和控制泥浆指标，而且还要合理的成槽顺序。如使用旋转切削多头钻成槽机进行槽段开挖时，每槽段的成槽可根据槽段的长短一般可分为二段式、三段式、四段式开挖，并作“跳档”一次达到设计标高(参见图 6-7)。

多头钻开挖槽段一般采用反循环泥浆排泥，排泥效率高。但排泥部分容易发生故障或发生埋钻现象，故应控制钻进速度，既防止埋钻，又可以保证成槽垂直度。

根据一些工程经验，当钻进经过容易坍壁处，应让钻头空转1～3min，然后再缓慢进尺。当钻头达到钻槽深度时，宜不进尺空转4～6min，同时更换泥浆排渣，减少槽底沉渣量。

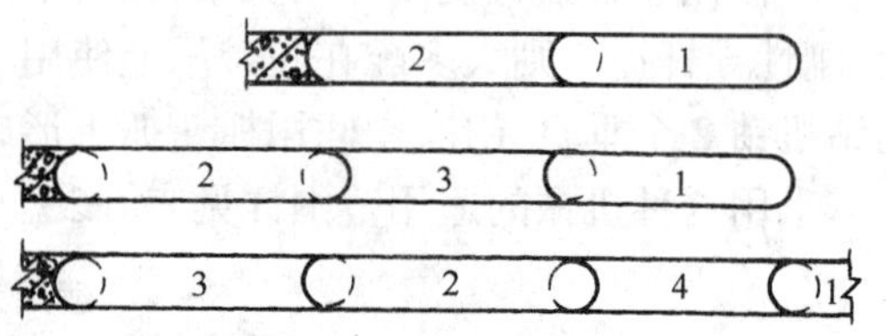

图6-7 槽段开挖示意图

当使用抓斗式成槽机进行槽段开挖时，应进行分段开挖，一般先抓单号段再抓双号段或者在单元槽段两端钻两个孔（导孔）再用抓斗抓去两孔之间的土体形成槽段。

当使用冲击钻成墙时，应优先在无黏性土、硬土和夹有孤石等较为复杂的地层上使用。一般用跳孔法冲击成孔，中间用扫孔法清槽。

(4) 清渣

挖槽达到设计深度后要认真清渣，以减少槽底沉淀。清渣一般分为直接用带活底板的排渣筒、导管吸力机、压缩空气吸泥砂泵、抓斗等直接出土方式和使用泥浆循环出土方式两类。

泥浆循环出土又划分为正循环和反循环，正循环就是泥浆经过空心钻杆和钻头喷入，携带土屑后，泥浆托带渣土上升至槽顶溢出槽外的过程；反循环则是泥浆由导沟流入，托起渣土使其悬混，经钻头被吸力泵吸入空心钻杆，排出槽外。

成槽完成后，必须对槽底泥浆进行置换和清除，置换时一般在不少于槽段总体量的1/3或下部5m，置换清渣必须边清边在槽顶补浆，使底部泥浆比重不大于1.2，沉渣厚度不大于200mm，具有垂直承载功能的地下连续墙，沉渣厚度不大于100mm。

(5) 槽壁稳定设计

地下连续墙挖槽过程中的槽壁稳定，在泥浆护壁条件下，一般可不进行槽壁稳定性验算。在槽段过长、过深，贴近现有建筑物，地面和地层变化大，地下水变动频繁并有承压水情况下需要进行槽壁稳定验算时，可按以下方法进行：

1) 考虑土拱效应的槽壁稳定计算

假定槽壁失稳时，坍落体的形状为底面倾斜的半圆筒状（详见图6-8）。按下述计算步骤求出坍落体处于极限平衡状态所需的泥浆相对密度，若计算泥浆的相对密度大于1.05时则槽壁不稳定。反之，则槽壁稳定。

计算步骤：

(A) 先求出 $\alpha_0 = \mathrm{arctg}(2h/l)$；

(B) 在 $(45° - 0.5\varphi) \leqslant \alpha \leqslant \alpha_0$ 的范围内，假定 n 个 α 值

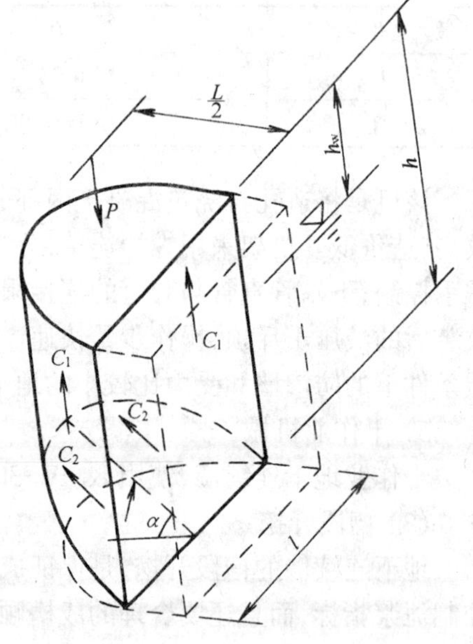

图6-8

（可取 α 略小于 α_0），按下式分别计算 γ_f。

$$\operatorname{tg}(\alpha-\varphi)\left[1/8\gamma' l^2\left(\pi h-\frac{2}{3}\operatorname{tg}\alpha\right)+\pi/8 l^2 h_w+P-\frac{1}{2}c_1 l(\pi h-l\operatorname{tg}\alpha)\right.$$
$$\left.-\pi/8 c_2 l^2(\operatorname{tg}\alpha+1/\operatorname{tg}(\alpha-\varphi))\right]$$
$$=1/2[(r_f-1)h^2+2hh_w^2-h_w^2]$$

（C）求出了 γ_{fmax} 及对应的 α 值；

（D）$\gamma_{fmax}<1.05$ 时，槽壁稳定。反之，槽壁不稳定，需要采取措施。

式中 α——底斜面与水平平面夹角(°)；

φ——槽底面以上各土层的内摩擦角的加权平均值，一般取固结快剪峰值(°)；

γ——土的天然重度，(kN/m³)，地下水位以上取天然重度，地下水位以下取浮重度；

l——槽段长度(m)；

h——槽段深度(m)；

h_w——地下水位在地表面以下深度(m)；

P——坍落体范围内的外荷合力(kN)；

C_1、C_2——分别为坍落体垂直面上和底面斜面上各土层的黏聚力(kPa)的加权平均值。一般取固结快剪峰值；

γ_f——泥浆的相对密度。

2）根据 G.G.Meyerhof 提出的计算公式再考虑附近已有构筑物和地面荷载影响后，其开槽抗坍落安全系数 K 为：

$$K=Nc/[K_0(\gamma' H+q)-\gamma_1' H]>1$$

其开槽壁面横向变形 Δ 为：

$$\Delta=(1-\mu)[(K_0\gamma' Z+q)-\gamma' Z]L/E_0\leqslant 0.04(\text{m})$$

式中 $N=4(1+B/L)$；

c——黏能力。对黏性土取 $c_1=c_2=c$（黏性土不排水抗剪强度，近似取黏聚力(kPa)）；

L、B、H——挖槽的长、宽、深，m；

K_0——近似取 0.5；

q——地面影响或构筑物均布荷载，kPa；

γ、γ_1'——土和泥浆浮重度，kN/m³；

μ——土的泊松比，近似取 0.3～0.5；

Z——计算深度，m；

E_0——土的压缩模量，kPa。

3）对于 $c=0$ 的无黏性土，槽壁安全系数 K 为：

$$K=2(\gamma\gamma_1)^{1/2}\operatorname{tg}\varphi_d/(\gamma-\gamma_1)$$

γ、γ_1'——砂土和泥浆的重度，kN/m³；

φ_d——砂土内摩擦角，°。

2．射水法成槽技术

射水法成槽主要利用水泵及成型器（钢板焊成开口箱形的机具）中的射水装置，喷出高速射流的冲击力，切割土层，使水土混合回流泥砂溢出地面，同时利用卷扬机操纵成型机的不断上下冲动，进一步破坏土层并切割修整孔壁，造成有规格的槽孔，且用一定浓度的泥浆护壁，随后下钢筋笼，采用常规的导管浇灌水下混凝土，建成钢筋混凝土或混凝土槽段。

目前的设备只能施工较薄的墙，由于成型器加工比较简便，造价也不是太高，可以加工成折板形、半圆形、折线形、Ⅱ形、T形等，和更多厚度的成型器，这样就可以组成多种有利受力的薄壁结构形式，使这种地下连续墙更有发展前途。

槽段之间使用平接，主要利用成型器侧向喷水装置，清除已浇墙端的泥砂和浮浆，使新旧墙段的混凝土有较好的粘结，从实际工程判断，抗渗效果还是比较好的。

这种射水法成槽最主要的优点是造墙工效高、成本低、效益显著；建造的槽孔孔壁稳定，浇筑的墙面平整，垂直偏差小于1/300，截水性能好，在有承压水的透水层地区使用有独特的优点。

3. 干作业地下连续墙

干作业地下连续墙是在总结传统地下连续墙成墙工艺的基础上研究开发的，新工艺可以达到无泥浆施工，接缝连续，墙面光滑平整，造价低，质量可靠等优点。

(1) 成墙工艺

无泥浆地下连续墙施工时，采用锁口桩，在锁口桩两侧沉入护壁侧板及梯式对撑，在梯式对撑两边用提土器提出槽内土体，然后用人工清除附着土，放入钢筋骨架，用人工将锁口桩及梯式对撑两侧钢筋骨架(或清土后灌满清水拔出对撑)用附加钢筋连成整体，然后在槽内灌入流动性混凝土，最后拔出梯式对撑及护壁侧板成墙，其成墙工艺详见图6-9。

第1步　图6-9(*a*)按设计定位沉入1#锁口桩，按计算确定锁口桩长，组成篱笆式地下连续墙，按预定位置将全部锁口桩沉入设计标高，在槽段锁口桩二侧，现场焊接2#侧板限位的支挡支座；

第2步　图6-9(*b*)沉入3#护壁侧板至设计深度，当护壁侧板深度超过20m或地质条件复杂时，亦可分段沉入护壁侧板，边取土边继续加深护壁侧板，直至设计标高。

第3步　图6-9(*c*)在锁口桩与护壁侧板封闭范围内，用5#专用提土器分别取出槽段内

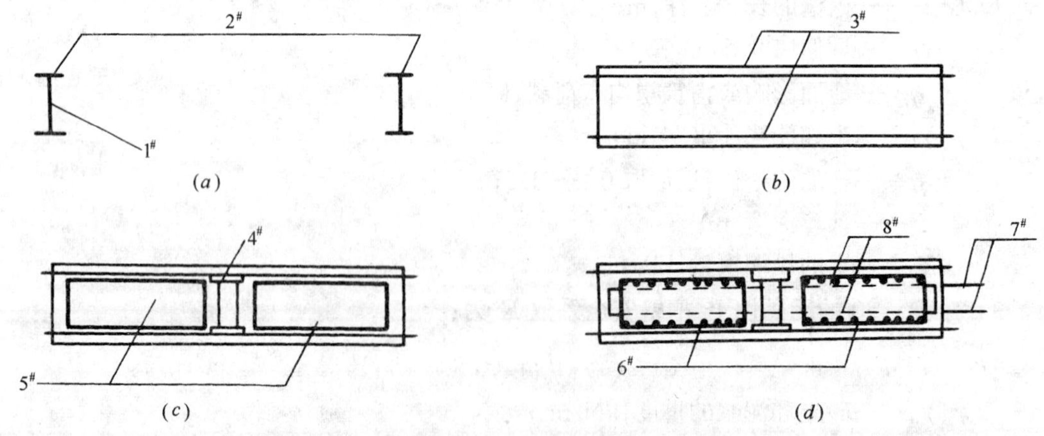

图6-9　预制锁口桩干作业地下连续墙成墙工艺图

1#—锁口桩；2#—侧板限位支挡支座；3#—护壁侧板；4#—梯式对撑；
5#—专用提土器；6#—钢筋骨架；7#—相邻槽段连接筋；8#—附加连接筋

的土随着取土深度的加深，护壁侧板承受侧向土压力也越大，梯式对撑同时沉入取土深度(或超过取土深度)，以防止护壁侧板3#的弯曲变形，同时也可以确保人工清除余土时的安全，按图6-9(*c*)要求取土至设计深度。

第4步　图6-9(*d*)机械沉入护壁侧板与槽内取土基本完成后，即将机械转入乙槽段，仍按顺序进行沉入护壁侧板、梯式对撑、取土等施工。在甲槽段继续进行，人工清除附着在1#锁口桩和4#梯式对撑上的余土，并将余土运至槽外，同时将锁口桩槽内一侧擦净，以及检查槽深和余土清除至设计标高。然后将加工好的6#钢筋笼骨架分别吊入槽内，置4#梯式对撑的两侧，并控制标高及平面位置。

将机械返回至甲槽段，提升梯式对撑每次2m，再将8#附加连接筋，用人工穿过4#梯式对撑底部，将相邻6#钢筋笼骨架绑扎成整体，再将7#相邻槽段连接筋，自上而下穿过1#锁口桩的预留孔，将相邻槽段钢筋骨架连成整体，同时在放置8#附加连接筋的以下深度灌注混凝土(坍落度18cm)，重复上述以每次2m的提升进行周转，直至地表以下约-8m处。

将3#护壁侧板拔出(按模数分段)，因地下-8m以上尚未将钢筋骨架连成整体，因此混凝土灌至地下-8m处，此时护壁侧板还必须保持插入混凝土深度2m。

再将4#梯式对撑全部拔出，并用人工方法通过8#附加连接筋自上而下将6#钢筋笼骨架连成整体，同时浇灌混凝土至设计顶标高。

再将3#护壁侧板全部拔出，这时无泥浆干作业地下连续墙甲槽段全部成墙完成，并将甲槽段的护壁侧板转入丙槽段。按上述1～3步骤进行，施工后机械返回至乙槽段重复上述程序的成墙施工。

重复上述各程序，如此反复循环，直至地下连续墙工程全部完成。

(2) 机具设备

1) KMW-300/250型全液压专用机械

主要参数：沉入力　3000kN

　　　　　拔出力　2500kN

性能：液压步履行走，液压沉拔，油压表显示，液压调整垂直度和护壁侧板水平度。

2) 护壁侧板以一台设备配二套护壁侧板，标准护壁侧板为3m×6m，板厚110mm，过渡板3m×2m板厚20～110mm，并能垂直位移200mm，可有效减少拔板阻力，要求板与板的连接能防渗。

3) 梯式对撑：当墙深超过10m须用梯式对撑，放在板跨中，以减少板的弯曲变形，并作清除余土时的垂直通道。

4) 取土装置：专用提土设备，一次提土3～4m^3，一台机械配2只，提土与弃土轮作，与取土装置配套专用接长杆，均用翻板连接。

5) 辅助设备按表6-25配套。

单台机组装备一览表　　　　**表6-25**

名　称	数　量	规　格	名　称	数　量	规　格
成墙机	1台	KMW-300/250	装载机	2台	2L10(0.5m^3)
吊　车	1台	30t	提土器	2只	

续表

名　称	数　量	规　格	名　称	数　量	规　格
推土机	1台	T140-1　114kW	过渡板	4块	3000×2000深
经纬仪	1架	DJ6-1	接长杆	墙深－2(m)	
水准仪	1架	S3-D	灌混凝土软管	墙深＋2(m)	
电焊机	1台		灌注漏斗	2只	
护壁侧板	墙深×4	3000×6000深	磅　秤	1架	500kg
混凝土搅拌机	2台	JZ350 0.35m^3	清洁工具	若　干	

(四) 钢筋笼制作与吊装

钢筋笼的制作与吊装一般分为准备、制作、吊装、钢筋笼分段连接。

1. 准备工作

(1) 设置钢筋笼台架制作台

钢筋笼台架是为使钢筋笼在台架上整体成型。特别是当钢筋笼分为两节时更有必要。如果接头在制作过程中,就出现误差,那么在吊装过程中势必无法保证其垂直度。

台架根据现场条件可分为固定式或移动式两种。台架的钢筋定位卡须经准确放线定位确定。台架应大于钢筋笼尺寸。且不会产生不均匀沉降。台面平整,其翘曲应小于10mm。

(2) 槽段的检测与清渣

在吊放钢筋笼之前,应对槽段进行检测,测定单元槽段的实际深度、沉渣以及土壁表面的垂直度和平整情况,根据结果绘出实测断面图并按此断面核对设计的钢筋笼尺寸,如不符应进行调整。

如壁面歪斜超过允许范围,有可能影响钢筋笼吊放时,则必须先修整槽段,以确保钢筋笼的顺利安设。槽底沉渣厚如超过要求,则应按成槽工艺中所要求的清渣工作,以保证钢筋笼顺利到位。

(3) 测设标志

在每段导墙上测设醒目的标高及地下墙中心标志,以便钢筋笼吊装后,与钢筋笼的标高、中心线严格准确地对准。

2. 钢筋笼制作

钢筋笼制作应严格按照设计要求施工。钢筋笼制作前,必须检查所用钢筋笼的材质;核对钢筋笼的钢筋尺寸、直径、配筋间距、预埋件、灌浆管。保护层垫块、预留筋等布置必须满足设计要求;钢筋笼制作应考虑灌混凝土用的导管通道位置、尺寸,使既满足设计要求,又方便施工;对于每段钢筋笼长度,应根据起重能力和起吊高度,与设计单位事先确定。如超过起吊能力或起吊高度,则应将钢筋笼分段。一般不宜超过二段。

钢筋笼制作中,还应核对设计的钢筋笼起吊点和纵向加强桁架以及整体刚度是否符合吊装受力要求。必要时还要增加架立箍筋和加强桁架,以保持施工起吊所需的刚性和整体性。

钢筋绑扎不宜使用钢丝,因镀锌钢丝对泥浆具有吸附作用。使交点处凝聚泥团,影响混凝土与钢筋的握裹力。因此钢筋笼的钢筋、预埋件连接采用电焊。纵横钢筋交点除主要结构部分需全部焊接外,其余接头可按间隔焊接。

钢筋笼制作后,在搬运、堆放及吊装过程中,不得产生不可恢复的变形。焊点脱离及散架等现象。

3．钢筋笼吊装

起吊钢筋笼必须十分慎重，是对钢筋笼成型制作的一次检验。

为使钢筋笼能平稳吊起，应精心计算吊点位置。一般吊点应设在纵横加强桁架交点，否则吊点应另行加强，较重的钢筋笼宜采用双机抬吊法。主吊车可使用100t履带吊，副吊车使用20t汽车吊。为保证吊装的稳定，可采用滑轮自动平衡重心装置，保证垂直度。

双机抬吊要求指挥统一，步调一致。也可以采用附加装置如“铁扁担”“起吊支架”等。钢筋笼的入槽必须缓慢、准确、稳妥，切禁急速下放，严防擦壁造成钢筋笼变形或槽壁坍落等。

起吊时不得使钢筋笼下端在地面拖拉。并用拉绳控制其摆动，防止碰撞其他物体使之准确入槽。

4．钢筋笼分段连接

当地下连续墙深度很大，钢筋笼很长而现场起吊能力又有限时，钢筋笼往往分成两段，第一段钢筋笼先吊入槽段，使钢筋笼端部露出导墙顶1m，并架立在导墙上，然后吊起第二段钢筋笼，经对中调正垂直度后即可焊接。焊接接头有两种，一种是上下钢筋笼的钢筋逐根对准焊接，另一种是用钢板接头。第一种方法很难做到逐根钢筋对准，焊接质量没有保证而且焊接时间很长。后一种方法是在上下钢筋笼端将所有钢筋焊接在通长的钢板上，上下钢筋笼对准后，用螺栓定位，及防止焊接变形，并用与主筋直径相同的附加钢筋每300mm一根与主筋点焊以加强焊缝和补强，最后将上下钢板对焊即完成钢筋笼分段连接。

（五）水下混凝土浇注

槽中混凝土施工，由于泥浆比重和粘度比水为大，因此对混凝土的级配和流动性比一般水下混凝土要求更加严格，特别当墙厚和钢筋密的情况下，对混凝土的性能应要求流动性好，一般规定石子粒径不大于25mm，材料不易分离，强度高，发热低。目前多使用商品混凝土。

水下浇灌的混凝土要求和易性好，和易性好的混凝土反映在流动性好、粘聚性好、抗离析性好、保水性好。并且还要强调和易性的保持性能，即表现在混凝土塌落度随时间损失量，一般要求是，从20cm下降到15cm的时间，冬天不能少于1.5h，夏天不能少于1.0h。这一点对现场作业是很重要的。

混凝土配合比按流态设计，其水灰比应小于0.6，水泥用量不宜小于390kg/m^3，入槽坍落度以16～20cm为宜（混凝土坍落度太小会造成堵塞导管，入槽后流动性小，容易包裹沉渣，但过大，又会使混凝土砂、石分离，与泥浆混合，使混凝土强度降低和浇灌困难）。混凝土应尽量使用外掺剂（如木质素等）以减少水灰比和离析现象。

槽段中浇灌混凝土用的导管的位置应预先确定，避免与钢筋笼矛盾。

导管接头使用“O”形密封环，使接口密封不漏泥浆。导管底部应与槽底相距200mm，导管内应放置保证混凝土与泥浆隔离的柔性管塞，在浇灌时使泥浆从导管底部全部排出。

混凝土浇灌前，可利用导管进行约15min以上的泥浆循环，以改善槽内泥浆质量。

钢筋笼入槽6h内应开始浇灌混凝土，刚开始浇灌时速度要快；使槽底沉渣随着混凝土表面一起上升，一次要保证连续浇灌6m^{3}以上混凝土，使导管底部全部被混凝土包住，并控制导管在混凝土内埋深，始终保持2～4m范围内。

由于使用二根以上导管同时浇灌混凝土，所以应注意浇灌的同步性，保证混凝土面呈水平状态上升，其各点混凝土面高差不得大于300mm。

混凝土浇灌的速度宜控制在3～5m/h范围，并严格控制混凝土从管外掉入槽内，造成墙体夹渣现象。

在比重大于1.2的泥浆中浇灌混凝土时，应用混凝土泵车直接压送，浇混凝土时还要防止钢筋笼的上浮。

（六）地下连续墙墙段接头施工

地下连续墙由于墙段太长，无法进行施工，一般按5～7m划分单元槽段，射水式成槽时一般取2～2.5m，每槽段之间依靠接头连接。这种接头通常要满足设计的受力和抗渗要求，同时又要施工简单，便于操作。

接头的施工，一般按接头工具的不同，分为锁口管、接头箱、钢隔板、预制构件和直接连接等。

这些接头的施工方法的采用，要根据地下连续墙设计的刚性接头、柔性接头和止水的要求来定。

1．接头管连接

这是一种国内最常见的柔性接头方法，具有用钢量少、造价低、便于操作的优点，同时也能满足一般防渗漏要求。在单元槽段成孔后，于一端先吊放锁口管，再吊入钢筋笼，浇筑混凝土，在管外混凝土能够自立不塌时，即可用拔管机将锁口管拔出。形成半圆接头，如图6-10。决定拔管的时间应选择适当，应根据混凝土塌落度损失的速度，粘结力增长情况，拔管设备的能力等，通过现场试验确定。一般按第一斗混凝土注入4～5h后开始转动锚口管，浇注完毕后5～6h进行试拔，当未出现其他情况时即可全部拔出。

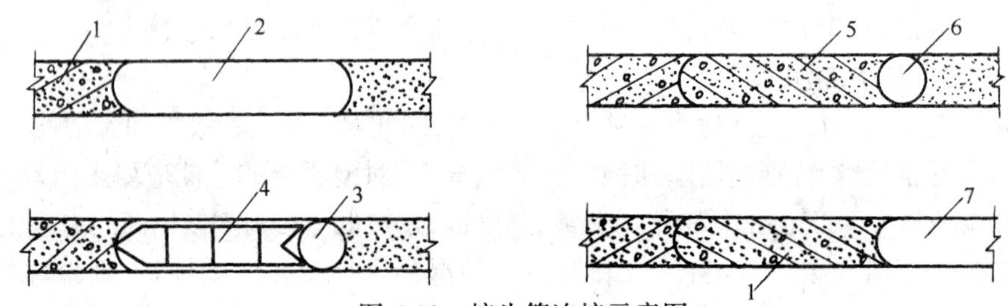

图6-10　接头管连接示意图

1—已完成槽段；2—挖出新单元槽段；3—放锁口管；4—吊放钢筋笼；
5—浇筑混凝土；6—拔锁口管；7—再挖新槽段

2．V形钢隔板接头

当地下连续墙厚度大于1.2m，墙深大于50m时，如采用锁口管接头，则装拔锁口管困难，而且垂直度很难保证。这时改用V形钢隔板接头比较合理。

V形钢隔板接头，是在钢筋笼两端，焊接V形钢板，使各单元墙体成为一个整体结构，并能提高接头的截水防渗效果；由于接头部位是钢板制作，附着泥砂少，只要用清扫器沿着钢板上下刮动，即可清除泥皮。

为了使钢隔板能承受较大的侧压力，一般将钢隔板焊在钢筋笼上，同时控制混凝土的浇注速度为2.5～3m/h(有的工程实际混凝土浇注的速度达到5～8m/h)，墙段两端混凝土面上升高差控制在0.3m以内。

为了防止钢隔板变形和混凝土从底部绕流，必要时可在钢隔板外侧填碎石。

为了防止混凝土侧向绕流，在V形钢隔板两侧设有尼龙布或土工织物(其拉力强度要求≥2600N/cm)长度应超出混凝土导管1m左右。也可以使用0.75mm薄钢片代替，以减少织物被拉破。

3．接头箱连接

这种接头方法与锁口管接头施工类似，在单元槽段完成后，于一端吊放锁口管与敞口接头箱（也可以使用马蹄形锁口的接头箱），再吊放在接头箱一上端带堵头板的钢筋笼，在堵头板外伸出的钢筋就进入了敞口的接头箱中。当浇灌槽段混凝土时，由于堵头板的作用，混凝土不会流入箱内，拔出接头箱和锁口管就成了。有外伸的钢筋接头和空孔，在浇筑下一槽段的混凝土时，就成为钢筋连续的刚性和止水接头。其工艺过程详见图 6-11。

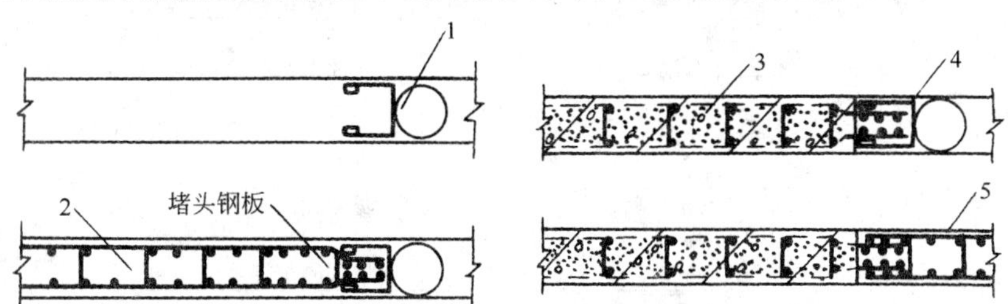

图 6-11　接头箱连接示意图

1—成槽后吊放锁口管与敞口接头箱；2—吊放带堵头钢板的钢筋笼；3—浇灌泥凝土；4—相邻槽段成槽拔出接头箱和锁口管；5—吊入相邻槽段钢筋笼与原槽段钢筋笼相连接并浇灌混凝土，如此循环直至全部完成墙的施工

4．隔板式接头

一般用十字形、一字形、弧形工字钢等，作为单元槽段的堵头，可根据墙厚、墙深的不同，也可选用锁口管接头箱配合施工。为防止浇灌的混凝土绕流，在堵头板处还套有尼龙布、土工织物或薄钢板。

用于接头的钢板，要求开孔，以便施工时混凝土流通，同时加大粘结力。为防止堵头板变形，也可以采用在隔板外侧抛填碎石的做法。

5．直接连接式的平接头

前一单元槽段成槽后，不加任何措施，吊放钢筋笼后，直接浇灌混凝土，墙端与未开挖的土体直接接触，在下一单元槽段开挖时，用冲击锤将与土体相接触的混凝土面，凿成不平的连接面，再用侧面清扫器打扫干净再浇灌下一槽段混凝土。

当使用射水法成墙时，则前一槽段的端侧，使用射水器侧面高压水冲刷，最后再浇灌下一槽段混凝土，从实践看，还是可以取得较好的效果。

6．预制钢筋混凝土构件连接式

当地下连续墙深度和厚度都不太大时，可以采用预制钢筋混凝土连接构件，即成槽后，先将预制钢筋混凝土连接构件插入墙段连接的接头端，浇灌混凝土后，再在另一侧或两侧成槽，同样放入连接构件浇灌另一槽段。

（七）地下连续墙混凝土浇筑

在泥浆中浇筑地下连续墙的混凝土，深度大，肉眼无法直接观察，同时要在短时间内快速而均匀地浇筑完毕，因此如何顺利浇筑并保证质量，是地下连续墙施工中一个重点。

1．混凝土浇筑前的准备工作

混凝土浇筑之前，除有关混凝土制备、运输、浇筑、运输道路安排、劳动力配备等方面的准备工作之外，有关槽段的准备工作如图 6-12 所示。

2．混凝土配合比

在确定地下连续墙工程中所用混凝土的配合比时，应考虑到混凝土采用导管法在泥浆中浇筑的特点。地下连续墙施工所用之混凝土，除满足一般水工混凝土的要求外，尚应考虑泥浆中浇筑的混凝土的强度随施工条件变化较大，同时在整个墙面上的强度分散性亦大，因此，混凝土应按照结构设计规定的强度等级提高5MPa进行配合比设计。

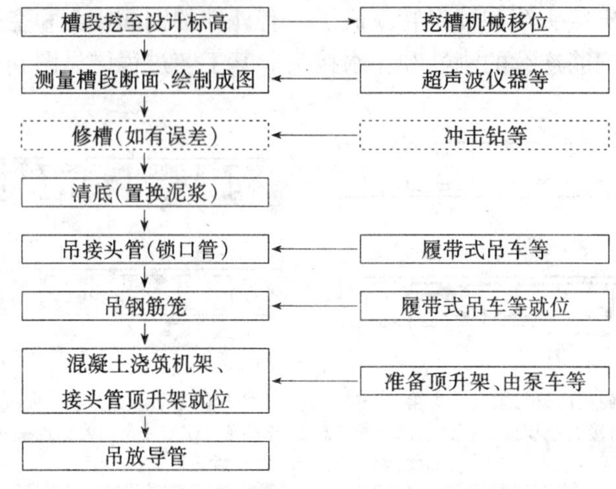

图6-12 地下连续墙混凝土浇筑前的准备工作

混凝土的原材料，为避免分层离析，要求采用粒度良好的河砂，粗骨料宜用粒径5～25mm的河卵石。如用5～40mm的碎石时应适当增加水泥用量和提高砂率，以保证所需的坍落度与和易性。水泥应采用强度等级32.5的普通硅酸盐水泥和矿渣硅酸盐水泥。单位体积水泥用量，如粗骨料为卵石时应在370kg/m^{3}以上，如采用碎石并掺加优良的减水剂时应在400kg/m^{3}以上，如采用碎石而未掺加减水剂时应在420kg/m^{3}以上。水灰比不大于0.60。混凝土的坍落度宜为18～20cm。

3. 混凝土浇筑

地下连续墙混凝土用导管法进行浇筑。由于导管内混凝土和槽内泥浆的压力不同，在导管下口处存在压力差使混凝土可从导管内流出。

为便于混凝土向料斗供料和装卸导管，我国多用混凝土浇筑机架进行地下连续墙的混凝土浇筑。机架跨在导墙上沿轨道行驶。

在混凝土浇筑过程中，导管下口总是埋在混凝土内1.5m以上，使从导管下口流出的混凝土将表层混凝土向上推动而避免与泥浆直接接触，否则混凝土流出时会把混凝土上升面附近的泥浆卷入混凝土内。但导管插入太深会使混凝土在导管内流动不畅，有时还可能产生钢筋笼上浮，因此无论何种情况下导管最大插入深度亦不宜超过9m。当混凝土浇筑到地下连续墙顶部附近时，导管内混凝土不易流出，一方面要降低浇筑速度，另一方面可将导管的最小埋入深度减为1m左右，如果混凝土还浇筑不下去，可将导管上下抽动，但上下抽动范围不得超过30cm。

在浇筑过程中，导管不能作横向运动，导管横向运动会把沉渣和泥浆混入混凝土内。在混凝土浇筑过程中，不能使混凝土溢出料斗流入导沟，否则会使泥浆质量恶化，反过来又会给混凝土的浇筑带来不良影响。

在混凝土浇筑过程中，应随时掌握混凝土的浇筑量、混凝土上升高度和导管埋入深度，防止导管下口暴露在泥浆内，造成泥浆涌入导管。

在浇筑过程中需随时量测混凝土面的高程，量测的方法可用测锤，由于混凝土非水平，应量测三个点取其平均值；亦可利用泥浆、水泥浮浆和混凝土温度不同的特性，利用热敏电阻温度测定装置测定混凝土面的高程。

浇筑混凝土所置换出来的泥浆，要送入沉淀池进行处理，勿使泥浆溢出在地面上。导管的间距一般为 3～4m，取决于导管直径。单元槽段端部易渗水，导管距槽段端部的距离不得超过 2m。如管距过大，易使导管中间部位的混凝土面低，泥浆易卷入。如一个单元槽段内使用两根或两根以上导管同时进行浇筑，应使各导管处的混凝土面大致处在同一标高上。浇筑时宜尽量加快单元槽段混凝土的浇筑速度，一般情况下槽内混凝土面的上升速度不宜小于 2m/h。

在混凝土顶面存在一层浮浆层，需要凿去，因此混凝土需要超浇 30～50cm，以使在混凝土硬化后查明强度情况，将设计标高以上部分用风镐凿去。

二、地下连续墙的监理巡视检查

1．预控

(1) 测量放线定位

首先要审查其测量放线的方案，就地下墙特点及场地条件提出预防性要求。在此基础上要求施工单位建立专人自检、抽检、复核的制度，做好原始记录，并经监理审核认可。一切放线工作经自检、互核合格后，再由监理人员验线。

1) 监督测量人员按有关要求对测量仪器、设备(如经纬仪、水准仪、钢尺等)进行检定和校核，合格后方可投入使用；

2) 施工测量控制网跟踪监控，包括审查及复核平面测量控制网起始数据，测量基准线；

3) 放线定位跟踪监控，包括审查及复核导墙、槽段放线定位、标高及立槽距、垂直度等，都应报监理工程师检查；

4) 场区平面控制点及高程控制点应由当地主管部门确认的点引入现场，场区至少设立三个相互通视的平面控制点，平面控制应组成闭合导线，施测精度应满足《工程测量规范》的要求。场区高程控制应以Ⅳ等水准施测，往返误差或环线闭合差应不大于 $20\sqrt{L}$mm(L—环线长度)。场区控制点应设在施工影响区之外，定期复测。

(2) 施工用临时道路施工

临时道路施工质量往往易被忽视，因施工动荷载较大，如不加注意，往往易引起道路下陷，严重地致导墙损坏或使槽壁变形较大。鉴于上述情况，监理人员应注意如下几点：

1) 道碴层铺设后，要督促用功能≥100kN 的压路机来回压实到设计规定要求。且其厚度一般控制在 100～150mm，并经监理人员验收；

2) 在道碴层上要求浇筑不低于 C20 强度等级的混凝土，厚度一般控制在 200mm；

3) 要求施工人员严格控制吊车、挖槽机位置及走道，以及运混凝土的车辆的动荷载，在靠近导墙及槽壁处要求铺设走道板以减小单位面积上的压应力；

4) 监控内容一般包括：路线放样、路基原地面清理压实、填料选择及其压密、铺设素混凝土的要求(如强度等级)、养护要求。

2．过程质量

(1) 导墙施工时监理人员巡视时应注意：

1)导墙平面、立面尺寸；2)布筋位置；3)混凝土配合比、试块强度；4)导墙底部平整度；5)

模板的平整度；6）导墙底部不得座落在松散土层或地下水位变化处；7）导墙背侧是否填密实，是否会漏浆；8）在导墙转角及纵横交接处应做成“T”形或“十”字形；9）混凝土养护期间，监理员应严禁施工方在导墙附近作业或停置起重机等重型设备，以防导墙开裂和位移。导墙监控的主要技术数据见表6-26。

导墙监控的主要技术数据 **表6-26**

序号	项目名称	允许偏差	序号	项目名称	允许偏差
1	导墙内墙面平行于地下墙中心线	±10mm	4	内外导墙间净距（地下墙设计墙厚加25～40mm）	±5mm
2	导墙顶面标高（整体）	±10mm			
3	导墙顶面标高（单幅）	+5mm	5	导墙内墙面垂直度	≤1/500

（2）泥浆配制及处理方面，监理人员应督促施工单位根据场地土质情况，地下墙技术要求，及场地施工条件，选用有材质证明的泥浆配料，优先选用膨润土，并取样进行泥浆配合比试验。若采用其他黏土，其性质必须满足其黏粒含量大于5%，塑性指数大于20及含砂量小于5%，且二氧化碳与三氧化二铝含量比值为3～4。在泥浆拌制好使用之前必须经检验，不合格的不准使用，并督促施工人员应及时进行处理。在使用过程中，应由专人对泥浆定期按要求测定。

新配制的泥浆，使用中循环泥浆及废浆的指标见表6-35。

要求施工单位定人定期按表6-27和表6-35中的要求去控制泥浆性能，并报完整测试记录给监理人员。

泥浆取样、测定要求 **表6-27**

序号	泥浆性质	取样、测定要求	取样位置
1	新配泥浆	每拌制100m^3泥浆，分别在搅拌好和陈化一天后各取一次测定	搅拌机内
2	槽内循环泥浆	单元槽段内每挖10m取样测定一次	送浆泵入口
3	灌混凝土时槽内泥浆	采用底盖形取样器取样	在槽底上20cm左右处取样

（3）成槽及清槽方面，监理人员应督促施工人员重视成槽机就位正确、操作台平整的重要性。符合要求后，方可开始掘进。每掘进一次，用经纬仪检测纠偏一次。监理人员在此阶段巡视检查的主要内容，和要求的技术指标如表6-28所示。

成槽施工技术指标 **表6-28**

序号	项目名称	技术指标
1	槽位，槽宽	（由超声波测井仪测定）
2	槽壁垂直度	≤6‰
3	接头处相邻两槽挖槽中心线在任一深度的偏位	≤设计槽厚/3
4	成槽深度	0～20cm
5	灌混凝土前泥浆比重	≤1.2kg/cm^3
6	灌混凝土前沉淤厚度	≤20cm

1）成槽过程中，泥浆液面是否保持一定高度。要求控制在导墙下0.5m，否则要进行补浆；2）成槽中，成槽机天轮中心、抓斗中心和地下墙中心是否在垂直线上；3）接头处相邻两槽段的挖槽中心线，在任一深度的偏差值，不得大于墙厚的1/3；4）掘进速度是否过快，有否异

常迹象出现，如槽壁弯曲，倾斜及塌方等；5)成槽后，槽内深度及其偏差是否符合要求；6)成槽后，清槽换浆的时间、指标是否满足要求。

成槽完毕后立即督促承建商(施工单位)按要求用仪器对成槽情况进行检测。如发现偏差超过要求，及时督促其返工整改，达到满足要求为止。

槽段开挖结束后，应检查槽位、槽深、槽宽及槽壁垂直度等，合格后方可进行清槽换浆。成槽满足要求后，要求有关施工人员对槽底泥浆和沉淀物进行置换和清除，其置换量不应小于槽段总体积的1/3或下部5m范围内。可采用底抽顶补法，但时间一般不得小于30min。

(4) 钢筋笼制作及入槽时，监理人员巡视中应注意：

1) 制作钢筋笼的平台或场地要求平整密实，检查其是否符合制作要求与精度；2)钢筋笼制作须按图施工，严禁漏筋现象的出现：(*A*)钢筋笼不得任意绑扎，其周边钢筋与纵横钢筋应全部采用点焊连接；其余可交错点焊，其焊点不得少于50%，所用焊丝不得大于3.2mm；(*B*)钢筋笼需按施工组织设计要求配置足够的保证起吊刚度的附加钢筋或型钢；(*C*)检查钢筋笼外缘是否有确保保护层的凸型钢板、垫件，预埋管件、预留孔是否遗漏或不符合设计要求，预埋管件应两端密封，预留孔宜用轻质填料封闭；3)钢筋笼外形尺寸应进行签字验收；4)对焊条选用、焊缝要求及搭接要求监理人员均要作巡视抽查，检查其是否满足有关技术标准；5)检查布筋其规格、型号是否对，有否漏布，间距是否正确，误差是否在容许范围内；6)检查起吊点位置是否合适：(*A*)根据钢筋笼的质量，督促施工人员通过计算正确设立起吊方式、位置及吊点的强度，并且要求平稳起吊；(*B*)为使吊起的钢筋笼保持垂直性和水平性，应采用专门的等长四环钢丝绳；(*C*)为防止钢丝绳起吊时会发生横向收缩力，引起钢筋笼歪斜，督促使用H形钢或I形钢作钢吊具；(*D*)起吊钢筋笼一般要求由主副吊钩起吊，主钩钢梁长3～4m，其下挂4只单门滑轮(200kN)，分别挂在钢筋笼8只吊点上，副钩用钢丝绳挂在钢筋笼下半部8只吊点上；7)分节钢筋笼制作、拼装及下槽的要求：(*A*)一般情况下，如需分节拼装时，要力争分二节完成。二节以上钢筋笼施工很麻烦；(*B*)要求施工人员按整笼要求制作，仅放出搭接的长度。然后选择在受力较小处将钢筋笼断开，这样可以在拼装时易对接上，质量易控制；(*C*)断开钢筋节头的要求：节点数≤50%，且两断开节头距离应符合45d或不小于0.5m；(*D*)在入槽拼装时要求平直，督促施工人员应量好上下节成型尺寸，再分别在四角四根主筋上作好标记，把钢筋笼对准槽口中心，竖直缓慢地下吊，当上下节笼接好标记处时，在二侧同时对称施焊；(*E*)钢筋笼入槽时，正、反面不要搞错，一般临坑面配筋比外侧面要多；8)钢筋笼须经验收合格后方可入槽。且不得强行入槽。为确保其能顺利下达到设计标高，要求应注意：(*A*)槽壁必须满足垂直度要求；(*B*)吊放钢筋笼前，要准确测定槽底标高；(*C*)做好清槽工作；(*D*)对异形钢筋笼，要采取一定技术措施保证其外形尺寸准确，满足吊放时的刚度要求；9)入槽后要确保钢筋笼偏位、上浮在允许范围内，且使其处于悬吊状态下浇注水下混凝土，钢筋笼入槽后，至浇筑混凝土前的停留时间不得超过6h。

钢筋笼制作及预埋件位置允许偏差 **表6-29**

序号	项目名称		允许偏差(mm)	序号	项目名称		允许偏差(mm)
1	钢筋骨架	长	±10	2	受力钢筋	间距	±10
		宽	±5			层距	±5
		高	±5			保护层	±10

续表

序号	项目名称		允许偏差(mm)	序号	项目名称		允许偏差(mm)
3	箍筋和构造筋的间距	绑扎	±20	5	预埋件	中心位置偏移	5
		点焊	±10			平整度	3
4	钢筋弯起点位置偏移		20			(水平)高差	0~+3

焊条要求及其焊接允许偏差 表 6-30

序号	焊结性质	项目	允许偏差(mm)
1	闪光接触对焊	两钢筋轴线折角	≤4°
		两钢筋轴线偏移	≤0.1d 且≤2
2	点焊	热扎钢筋压入深度	(0.3~0.45)d
		冷加工钢筋压入深度	(0.3~0.35d)
3	电弧焊	焊缝厚度	-0.05d
		焊缝宽度	-0.1d
		焊缝长度	-0.5d
		绑条焊接接头中心纵向偏移	≤0.5d
		横向咬边深度	≤0.05d 且≤0.5
		两钢筋轴线折角	≤4°
		两钢筋轴线偏移	≤0.1d 且≤3
焊条要求	外观： 1. 偏心度：直径≤2.5mm 时不超过 4%，直径>2.5mm 时不超过 3%； 2. 药皮均匀紧密包围夹持段 20cm； 3. 易燃、稳定、不应有过多的烟雾		

(5) 混凝土搅拌、灌注时，监理人员应注意：

1) 混凝土搅拌质量情况：

(*A*) 要求施工人员严格按试验单位提供的混凝土配合比进行搅拌，混凝土搅拌的技术指标见表 6-31；

混凝土搅拌技术指标 表 6-31

序号	项目	技术指标	序号	项目	技术指标
1	水灰比	由设计抗渗指标定(一般<6)	3	坍落度	18~20cm
2	水泥	由设计混凝土强度等级确定，一般≥400kg/m³	4	扩散度	34~38cm
			5	含砂率	>40%

(*B*) 在开搅前，要求控制好原材料的投入量的允许偏差，其内容详见表 6-32；

混凝土原材料投入量允许偏差 表 6-32

序号	项目	允许偏差(%)	序号	项目	允许偏差(%)
1	水泥、外掺混合材料	±2	3	水、外加剂溶液	±2
2	粗、细骨料	±3			

督促有关施工人员经常测定粗、细骨料的含水量，根据实测值来调整加水量，以确保混凝土实际的水灰比符合设计要求；

(*C*) 要求严格控制搅拌时间，督促做好坍落度的测试工作；

(*D*) 要求施工单位尽可能使用掺合剂，以确保混凝土的和易性和流动性、混凝土的强度及减少离析现象。

2) 混凝土灌注

(*A*) 仔细检查导管密封性，连接部位丝扣质量；隔水塞的性能；吊斗、料斗适用性等，有条件时尽可能地采用搅拌车输运混凝土。

(*B*) 要确保混凝土初灌量在混凝土初次灌入后导管埋入其一定的深度。在灌注过程中要勤测混凝土上升高度，以有效控制好导管插入混凝土深度。

(*C*) 要求施工单位严格控制好槽段混凝土上升速度，不允许太快或太慢，既要使混凝土有一定翻浆能力，但又不至于对土体产生破坏。

混凝土灌注时主要技术指标的控制 **表 6-33**

序　号	项　　目	指标技术	序　号	项　　目	指标技术
1	单槽段内两导管间距	≤3m	5	灌注混凝土时，混凝土面高差值	<0.3m
2	单槽段内导管与两端的距离	≤1.5m	6	超灌高度	≥0.3～0.5m
3	导管插入混凝土内深度	≥1.5m	7	导管离槽底距离	0.3～0.4m
4	混凝土上升速度	3～6m/h	8	混凝土实际用量	>1(充盈系数)

(6) 除以上应注意的事项以外，在进行已成墙邻幅接缝处施工时，监理人员应注意：

1) 要求承建商(施工单位)在清槽时对与邻幅接头处的污泥清洗干净，一般要求用接头刷连续清洗时间控制在15～20min或至少洗刷10次直至接头无泥为止；

2) 要求选用防渗性能好的接头连接型式，如采用锁口管则要严格检查其本身弯曲程度是否满足1/1000内。要求垂直插入槽内，偏差不大于50mm，且背侧与混凝土及土体接触要密实，防止混凝土绕流；

3)在确定顶拔锁口管时间时，应根据不同区域、不同水泥品种、不同气候，在现场进行测试，以获取确切的、符合实际情况的控制时间来指导施工。根据上海地区的经验，一般当混凝土达自立强度时(约3.5～4h)即顶拔，在5～8h内将管子拔出，混凝土初凝后，每10～15min上、下活动一次。

3．地下连续墙施工中的常见问题

4．地下连续墙施工质量控制的关键点

(1) 导墙

1) 导墙背侧需回填时，应要求施工方用黏性土并夯实，且不得漏浆。预制的钢筋混凝土导墙安装时，必须保证接头连接质量，监理人员要到场进行检查。

地下墙施工常见质量问题、产生原因及建议预防、补救措施 **表 6-34**

常见问题	产生原因	建议预防、补救措施
糊　钻	(1)在软黏土层钻进太快，钻渣大，出浆口被堵塞；(2)在黏性土层成孔，钻速过慢，未能将切削泥土甩开，附在钻头刀片上	施钻时，注意控制钻进速度，不宜过快或过慢；当糊钻时，可提出槽孔，清除钻头上的泥渣，继续钻进

续表

常见问题	产 生 原 因	建 议 预 防、补 救 措 施
卡 钻	(1)泥浆中所悬浮的泥渣聚集在钻机周围,把钻孔与槽壁间的孔隙堵塞或中途停钻未及时将钻具提出地面,泥渣沉积在挖槽机具周围;(2)槽壁局部塌方,将钻具埋住,或遇地下障碍物被卡住;(3)有时在塑性黏土槽壁产生缩孔;(4)槽孔偏斜弯曲过大,钻具被槽壁卡住	(1)钻进中注意不定时地交替紧绳、松绳,将钻头慢慢下降或空转,以避免泥渣淤积、堵塞,造成卡钻;中途停止钻进时,将潜水钻机提出槽外;钻进中要适当控制泥浆密度,防止坍方;挖槽前应探明障碍物,及时处理;在塑性粘性土中钻进或槽孔出现偏斜弯曲,应经常上、下扫孔纠正;(2)挖槽机具在槽孔内不能强行提出,以防吊索破断,一般可采用高压水或空气排泥方法,排除周围泥渣及塌方土体,再慢慢提出,必要时用挖竖井方法取出
架 钻	(1)因钻头严重磨损其直径减小,未及时补焊造成槽孔宽度变小,使导板箱被搁住不能钻进;(2)钻机切削三角死区的垂直铲刀或侧向拉力装置失灵,或遇坚硬土石层,功率不足,难以切去	检查钻头直径,应比导板箱宽2~3cm。钻头磨损严重应及时补焊加大,钻进三角死区土层的垂直铲刀或侧向拉力失效,或遇坚硬土石层及功率不足,难以切去时,可辅以冲击钻破碎后再钻进
导向架的固定销易断	提升抓斗时,一、二级导向架偏差较大时,且提升速度较快、过猛	抓土到一定深度时,当一级导向架与二级导向架脱开时,提升抓斗应保持一、二导向架在同一垂直线上,如有偏差,应缓慢提升
油管及仪表易损坏	操作抓斗闭合运行时,其压力超过额定压力时	在操作抓斗时,应随时目测主系统压力表,一旦达到额定压力时要立即松开
槽壁塌坍或过大的变形	(1)泥浆质量不好,如密度不够,含盐和泥砂含量多,泥浆配制不合要求等,使泥浆不能形成可靠护壁作用;(2)地下水位过高,泥浆液面标高不够;或孔内出现承压水,降低了静水压力;(3)在松软土层中钻进过快,或钻具回旋过快,将槽壁扰动变形;(4)成槽后,耽搁时间过长,未及时进行下道工序,泥浆沉淀渐渐失去护壁作用;侧向土体的过大位移;(5)单元槽段划分过长,且地面动荷载及附加荷载过大,过频繁,地下墙附近地面过大沉降;(6)在松散砂层及软弱土层,易产生槽壁塌坍及过大的变形;(7)由于施工操作不当,如抓斗提升太快,又未及时补浆及导墙未处理好等原因漏浆,造成槽内泥浆液面过快降低,超过安全范围,或某种原因使地下水位急剧上升	(1)配制泥浆时应采用合格原料,经试验确定泥浆配方,其要求参见表6-35;(2)控制槽段内液面高于地下水位0.5m以上,有时可采用高导墙来处理;在松软土层中钻进,应严格控制进尺,不要过快或空转过长,尽量缩短成槽时间,成槽完毕后,紧接着下钢筋笼并进行及时浇灌混凝土,尽量不使其耽搁时间太长,单原槽段长度一般控制在6m内,且分几小段开挖,根据挖槽情况,随时调整泥浆密度和液面标高,注意地面荷载不要过大且动荷载频率不宜太高;(3)对于严重塌槽,要及时起钻填入较好的黏土,待一段时间后,可重新下钻,此时泥浆比重适当加大,局部塌孔,可加大泥浆比重,放些重晶石粉等增加护壁作用:已塌槽中如发现为较大面积塌坍,应将抓斗(钻头)提出地面,用优质粘土掺入20%水泥,回填至塌坍处以上1~2m,处理密实后再进行施工,如个别槽段的土质较差,可采用深层搅拌的加固措施;(4)一般成槽机掘进速度应控制在15m^3/h左右,导板抓斗(钻头)不宜快速进出槽口,施工时随时注意槽壁发生塌坍的现象,如泥浆大量漏失,超挖土方量,导墙附近地面沉降大,或出现漏斗沉降,槽内泥浆翻滚或有异常现象,使抓斗(钻头)升降困难等,在松散砂层或软粘土层施工应采取慢速钻进,适当加大泥浆密度,控制槽内泥浆面高于地下水0.5m以上,否则应及时补充泥浆

续表

常见问题	产生原因	建议预防、补救措施
槽孔偏斜	(1)钻机柔性悬吊装置偏心，抓斗(钻头)本身倾斜或机座未安置水平；(2)挖(钻)过程中，遇硬块(如较大的孤石或探头石)；(3)在有倾斜度的软硬地层交界面倾斜处挖(钻)进；(4)扩孔较大处，抓斗(钻头)摆动偏离方向；(5)采取依次下钻，一端为已完工混凝土墙，常使槽孔向土一侧倾斜	(1)机具在使用前调整好悬吊装置，防止偏心，机架底座应保持水平，在挖(钻)过程中随时用水准仪、经纬仪控制水平及垂直的质量；(2)抓斗(钻头)进入槽内，严禁自由下降，同时顶部回转、转盘平面应保持水平，钢丝绳应在槽的中心线上；遇较大孤石、探头石，应冲击破碎；在软硬岩石交界处及扩孔较大处，采用低速钻进(掘进)，尽可能采用分段成槽，且间隔施工；查明钻机偏斜的位置和程度，一般可在偏斜处吊住钻具上、下往复扫孔，使槽壁正直，偏差严重时，应回填黏土至偏孔以上1m处，待处理密实后，再重新施工
钢筋笼难以放入槽内或上浮下沉	(1)槽壁凹凸不平、弯曲或倾斜过大；(2)钢筋笼外形尺寸不准，误差较大；(3)钢筋笼整体刚度不够，吊放时产生较大变形；(4)钢筋笼纵向接头弯曲及定位块过于凸出；(5)导管埋深过大，混凝土浇灌速度过慢，钢筋笼被托起上浮，槽底沉渣太厚，钢筋笼下不到设计标高；(6)固定钢筋笼支架不牢，使钢筋笼下沉；(7)在相临槽段已成墙，但因某种原因在未成槽的槽段一侧呈凸形	成槽时，要保持槽壁平整，严格控制钢筋笼外形尺寸，其长宽应比槽体小11～12cm，钢筋笼接长时，上、下段应保持垂直且对齐；如因槽壁弯曲钢筋笼不能放入；应修整槽壁后再放入；钢筋笼上浮控制，可在导墙上设置锚固点，固定钢筋笼，清除槽底沉渣，至要求深度为止，加快浇灌速度，控制导管的最大埋深，不要超过6m，力争避免在浇混凝土时，绕流及锁口管安装倾斜；当遇相临墙壁为凸形时，要采用冲击钻或锁口管冲击凸突混凝土，如实在不行，经设计、监理人员同意，对钢筋笼改形且增加刚度处理
常见问题	产生原因	预防、补救措施
导管接缝漏水	(1)导管连接螺丝未拧紧；(2)螺丝平面和管中心线垂直偏差大；(3)导管连接〇形橡胶垫圈未完好就入槽，存有较大缺口缝隙	拆导管至漏浆的接缝处，查明原因，拧紧或调换导管，或加两层带黄油的胶垫圈，用空气吸泥器把压球的混凝土，全部抽出后，再重新下管开浇；若接缝漏浆处已被埋在混凝土槽内，则提升导管时，尽量让它仍留在埋管范围内，一旦有浆流进，采用小提筒掏干净才可浇注
卡管	(1)混凝土的和易性不好，易产生离析；(2)混凝土坍落度较小，再次拌合时，没加适量的水泥浆；(3)混凝土中超径碎石含量超过规定值；(4)导管壁变形	混凝土的和易性应良好，塌落度要保持在18～22cm，卡管在上部，可用竹杆等冲捣，并用附着式振荡器振，或把导管提起30～50cm，突然放下，反复顿管，提顿时管口不得脱出混凝土面，不宜过猛抖顿，或在导管上安放功率为2～3kW的表面振捣器，进行高频率振动，当在捣、振、顿无效时，应迅速拆卸导管，下新导管；灌注前仔细检查导管把不合格导管挑出来
导管脱空	(1)导管已拆但未作记录，误为未拆管，于是再次拆管；(2)混凝土供应能力不够，致混凝土上升速度较低，想提时，不慎一提就脱空；(3)混凝土下落缓慢，原有导管又少时，单纯用提管方法，想使混凝土下降，稍不慎就发生脱空；(4)操作人员不听从指挥，过高提升导管或任意提拆导管	拆下导管要及时地记录并计算正确，尽量提高混凝土的供应能力，备足导管；将脱空导管加压插入已浇混凝土中，采用小提筒掏净管内泥浆再开浇；加强内部施工管理，要求操作人员服从指挥

续表

常见问题	产生原因	建议预防、补救措施
墙身夹泥墙顶混凝土强度不够浇灌时塌方或挤穿	(1)灌注管摊铺面积不够,管与管间距太大,部分角落灌注不到,被泥渣填充;(2)灌注管插入混凝土深度不够,泥渣从底口进入混凝土内;(3)导管接头不密,泥浆渗入导管内;(4)首开灌时,初灌量不够,未能将泥浆与混凝土严格隔开;(5)一次提升导管过大,或因测深错误,导管底口离开混凝土面,底口涌入泥浆;(6)在浇灌过程中,因墙内局部塌坍较大;(7)混凝土因某种原因未连续浇灌造成间断或浇灌时间过长,首批混凝土失去流动性,而后来浇灌的混凝土顶破顶层而上升,与泥渣混合;(8)混凝土超灌量不够,致在墙顶设计标高处混凝土混杂泥渣,而其强度达不到要求	采用分段灌注,一般在2~3个灌注管同时灌料,导管埋入混凝土内一般为1.2~4.0m,导管接头应采用粗丝扣,并加橡胶圈密封,初灌量要计算好,并要充分确保混凝土的供给量;来料要均匀连续,和易性和塌落度要良好,做到浇灌的连续性;中途停顿时间不超15min;墙内混凝土上升速度不应低于2m/h,要求均匀上升,高差不大于50cm,采取快速浇注;遇塌孔,可将沉积在混凝土上的泥块吸出,继续灌注,同时应采取加大水头压力等措施,当导管拔出混凝土面时,可重新插入混凝土内,用小口径抽筒将管内泥浆及表层混凝土抽净
常见问题	产生原因	建议预防、补救措施
锁口管拔不出	(1)锁口管本身弯曲,上、下节锁口管在接头处有弯曲,或安装不直与顶升装置、土壁与混凝土之间产生较大摩擦力,锁口管表面的耳槽盖漏盖;(2)拔管时间未掌握好,混凝土已终凝,摩阻力增大,混凝土浇灌时未经常上、下活动锁口管	检查锁口管是否弯曲,锁口管直径不能和槽孔一样大小,应适当缩小,一般为槽孔厚度的95%左右,可在两侧贴焊4号角铁,根据需要作适当旋转,既可克服下放困难,又可实现增大直径,安装时须垂直插入,并用经纬仪校正,偏差不大于50mm,锁口管插好后,应在其背面用粘土或晒干粘土填充,以防混凝土绕流,锁口管的下端要插入槽底土层30~50cm,以使锁口管在浇捣过程中稳固;拔管时间要控制好,一般混凝土达到自立强度(3.5~4h)后应开始顶拔,5~8h内将管子拔出:混凝土初凝后,即应上、下活动,每10~15min活动一次,吊放锁口管时,要盖好月牙槽盖
墙体间接缝质量较差,渗水或接缝表面左右错位	(1)在已成墙旁成槽后刷壁不彻底,壁上带有泥皮块;(2)成槽机垂直度未控制好,或车道地面沉陷较大	刷壁一般要求在10次以上,且以刷上不带泥为好。成槽机施工时常用经纬仪控制其垂直度。对车道地面要按技术要求做好,具有足够的承载力

2）现浇的混凝土或钢筋混凝土导墙,施工单位在拆模后应立即在墙间加设支撑。

(2) 槽段开挖

清理槽底和置换泥浆结束1h后,监理员到场检查清槽情况,要求符合下列要求:

1）槽底(设计标高)以上200mm处的泥浆比重应不大于1.20;

2）沉淀物淤积厚度应不大于200mm。

(3) 泥浆

1）在施工期间,槽内泥浆于地下水位0.5m以上,亦不应低于导墙顶面0.3m。施工场地应设置集水井和排水沟,防止地表水流入槽内破坏泥浆性能。如地下水含盐或泥浆受到化学污染时,应采取措施保证泥浆质量。

2) 泥浆应存放24h以上或加分散剂,使膨润土或黏土充分水化后方可使用。

(4) 钢筋笼制作及安装

钢筋笼应在清槽换浆合格后立即安装,入槽前,监理员到场检查钢筋笼是否产生了不可恢复的变形,如产生了不可恢复变形,钢筋笼不得使用。同时入槽过程中,钢筋笼不得强行入槽。浇筑混凝土时,钢筋笼不得上浮。

(5) 混凝土浇筑和接缝处理

接头管(箱)和钢筋笼就位后,检查沉淀物厚度,保证清底合格后,应要求施工单位在4h以内浇筑混凝土,采用导管法浇筑。浇筑混凝土时,监理员旁站检查,要求施工人员的操作符合以下要求:槽内混凝土面上升速度不应小于2m/h;导管埋入混凝土内的深度不得小于1.5m,亦不宜大于6m;还应经常转动及提动接头管;拔管时,注意不得损坏接头处的混凝土。

三、地下连续墙的见证试验

泥浆拌制和使用时监理员必须检验,不合格的,不得使用。泥浆的性能指标应通过试验确定。在一般软土层成槽时,可按表6-35采用。

制备泥浆的性能指标 **表6-35**

项次	项目	性能指标	检验方法
1	比重	1.05~1.25	泥浆比重秤
2	黏度	18~25s	500cc/700cc漏斗法
3	含砂量	<4%	
4	胶体率	>98%	量杯法
5	失水量	<30mL/30min	失水量仪
6	泥皮厚度	1~3mm/30min	失水量仪
7	静切力 1min 10min	20~30 mg/cm² 50~100	静切力计
8	稳定性	≤0.02g/cm³	
9	pH值	7~9 不大于10	pH试纸

注:表中所列为一般情况下应满足的基本参数,可根据施工地点土质作出适当调整。

四、地下连续墙的监理验收

采用无泥浆干作业地下连续墙成墙工艺施工时,其质量标准及要求如下:

1. 锁口桩质量标准详见表6-36。

锁口桩质量标准 **表6-36**

项目	设计要求	允许偏差(mm)	项目	允许偏差(mm)
混凝土保护层	25mm	±5	主筋间距	±5
沉桩垂直度	按桩长计	2‰L	桩筋间距	±20
桩顶标高	±0.00	±50	沉桩平面	±10

2. 干作业地下连续墙质量标准详见表 6-37。

干作业地下连续墙质量标准表 **表 6-37**

项　　目	设 计 要 求	允许偏差(mm)	项　　目	允许偏差(mm)
混凝土保护层厚	50mm	±10	平 面 偏 差	±10
墙身垂直度	墙深 L	2‰L	墙截面偏差	加厚 20
垂 直 筋	间　距	±10	墙 顶 标 高	±50
水 平 筋	间　距	±10	墙 底 标 高	加深 50

3. 质量要求

(1) 墙混凝土强度等级按设计,塌落度 18cm 自密混凝土;

(2) 灌混凝土用漏斗和象鼻软管,防止混凝土离析并确保槽内绑扎附加筋人员的安全;

(3) 钢筋保护层要求用预制圆垫块,穿在钢筋骨架内,以确保保护层厚度准确;

(4) 人工清完余土后,应测量墙底标高,检查桩壁附着余土,并清除干净,使槽段连接可靠;

(5) 拔护壁侧板,槽内混凝土应计算充盈量,必须保证拔出侧板混凝土量须超出墙顶标高,墙体混凝土计算按超出 1 倍墙厚计算(这部分为浮浆,在浇压顶梁时清除,并留出钢筋与压顶梁整浇)。

钢筋笼制作与吊装的偏差控制要求见表 6-38。

钢筋笼制作与吊装偏差控制要求 **表 6-38**

序 号	项 目 内 容	容 许 偏 差(mm)	序 号	项 目 内 容	容 许 偏 差(mm)
1	竖向主筋间距	±10	5	钢筋笼吊入槽内中心位置	±10
2	水平主筋间距	±20	6	钢筋笼吊入槽内垂直度	2‰
3	预埋件位置	±15	7	钢筋笼吊入槽内标高	±10
4	预留连接筋位置	±15			

地下墙质量检验标准 **表 6-39**

<table>
<tr><th rowspan="2">项</th><th rowspan="2">序</th><th rowspan="2" colspan="2">检 查 项 目</th><th colspan="2">允许偏差或允许值</th><th rowspan="2">检 查 方 法</th></tr>
<tr><th>单　位</th><th>数　值</th></tr>
<tr><td rowspan="2">主控项目</td><td>1</td><td colspan="2">墙体强度</td><td colspan="2">设 计 要 求</td><td>查试件记录或取芯试压</td></tr>
<tr><td>2</td><td colspan="2">垂直度:永久结构
临时结构</td><td></td><td>$l/300$
$l/150$</td><td>测声波测槽仪或成槽机上的监测系统</td></tr>
<tr><td rowspan="5">一般项目</td><td rowspan="3">1</td><td rowspan="3">导墙尺寸</td><td>宽　度</td><td>mm</td><td>$W+40$</td><td>用钢尺量, W 为地下墙设计厚度</td></tr>
<tr><td>墙面平整度</td><td>mm</td><td><5</td><td>用钢尺量</td></tr>
<tr><td>导墙平面位置</td><td>mm</td><td>±10</td><td>用钢尺量</td></tr>
<tr><td>2</td><td colspan="2">沉渣厚度:永久结构
临时结构</td><td>mm
mm</td><td>≤100
≤200</td><td>重锤测或沉积物测定仪测</td></tr>
<tr><td>3</td><td colspan="2">槽深</td><td>mm</td><td>+100</td><td>重锤测</td></tr>
</table>

续表

项	序	检查项目		允许偏差或允许值		检查方法
				单位	数值	
一般项目	4	混凝土坍落度		mm	180～220	坍落度测定器
	5	钢筋笼尺寸		见本书表 6-2		见本书表 6-2
	6	地下墙表面平整度	永久结构	mm	＜100	此为均匀黏土层,松散及易塌土层由设计决定
			临时结构	mm	＜150	
			插入式结构	mm	＜20	
	7	永久结构时的预埋件位置	水平向	mm	≤10	用钢尺量
			垂直向	mm	≤20	水准仪

第七节　沉井与沉箱

一、沉井与沉箱的施工工艺过程

(一) 沉井施工的基本程序

沉井施工的工作内容包括沉井制作和沉井下沉两个主要部分。根据不同的情况和条件,可采用分节制作一次下沉;也可以一次制作一次下沉;可制作与下沉交替进行。

沉井的施工程序可根据沉井的形状、平面尺寸、下沉深度、工程地质和水文地质情况、环境条件、设计要求、施工设备及施工单位的经验和习惯而定。一般情况下单个沉井的施工程序分为:下沉前的准备工作、沉井下沉、接长井壁、沉井封底四个阶段。

1. 下沉前的准备工作

沉井下沉前,先整平场地、沉井定位,然后开挖基坑(一般说开挖基坑可减少沉井下沉深度,比较经济),搭施工平台,当需要降低地下水位时,尚需按降水深度打设井点。为了避免在制作沉井时产生过大的沉降和不均匀沉降,可在基坑中铺设一定厚度(不小于 0.5m)的砂垫层,并在其上铺设垫木或混凝土垫层,而后制作第一节沉井。

2. 沉井下沉

当沉井混凝土达到一定强度后(按设计要求),方可开始抽拆垫木,挖土下沉。如采用水力机械挖土下沉时,尚需安装水力机械设备和有关管道,以解决下沉挖除土方的水力运输条件。

3. 接长井壁

当第一节沉井下沉到预计的深度后(一般下沉到露出地面 0.5～1.0m 左右),即可停止挖土下沉。在沉井刃脚下的承载力和下沉部分外周可以考虑利用的摩擦力,经过分析验算或经采取措施,可以平衡接长沉井井壁后所增加的荷载时,即可进行井壁接长工作。

4. 沉井封底

当沉井下沉到设计标高(包括抛高)后,即停止挖土,准备封底工作。在井底的土体能保持稳定,且环境保护符合要求时,可采用干封底,因为干封底成本低、工期快,且能保证质量。在需要采用不排水下沉的条件下,则采用水下混凝土封底法。为了确保底板混凝土的质量,在底板上要预留集水滤井,集水井的构造和布置应事先研究确定,当封底钢筋混凝土未达到设计强度之前，要从集水井不间断地抽水，以释放沉井底板以下的水压。待底板达到设计强度后，再将集水井封掉。

（二）沉井下沉施工法

根据不同情况，可采用排水下沉、不排水下沉或中心岛式下沉等施工法。

1．排水下沉

当沉井所穿过的土层较为稳定，不会因排水而产生流砂，且不会发生井底土体大量隆起失稳，或井底土体不会被下面的承压水顶破时，可采用排水挖土下沉施工法，当沉井周围的地面沉降和土体位移影响到沉井周围建筑物时，则要考虑采取必要的稳定沉井周围土体的特殊措施。采用排水下沉的出土方式，可根据水源、土的特性和排泥浆条件分别选用水力机械出土（图 6-13）或抓斗出土（图 6-14）。

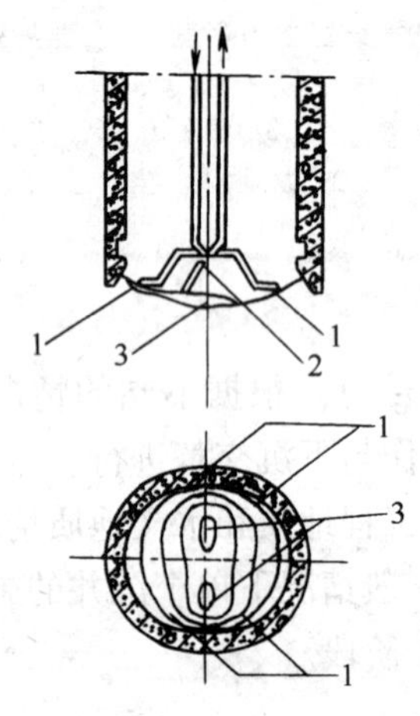

图 6-13　用水力机械化方法下沉沉井

1—高压水枪；2—水力吸泥机；3—焦泥坑

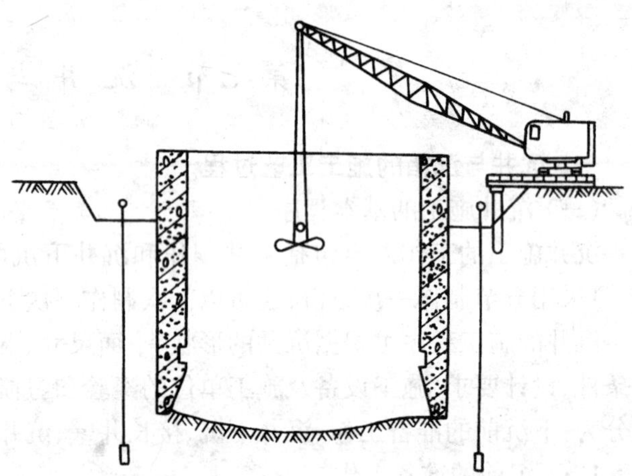

图 6-14　用排水抓斗方法下沉沉井

2．不排水下沉

当沉井穿过的地层不稳定，地下水涌水量大，会发生流砂现象，下沉到一定深度时会发生井底土体隆起失稳或井底土体被承压水顶破，则要考虑采用不排水下沉。当沉井位于建筑群中施工时，为了较好地稳定沉井周围的土体，也需采用不排水下沉施工法。下沉时，井内水位维持在可使井底土体保持稳定的高度。井内出土方式，则按出土条件及周围环境选用水下抓斗挖土或水力机械出土，为了使超深沉井顺利通过复杂的地层（图 6-15），在刃脚斜面上装置水枪，井壁外侧采用触变泥浆护壁。实践证明，这种新工艺能使超深沉井顺利下沉，并能达到保护周围环境的目的。

3．中心岛式下沉

为进一步减少施工引起的周围地表沉降对建筑物和环境的影响问题，国内外创造了一种全新的沉井施工工艺中心岛式下沉法。它的特点是：井壁较薄，沉井壁的内外两侧处在泥浆护壁槽中，挖槽吸泥机沿井壁内侧一面挖槽，一面向槽内补浆，沉井随挖槽加深而随之下沉，见图 6-16。槽中泥浆维持在适当高度，以保证槽壁土体的稳定，并使沉井刃脚徐徐地挤土下沉。沉井达到终沉标高后，把井壁外侧的泥浆置换固化，刃脚斜面附近的地基要适当加固，以承受沉井的荷载。

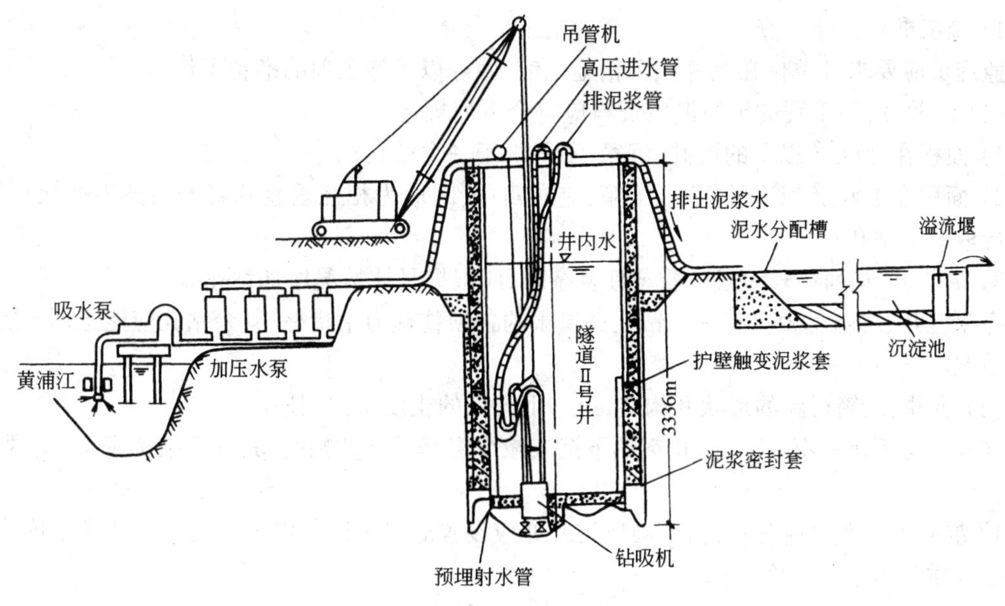

图 6-15　用钻吸方法下沉

沉井达到稳定要求后，再开挖井内土层，浇筑内部结构。这种沉井施工新工艺，可使地表仅产生微量沉降和位移。

二、沉井施工的质量监制

(一) 预控

根据工程特点认真研究场地的水文资料和岩土工程勘察报告，严格审查施工组织设计，对多种施工方法及多种施工工艺流程进行研究、分析和比较，选定最合理又能确保工程质量的施工工艺。

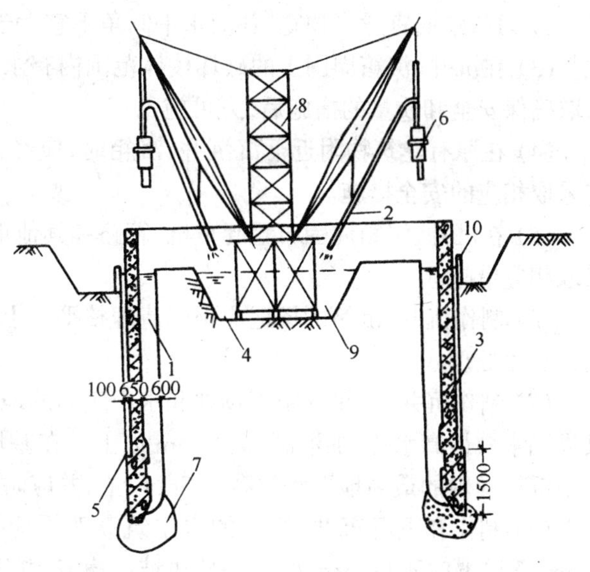

图 6-16　中心岛式下沉沉井

1—泥浆槽；2—排泥管；3—井壁；4—中心土岛；5—沉浆橡胶密封套；6—挖槽吸泥机；7—刃脚加固体；8—井架；9—沉淀池；10—泥浆围堰

每种施工工艺的选定，监理人员不仅要认真研究岩土工程勘察报告，而且还要认真研究邻近的地上地下建筑物和构筑物。了解设计计算参数的取值及其与当地类似工程的比较。在开工前力求设计计算能尽量与实际情况相符。当然，对地下工程，其计算结果与实际情况是很难做到完全相符的。因此开工前必须对各种可能性进行分析，并作好相应的准备，施工中还必须加强沉井自身和邻近重要设施的观测，随时掌握发展趋势，如出现异常现象，就应研究原因，及时采取相应的有效措施进行处理。对于在河中或岸边施工的沉井或沉箱，还应考虑其渡洪的问题，并作好相应的准备；在结构设计时应特别注意该工况的计算。

(二) 过程质量控制

1. 施工准备工作检查

监理员应要求各单位在沉井或沉箱施工前，做好以下施工前的准备工作。

(1) 沉井、沉箱工程的地质勘察资料应符合下列规定：

1) 面积在 $200m^2$ 以下的沉井、沉箱，不得少于一个钻孔；

2) 面积在 $200m^2$ 以上的沉井、沉箱，应在四角（圆形为相互垂直两直径与圆周的交点）附近各取一个钻孔；

3) 沉井、沉箱面积较大或地质条件复杂时，应根据具体情况增加钻孔数。

每座沉井、沉箱至少应有一个钻孔提供土的各项物理力学指标，其余钻孔应能鉴别土层变化情况。

(2) 沉井、沉箱刃脚的形状和构造，应与下沉处的土质条件相适应。

在软土层下沉的沉井，为防止突然下沉或减少突然下沉的幅度，其底部结构应符合下列规定：

1) 沉井平面布置应分孔(格)，圆形沉井亦应设置底梁予以分格。每孔(格)的净空面积可根据地质和施工条件确定；

2) 隔墙及底梁应具有足够的强度和刚度；

3) 隔墙及底梁的底面，宜高于刃脚踏面 0.5～1.0m；

4) 刃脚踏面宜适当加宽，斜面水平倾角不宜大于 60°。

(3) 在沉井、沉箱周围土的破坏棱体范围内有永久性建筑物时，应会同有关单位研究并采取确保安全和质量的措施后，方可施工。

(4) 在原有建筑物附近下沉沉井、沉箱时，应经常对原有建筑物进行沉降观测，必要时应采取相应的安全措施。

(5) 在沉井、沉箱周围布置起重机、管路和其他重型设备时，应考虑地面的可能沉陷，并采取相应措施。

(6) 制作沉井、沉箱的场地应预先清理整平。土质松软或软硬不均匀的表面层，应予更换或加固处理。

(7) 制作沉井、沉箱的施工场地和水中筑岛的地面标高，应比从制作至开始下沉期间内其周围水域最高水位(加浪高)高 0.5m 以上。在基坑中制作时，基坑底面应比从制作至开始下沉期间内的最高地下水位高 0.5m 以上，并应防止积水。

(8) 制作和下沉沉井、沉箱的水中筑岛四周应设有护道，其宽度，有围堰时不得小于 1.5m；无围堰时不得小于 2m。岛侧边坡应稳定，并符合抗冲刷的要求。

(9) 水中筑岛应采用透水性好和易于压实的砂或其他材料填筑，不得采用粘性土。冬期筑岛时，应清除冰冻层，不得用冻土填筑。

(10) 沉井、沉箱刃脚下承垫木的数量、尺寸及间距应由计算确定。垫木之间，应用砂填实。

2. 施工阶段

(1) 沉井

1) 制作

(A) 沉井制作应在场地和中轴线验收以后进行。

（*B*）监理员应注意检查沉井接高的各节竖向中心线是否与前一节的中心线重合或平行，如不重合或平行，要求施工单位及时纠正。沉井外壁应平滑，如用砖砌筑，应要求施工人员在外壁表面抹一层水泥砂浆。

（*C*）为保证沉井的稳定性并使其能顺利下沉，监理人员应控制沉井分节制作的高度。如施工单位采用分节制作一次下沉的方法时，制作总高度不宜超过沉井短边或直径的长度，亦不应超过 12m；总高度超过时，必须要求施工单位有可靠的计算和采取确保稳定的措施。

（*D*）在沉井的第一节混凝土达到设计强度的 70％后，方能允许施工单位浇筑沉井上一节混凝土。

（*E*）要求施工人员对称、均匀地浇筑混凝土。

（*F*）沉井有抗渗要求时，在抽承垫木之前，要求施工人员对封底及底板接缝部位凿毛处理。且对井体上的各类穿墙管件及固定模板的对穿螺栓等，施工单位都应采取抗渗措施。

（*G*）冬期制作沉井时，要求施工单位采取防冻措施，保证在第一节混凝土或砌筑砂浆未达到设计强度、其余各节未达到设计强度的 70％前，不受冻。

2）浮运（适用于装有临时防水底板的沉井）

（*A*）浮运前，要求施工方必须对沉井的浮运、就位和落床时的稳定性进行计算，监理人员要进行核算。并保证在混凝土达到设计规定的强度后方能下（入）水。

（*B*）要求施工方在浮运沉井所经水域探明有无水下障碍（礁石、沉船等），水深是否足够，在上述得到证实以后，还应根据具体情况考虑水流速度的影响，在确保安全的条件下方可允许施工单位浮运。

（*C*）沉井浮运前，监理人员应与航运、气象和水文等部门联系，考虑是否批准施工单位提交的浮运和沉放时间。沉放时，为避免船只和排筏等冲撞，应要求施工方在沉放地点的上游和周围设立明显标志或用驳船及其他漂浮设备防护，并应组织船只值班。

（*D*）在沉放前监理人员应核实沉放处的水下基床是否能满足承载和稳定要求。当基床坡度大于 3％时，应要求施工方预先整平，其范围应较沉井外壁尺寸放宽 2m。

（*E*）浮运的沉井和防水围壁的实际重量与计算重量不符时，应要求施工方在采取措施后方可浮运；防水围壁露出水面的高度，在浮运及沉放的任何时间内，均不得小于 1m。

（*F*）应要求施工单位保证浮运沉井临时底板的防水质量和易于拆除。浮运及定位过程中施工单位应备有 2 台以上的水泵，以便排水或灌水。

（*G*）要求施工单位以多方向缆绳、锚链或导向架控制沉井沉放位置。布置锚碇、锚缆时，应考虑河流的通航要求。

沉井初步定位时，应偏向上游适当距离，以免水下基床或河床受到强烈冲刷。沉放至水下基床后，其平面位置偏差应符合设计要求，如设计无要求时，不得超过 250mm。

沉放至基（河）床后，应注意沉井上下游基（河）床冲刷情况，保证沉井正确位置。

（*F*）浮运的沉井沉放至水下基床后，其下沉和封底，应按陆上沉井的有关规定执行。

接高时，应根据其结构、土质、水文等条件验算稳定性，在达到确保稳定的入土深度后，方允许施工单位进行。

3）下沉

（*A*）审查沉井工程施工组织设计时，应将分阶段下沉系数的计算，作为确定下沉施工方法和采取技术措施的依据。

(*B*) 抽出承垫木,应在井壁混凝土达到设计强度以后,分区、依次、对称、同步地进行。每次抽去垫木后,要求施工人员在刃脚下立即用砂或砾砂填实。定位支点处的垫木,应最后同时抽出。

(*C*) 挖土下沉时,施工人员应分层、均匀、对称地进行,使其能均匀竖直下沉,不得有过大的倾斜。一般情况,不允许从刃脚踏面下挖土。如沉井的下沉系数较大时,允许施工人员先挖锅底中间部分,沿沉井刃脚周围保留土堤,使沉井挤土下沉;如沉井的下沉系数较小时,要求施工单位采取其他措施,使沉井不断下沉,中间不应有较长时间的停歇,亦不得将锅底开挖过深。

(*D*) 由数个井孔组成的沉井,为使其下沉均匀,要求施工人员在挖土时各井孔土面高差不应超过 1m。

(*E*) 在软土层中以排水法下沉沉井,当沉至距设计标高 2m 时,对下沉与挖土情况应加强观测,如沉井尚不断自沉时,要求施工单位向井内灌水,同时改用不排水法施工,或采取其他使沉井稳定的措施。

(*F*) 当决定沉井由不排水改为排水或抽除井内的灌水时,监理人员必须经过核算后慎重决定。

(*G*) 对于下沉系数小的沉井,可根据情况分别采用泥浆润滑套或其他减阻措施进行下沉。

(*H*) 采用泥浆润滑套减阻下沉的沉井,应设置套井,顶面宜高出地面 300～500mm,在其外围施工人员回填黏土并分层夯实。沉井外壁应设置台阶形泥浆槽,宽度宜为 100～200mm,距刃脚踏面的高度宜大于 3m。

(*I*) 为确保正常供应泥浆,应要求施工单位将输送管预埋在井壁内或安设在井内。

(*J*) 沉井下沉时,槽内应充满泥浆,其液面应接近自然地面,并储备一定数量泥浆,以供下沉时及时补浆。

(*K*) 采用泥浆润滑套的沉井,下沉至设计标高后,泥浆套应按设计要求处理。

(*L*) 监理员须对施工单位采用的泥浆进行严格检查,其性能指标可按表 6-35 选用。

(*M*) 要求施工单位在沉井下沉过程中,每班至少测量两次,并做好记录,以备监理人员核查;如有倾斜、位移应及时通知监理人员,共同决定纠正措施。

4) 封底

(*A*) 沉井下沉至设计标高,应进行沉降观测,通过沉降观测记录发现沉井在 8h 内下沉量不大于 10mm 时,方可允许施工单位组织封底。

(*B*) 干封底时,监理员应监督施工人员按照下列规定进行操作:

(*a*) 沉井基底土面应全部挖至设计标高;

(*b*) 井内积水应尽量排干;

(*c*) 混凝土凿毛处应洗刷干净;

(*d*) 浇筑时,应防止沉井不均匀下沉,在软土层中封底宜分格对称进行;

(*e*) 在封底和底板混凝土未达到设计强度以前,施工单位必须从封底以下的集水井中不间断地抽水,保持沉井的抗浮稳定性。

(C) 采用导管法进行水下混凝土封底,监理员应监督施工人员按照下列规定进行操作:

(a) 基底为软土层时,应尽可能将井底浮泥清除干净,并铺碎石垫层;

(b) 基底为岩基时,岩面处沉积物及风化岩碎块等应尽量清除干净;

(c) 混凝土凿毛处应洗刷干净;

(d) 水下封底混凝土应在沉井全部底面积上连续浇筑。当井内有间隔墙、底梁或混凝土供应量受到限制时,应预先隔断分格浇筑;

(e) 导管应采用直径为200~300mm的钢管制作,内壁表面应光滑并有足够的强度和刚度。管段的接头应密封良好和便于装拆。每根导管上端应装有数节1m的短管;

(f) 导管的数量由计算确定,布置时应使各导管的浇筑面积相互覆盖,导管的有效作用半径一般可取3~4m;

(g) 水下混凝土面平均上升速度不应小于0.25m/h,坡度不应大于1.5;

(h) 浇筑前,导管中应设置球、塞等隔水;浇筑时导管插入混凝土的深度不宜小于1m;

(i) 水下混凝土达到设计强度后,方可从井内抽水,如提前抽水,必须有确保质量和安全的措施。

(D) 监理员对配制水下封底用的混凝土须严格把关,混凝土的各项指标应符合下列规定:

(a) 配合比应根据试验确定,在选择施工配合比时,混凝土的试配强度应比设计强度提高10%~15%;

(b) 水灰比不宜大于0.6;

(c) 有良好的和易性,在规定的浇筑期间内,坍落度应为16~22cm;在灌筑初期,为使导管下端形成混凝土堆,坍落度宜为14~16cm;

(d) 水泥用量一般为350~400kg/m^3;

(e) 粗骨料可选用卵石或碎石,粒径以5~40mm为宜;

(f) 细骨料宜采用中、粗砂,砂率一般为45%~50%;

(g) 可根据需要掺用外加剂。

(2) 沉箱

1) 气闸、升降筒、贮气罐等承压设备应在监理人员按有关规定检验合格后,方可使用。

2) 严禁施工人员在升降筒和气闸上支撑沉箱上部箱壁的模板和支撑系统。

3) 沉放到水下基床的沉箱,监理员应校核中心线,其平面位置和压载经核算符合要求后,才能允许施工人员排出作业室内的水。

4) 沉箱施工过程中,施工单位应有备用电源,压缩空气站应有不少于工作台数1/3的备用空气压缩机,其供气量不应小于使用中最大一台的供气量。

5) 沉箱开始下沉至填筑作业室完毕,要求施工单位用两根或两根以上输气管不断地向沉箱作业室供给压缩空气,供气管路应装有逆止阀,以保证安全和正常施工。

6) 沉箱下沉时,施工人员应在作业室内设置枕木垛或采取其他安全措施。在下沉过程中,作业室内土面距顶板的高度不得小于1.8m。

7) 如沉箱自重小于下沉阻力,采取降压强制下沉时,监理员应要求施工单位人员遵守下列规定:

(A) 强制下沉前,沉箱内所有人员均应出闸;

(B) 强制下沉时,沉箱内压力的降低值,不得超过其原有工作压力的50%,每次强制下沉量,不得超过 0.5m。

8) 在沉箱内爆破时,监理人员须对施工单位选择的炮孔位置、深度和药量进行校核验算,确保不破坏沉箱结构。在刃脚下爆破时,宜分段进行,并应先保留沉箱定位支点下的岩层作支垫。

9) 爆破后,应开放排气阀,同时增大进气量,迅速排出有害气体。经检验当有害气体含量符合有关规定后,方可由专门人员进入作业室检查爆破效果。如有瞎炮,须经处理后,方可继续施工。

10) 沉箱下沉到设计标高后,施工人员按要求填筑作业室,并采取压浆方法填实顶板与填筑物。

三、沉井(箱)施工中的常见问题

1. 沉井下沉过程中出现倾斜、扭转或位移

(1) 引起沉井倾斜、扭转或位移的原因是:刃脚下土层或筑岛被水冲坏后软硬不匀;抽刃脚下垫木不对称或回填砂石不密实;井内挖土不均匀或刃脚下掏空过多,造成突沉或个别障碍物未及时发现和处理;井外弃土、排水开挖出现流砂或其他原因形成对井壁的偏压等。沉井的观测可利用在沉井顶面画轴线和井壁上设标尺、井内吊铅锤等来进行。如检查有倾斜、偏移或扭转,可随时采用以下办法纠正。

(2) 纠正沉井倾斜的方法:一般可在靠近刃脚较高的一侧挖除,干挖时还可在较低的刃脚一侧适当回填砂石;当矩形沉井长边产生偏斜时,可采用偏心压重进行纠偏;对于下沉较深或矩形沉井短边方向发生倾斜,可在少沉一侧外部用压力水冲井壁附近的土并加偏心压重,下沉多的一侧加水平推力;直径相对其高较小的圆形沉井,下沉一定深度出现倾斜时,宜在下沉多的方向挖土,下沉少的一侧加压重,并用钢丝绳从横向给沉井一定拉力,必要时还可以在加压侧刃脚下挖空处用少量炸药放炮振动纠偏;对空气幕沉井可采取偏侧压气纠偏。

2. 摩阻力过大的处理方法;

(1) 对于下沉很深的沉井,下沉系数小于 1.0 的,宜在沉井混凝土内预埋射水管。射水管的冲刷水量和水压,应视土质而定。如沉井通过黏土层时,则不应计算射水中冲刷的作用。

(2) 沉井圬工尚未完成时,可以接筑;如已完成,则可在沉井内或顶部压重。压重如果没有纠偏的问题,则应均匀对称放置。

(3) 用人工或水枪掏刃脚下的土层以减少正面阻力,但挖空高度宜小,逐次进行。

(4) 沉井刃脚下挖空仍不下沉时,可在井底用不超过 0.1kg 的炸药起爆震动(大型沉井装药量可适当增加),使之下沉。爆炸应采取安全措施,以防损坏井壁或造成其他不必要的损失。

(5) 在砂砾或卵石等土层中可采用井外挖土的办法来减阻。

(6) 不排水下沉的沉井,当刃脚下已挖空仍不下沉时,可用抽水的办法降低井内水位,促使沉井下沉,但流砂处不宜采用此方法。

(7)沉井外壁做成倾斜或台阶形或在沉井底节台阶形的井壁与土壁间,随沉井下沉随时填入粒径 10~30mm 的小卵石,借助卵石滚动,以减少摩阻力。还可采用泥浆套或空气幕来减少摩阻力。

3. 沉井下沉到接近设计标高但因土层软弱摩阻力过小而不能稳定时,可采取以下措施

处理：

(1) 如不排水下沉时，可向井内注水，增加对沉井的上浮力。

(2) 采用排水开挖下沉的可在沉井刃脚斜面设计标高处，提前放置一定数量的块石或混凝土块，使沉井最后落在混凝土块或块石上。

(3) 根据具体情况，可采取适当的阻沉法，如井壁外侧设挑翼搁在地面上，沉井内设下横担梁，增大刃脚正面阻力等等。

4．沉井下沉过程中，如发现障碍物，应立即停止下沉，针对障碍物的具体情况采取最恰当的处理方法。

(1) 如刃脚下遇到较小的孤石，可将四周土掏空后取出，若障碍物为较大的孤石或大块混凝土等，可用风动工具或爆破成小块后取出。刃脚下孤石打炮眼须与刃脚斜面平行，装药量在0.2kg以内，并在其上压放草袋等。如在水下也可用射水管将孤石上面掏洞，用防水袋装药后水下爆破。

(2) 如遇大块铁件，采用排水处理无法实现时，进行水下切割。沉井下有无障碍物，应在施工前调查清楚，便确定合理的设计方案和施工措施，只有在不得已时，才考虑将沉井改装为气压沉箱。

5．含有饱和粉砂层的地带下沉沉井，常会遇到流砂现象，乃至周围土体严重坍塌使沉井无法下沉。避免流砂发生的具体作法是：

(1) 采取不排水开挖下沉，减小井内外的水头差。必要时使沉井内的水位高出地下水。

(2) 开挖前采用井点、深井或其他办法降低沉井内外地下水。使粉砂层降水固结，降水一直到沉井封底浇筑的底板混凝土达足够强度后方能停止。

6．在淤泥质黏土层中或遇到流砂时，沉井可能突然下沉(其下沉量一次可达5m之多)。较大的倾斜或超沉，危及施工人员的安全。防止突沉的措施主要有：

(1) 刃脚附近的土不要挖得太深。沉井内合理分格，设一定数量的下框架梁，较弱土层中下沉还可加大刃脚踏面宽度以增大正面阻力。

(2) 为了杜绝突然下沉前的滞沉现象，可适当加大下沉系数或采用泥浆套等减少摩阻力的措施。一般情况下应该防止突沉，但在一定条件下也可利用突沉，如可以利用突沉快速穿过薄的流砂层，使井壁将流砂层隔绝；利用突沉使沉井下端形成在有土塞的情况下开挖，这样也可以减少对沉井周围土体的影响而保护附近设施，但施工时必须认真研究谨慎操作。

7．沉井施工过程中不应该出现超出设计规范容许的裂缝，如钢筋混凝土沉井有超过0.3mm宽的裂缝时，或设计不容许出现裂缝而有裂缝时，应找出原因采取相应的处理措施。沉井出现裂缝的主要原因和避免方法是：

(1) 竖向裂缝的产生主要是设计验算的支承点过多，与实际情况不符；沉井周围存在不对称荷载及由于沉井倾斜产生较大的侧压力与沉井施工质量差所至。施工中应按前面论述的相应措施予以避免。

(2) 沉井水平裂缝的产生除避免沉井质量差和倾斜之外，还应检查沉井上部是否被卡住，刃脚下是否挖空太多。使沉井悬吊坑中的承载力与竖向配筋不符，能将沉井拉出水平裂缝。遇此情况应在沉井内或顶部加压重或用高压水冲切土壁或刃脚下不要挖土太深使沉井能均匀下沉。沉井壁出现裂缝在0.5～1.0mm以内，一般不作特殊处理，以环氧树脂等将其缝封闭即可(使用有严格要求时,则另行处理)。裂缝宽度达1~2mm以上时,所在井壁钻30~40cm深的孔安装数排直径16~20mm的牵钉,使井壁与填充混凝土或修补混凝土连成整体。牵钉间距约50cm,外露高度约40cm并应有弯钩。

8. 沉井设计的基底为倾斜岩层或参差不平岩面时,应事先钻探准确,做成高低刃脚。如果未根据岩面标高做成高低刃脚,或高低刃脚与基岩不吻合时,可按以下办法处理:

(1) 若在这部分刃脚下采取井外降水、井内排水开挖,井外的土不会向井内坍塌时,则可将井内土全部挖净后,一次封底;如果井外土仍向井内坍塌时,则分段局部跳槽挖到基岩并浇筑混凝土,使沉井刃脚与岩面最后用混凝土全部封闭,然后再处理沉井内部。当局部沉井刃脚与基岩面相差数米,仅靠浇筑的混凝土已无法挡住井外土压力时,则可将护壁作成锚杆式或加固井外土体使其自身能挡住井外土压力等。

(2) 若井内涌水量大,井外土又容易向井内坍塌,则可采取不排水,并将井内水位提高到足以防止井外泥沙涌入时,利用水下除土的一套办法,一边除土,一边由潜水人员将基岩面处理后用袋装水泥或干搅混凝土堵塞住缺口。全部刃脚下堵塞完毕后,再用上述同样方法清理基岩面进行封底等。

(3) 若刃脚距岩层最多达1m左右,开挖时,刃脚外的土又向井内坍塌较多,容易引起沉井倾斜,这时只要井外为砂性土或砂夹石类的土层,则可用尖头带眼的钢管从刃脚下向外斜向打入井外土层至岩面,压水泥浆,使该部分土体加固,然后再逐步将刃脚与岩面间用混凝土填塞封闭。

(4) 根据设计承力与工艺要求,如井底岩层倾斜或凹凸不平,宜将岩面凿成台阶形或榫形;如基坑还要继续向下开挖时,宜采用井中间掏槽的光面控制爆破或人工凿岩,且岩面下的基坑壁只能与沉井内壁平。

9. 沉井下沉过程中如遇到了硬质胶结土层或胶结石层等,用抓斗齿无法掏挖而需排水开挖时,则可采用钢钎撬挖;不排水开挖可采用射水管射水或钢制冲头冲击破坏硬质土层。必要时还可打眼爆破,每孔放药量宜控制在0.2kg以内。

10. 在含有较多大块石的砂或砂卵石中下沉沉井,采用吸泥、抓土斗或排水开挖有困难时,可考虑在井外周围土层中钻孔压浆或旋喷封闭成截水墙或截水幕。压浆法根据经验,可在10~20m深的砂层或砂卵石层内进行,可使用0.4~0.5MPa的压力,距沉井壁宜大于1.5m。压浆孔距离可视土的紧密程度而定为0.8~1.5m。砂的粒径宜小于0.5mm;水灰比用1:0.8左右,先压稀浆,以后逐步加稠;水泥与砂的配合比可从1:0.5开始,最后用1:2,还可掺用2%~4%氯化钙速凝剂,先压浆孔少掺,后压浆孔多掺。压浆应使用灰浆泵进行,边压浆边逐步提升压浆管,一般每次提升1m左右,每次压浆至进浆困难时为止。等压浆固结后,再排水除去井内土体。

11. 沉井下沉施工过程中,若遇到大量的大体积障碍物,如树根、大石块、残存的旧建筑物等,且不易进行排水或水下清除作业时,也可考虑将沉井改装成气压沉箱施工。改装前必须认真进行多方案比较后选择。沉井改装为沉箱的作法是:在满足井内施工的情况下,尽量将所增设的顶板放在较低的位置上并利用刃脚上凹槽使顶板和沉井壁嵌固在一起,然后在顶板上装置升降筒和气闸。顶板必须排水后灌筑。如刃脚下土层松软,则排水之前宜在刃脚处填充砂,以防沉井倾斜;如井内排水可能出现流砂等时,可先向井内填黏土,以压住地下动水压力后,再排水浇筑顶板等。

四、沉井与沉箱的监理验收

监理员须检查沉井或沉箱的平面尺寸、模板、钢筋及其预埋件等是否符合设计要求，以及对工程中的模板、钢筋、混凝土，砌砖、钢壳制作、钢丝网水泥壳体制作等分项工程根据有关规范的规定分别进行验收。

监理员必须在沉井或沉箱下沉之前检验砂浆和混凝土抗压强度、混凝土抗渗标号、砖砌体的强度等是否符合设计要求和施工技术规程的规定。

复核沉井或沉箱的定位放线和轴线、标高等是否符合设计要求和有关施工规范的规定。

沉井(箱)的质量检验标准如表 6-40 所示。

沉井(箱)的质量检验标准　　表 6-40

项	序	检查项目		允许偏差或允许值		检查方法
				单位	数值	
主控项目	1	混凝土强度		满足设计要求(下沉前必须达到 70% 设计强度)		查试件记录或抽样送检
主控项目	2	封底前，沉井(箱)的下沉稳定		mm/8h	<10	水准仪
主控项目	3	封底结束后的位置： 刃脚平均标高(与设计标高比)		mm	<100	水准仪
		刃脚平面中心线位移			<1%H	经纬仪，H 为下沉总深度，H<10m 时，控制在 100mm 之内
		四角中任何两角的底面高差			<1%J	水准仪，J 为两角的距离，但不超过 300mm，J < 10m 时，控制在 100mm 之内
一般项目	1	钢材、对接钢筋、水泥、骨料等原材料检查		符合设计要求		查出厂质保书或抽样送检
一般项目	2	结构体外观		无裂缝，无风窝、空洞，不露筋		直观
一般项目	3	平面尺寸：长与宽		%	±0.5	用钢尺量，最大控制在 100mm 之内
		曲线部分半径		%	±0.5	用钢尺量，最大控制在 50mm 之内
		两对角线差		%	1.0	用钢尺量
		预埋件		mm	20	用钢尺量
一般项目	4	下沉过程中的偏差	高差	%	1.5~2.0	水准仪，但最大不超过 1m
			平面轴线		<1.5%H	经纬仪，H 为下沉深度，最大应控制在 300mm 之内，此数值不包括高差引起的中线位移
一般项目	5	封底混凝土坍落度		cm	18~22	坍落度测定器

注：主控项目 3 的三项偏差可同时存在，下沉总深度，系指下沉前后刃脚之高差。

第八节　SMW 工法

一、SMW 工法的施工工艺过程

图 6-17 为常见的 SMW 工法施工工艺流程图。

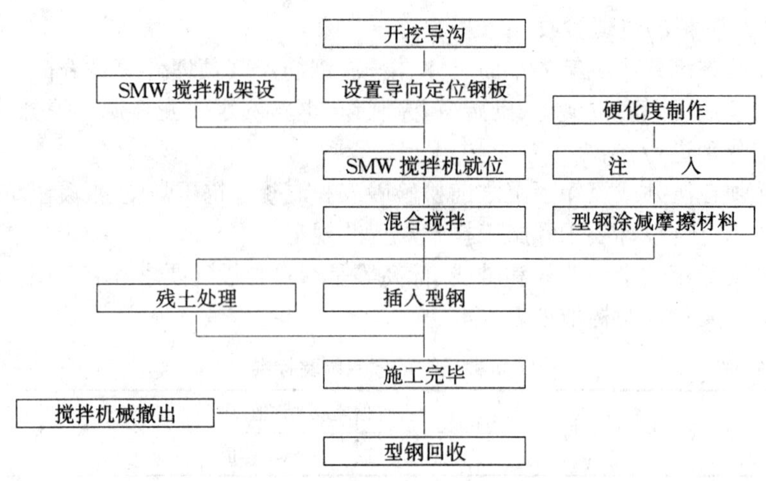

图 6-17　SMW 工法工艺流程图

二、SMW 工法的监理巡视检查

水泥土搅拌桩的施工工艺已在第六章第三节中详述，这里不再重复。仅就搅拌桩施工中应注意的几点，分述如下。

1. 在搅拌过程中，注入地层的浆液有一部分会流返回地面，要求施工人员沿横向施作一沟槽，沟槽边设固定支架，以便固定插入的 H 形钢。

2. 在搅拌成桩时，要求施工单位在下行钻进时灌入所需容量 70%～80% 的水泥浆，其余的 20%～30% 在螺旋钻上行回程时灌入，监理员要做好记录。此时所需水泥浆螺旋钻上拔的灌浆仅用于充填钻具撤出留下的空隙，对于饱和疏松的土体尤其重要，因为这种地层中的柱体易产生空隙。螺旋钻上行时，要求施工人员将螺钻反向旋转，且不能停止，以防产生真空，有真空就可能导致柱体墙的坍塌（非饱和土体）。

3. SMW 工法施工质量控制的关键点

在搅拌桩的施工过程中，要特别注意水泥浆液的注入量和搅拌沉入、提升量及提升速度。钻进的速度应比上提时的速度慢一倍左右，以便尽可能保证水泥土的充分搅拌，又可获得较高的贯入速度。在砂土互层或土性变化较大的场地施工时，应根据各种土质的情况选择水泥浆液的配合比，以便得到较均匀的墙体，确保工程质量。

三、SMW 工法的监理验收

加筋水泥土桩质量检验标准　　表 6-41

序	检查项目	允许偏差或允许值		检查方法
		单　位	数　值	
1	型钢长度	mm	±10	用钢尺量
2	型钢垂直度	%	<1	经纬仪
3	型钢插入标高	mm	±30	水准仪
4	型钢插入平面位置	mm	10	用钢尺量

第七章　特　殊　基　础

第一节　顶　　管

一、顶管材料(管子)

(一) 顶管管子分类

顶管所用的管子分类见表 7-1。

顶管所用管子的分类　　**表 7-1**

按材料分类	按使用压力分类(MPa)			
	重力流管	低　压　管	中　压　管	高　压　管
金属、非金属管;复合管	0	0.1;0.25;0.6;1.0;1.6	2.5;4.0;6.0	>10.0

1. 金属管

金属管包括铸铁管、无缝钢管,焊接钢管和有色金属管。其中焊接管在地下管道工程中用得较多。用于焊接管的钢板性能见表 7-2。

焊接钢管钢板焊号和性能　　**表 7-2**

钢　号	软　钢　管		低　硬　钢　管		硬　钢　管	
	抗拉强度 σ_b (MPa)	伸长率 σ_s (%)	抗拉强度 σ_b (MPa)	伸长率 σ_s (%)	抗拉强度 σ_b (MPa)	伸长率 σ_s (%)
0.8,10	320	10	380	12	400	5
15	360	18	410	10	450	4
20	400	17	450	8	500	3
A_2,AJ2	340	20	360	12		
A_3,AJ3	380	18	400	10		
A_4,AJ4	420	17	440	8		

2. 非金属管

非金属管主要有混凝土为基本材料制成的各种管子和塑料管,见表 7-3。这些材料制成的管子多用在低压流体输送管道和重力流管道工程中。钢筋混凝土管抗裂性能见表 7-4。

非　金　属　管　　**表 7-3**

管　子　类　别	主　要　材　料	管　子　特　性
钢筋混凝土管	水、集料、钢筋	耐低压、耐腐蚀、价廉
预应力钢筋混凝土管	水泥、集料、高强钢筋	有预加应力,强度高,耐压 600～1200kPa

续表

管子类别	主要材料	管子特性
自应力钢筋混凝土管	膨胀水泥集料、钢筋	水泥有膨胀性,产生自应力,耐压500～600kPa
石棉水泥管	水泥、石棉	表面光洁、绝缘、耐腐质轻,水力特性好,工作压力750kPa,质脆
塑料管	聚氯乙烯树脂稳定剂,增塑剂润滑剂	表面光洁、质轻、耐腐接口方便,但易老化,耐压600kPa

钢筋混凝土管抗裂性能 表7-4

管子内径(mm)		400	600	800	1000	1200	1400	1600	1800
检验压力(MPa)	A	1.03	1.16	1.26	1.29	1.33	1.37	1.39	
	B	1.28	1.39	1.49	1.52	1.58	1.60	1.62	
	C	1.54	1.62	1.73	1.75	1.80	1.84	1.88	
	D	1.70	1.81	1.92	1.94	1.99	2.03	2.04	
	E	1.86	2.00	2.10	2.12	2.17	2.21	2.22	

(二)顶管管子选择

顶管工程对管子的选择应根据管道直径、顶进距离、输送介质种类、使用技术参数和环境条件参考表7-5和表7-6。

管材选用参考表 表7-5

管子名称	接口形式		连接配件方式	特点
	形式	性质		
预应力钢筋混凝土管	企口	刚性	①采用特制转接口标准化 ②对接 ③强度高 ④水密性好	①耐腐耐久 ②强度大 ③施工方便 ④省钢材 ⑤用于低压管道
	平口	刚性		
	承插	柔性		
自应力钢筋混凝土管	企口	刚性	连接配件方式同预应力钢筋混凝土管	特点同预应力钢筋混凝土管
	平口	刚性		
	承插	柔性		
铸铁管	承插	半柔性	配接标准件	①耐腐 ②质脆、强度差不耐震 ③施工强度大
	法兰	刚性		
	螺纹	刚性		
球墨铸铁	承插	半柔性	标准件	①强度高,耐震 ②耐腐,用途广 ③价高
	法兰	刚性		
	螺纹	刚性		
钢管	承插	刚性	标准	①强度高,耐高压 ②抗震,不耐腐 ③施工方便 ④价高
	法兰			
	螺纹			
	焊接			

续表

管子名称	接口形式		连接配件方式	特点
	形式	性质		
石棉水泥管	平口	刚性	用铸铁管配件	① 防腐,强度低 ② 用于低压管道 ③ 价低
	套接	半柔性		
塑料管	螺纹	刚性	① 标准螺纹 ② 热焊容易 ③ 粘结牢固	① 耐腐,易安装 ② 质轻 ③ 水头损失小 ④ 强度低,易老化 ⑤ 热胀冷缩大 ⑥ 价廉
	法兰	刚性		
	热焊	柔性		
	粘接	柔性		

常用管材技术参数 表 7-6

管材名称	管径 (mm)	标准规格	工作压力 (MPa)	强度试验 (MPa)	水压试验 (MPa)	管节长 (m)
预应力钢筋混凝土管	一阶段 400~1400	JC 197—76	0.4 0.6 0.8	1.2~2.3	0.8 1.0 1.2	5
	三阶段 400~1400	JC 114—76	0.1 0.12	1.1~2.2	1.4 1.6	5
自应力钢筋混凝土管	100~600 100~300 100~150	JC 198—76	0.4,0.5 0.6,0.8 1.0			3 3.4
铸铁管	连铸 75~1500 砂型 75~1500 离心 150~500	YB 427—64 YB 428—64	0.45 0.75 1.0			4 4~6 4~6
	连铸 75~1200	GB 3422—82			2.0,2.5 3.0	4 5
	砂型 200~400				2.0,2.5	6
	离心 500~1000				1.5,2.0	5~6
球墨铸铁管	离心 500~900			抗拉 3.0~5.0	3.0	6
	连铸 1000~1200					
钢管	直缝焊接 150~1800 螺纹焊接 219~1420	SY 500—80			2.5	8~12

续表

管材名称	管　径（mm）	标准规格	工作压力（MPa）	强度试验（MPa）	水压试验（MPa）	管节长（m）
钢　管	镀锌焊接 8～150	GB 3091—82			2.0	4～9
	水煤气管 6～150	YB 234—63			2～3	4～12
	无缝钢管 32～426 YB 231—70					3～12
塑料管	硬聚氯乙烯管 10～400	SG 78—75	0.6,1.0			4
	聚氯乙烯管 16～160	SG 80—75	0.4,0.6			≥4
	聚丙烯轻型 15～200		0.15			
	聚丙烯重型 8～65		0.25～1.6			
	ABS 工程塑料		1.0			
石棉水泥管	75～100	JC 22—64	0.45		0.9	3
	125～200	JC 22—64	0.75		1.5	4
	250～500		1.0		2.0	5

（三）管子衬内

管子衬内又称管子内壁衬涂。衬涂材料有树脂、油漆、沥青、橡胶、无毒环氧漆和水泥砂浆。其目的为防腐、防结瘤、保持管道泵水力特性和延长管子使用寿命。大口径管子多用水泥砂浆或聚合物水泥砂浆衬涂，涂层厚度一般为 3～5mm。衬涂砂浆配比（质量比）硅酸盐水泥∶细石英砂∶水＝1∶1∶0.4。为了增加砂浆的粘结强度，可衬涂在砂浆中掺入 5%～20% 的 DZM—19 多功能建筑胶粉。中、大口径的管道一般在顶管之后进行衬涂，而小口径管子宜在顶管之前进行

（四）塑料防腐层

将金属管子外涂抹一层塑料防腐层，通常俗称“黄绿夹克”，可以很好地防腐蚀，而且涂抹容易，不污染环境，工程成本低。涂抹材料有：红丹漆、过氯乙烯漆、氯化橡胶漆、环氧树脂、石油沥青等。

二、顶管的施工工艺过程

根据顶管工程特点，一般施工程序如图 7-1 方框图所示。

（一）工作井与接受井

1. 在地下水位以上密实黏土中可采用人工开挖成井，也可以用挖掘机挖土成井，并要根据土层稳定情况进行支撑加固。

2. 饱和土中施工，可采用降水人工开挖，并逐层砌撑加固，直至挖到设计深度进行封底成井；或采用沉井作业法成井，到设计深度后进行封底止水；在地下水丰富、土层不稳定的地层可采用连续墙工艺施工。

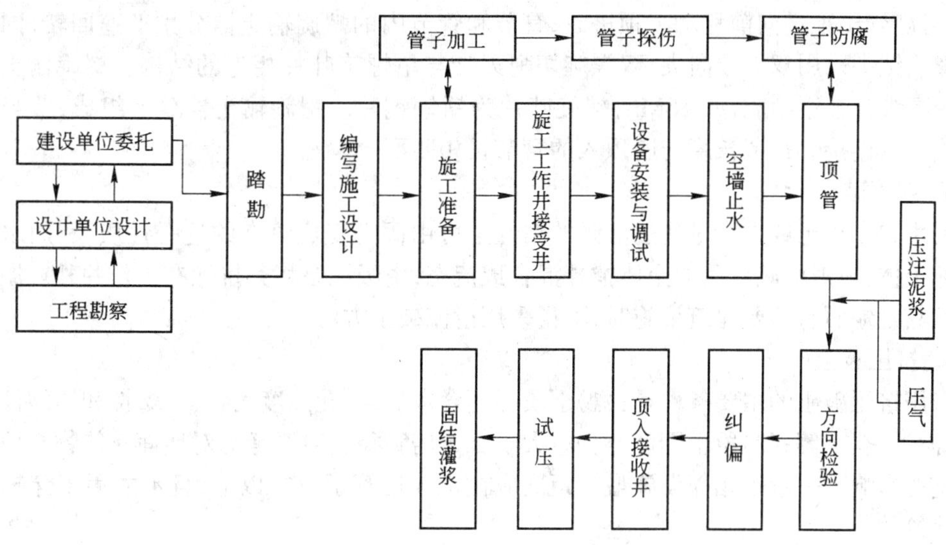

图 7-1　顶管工程施工程序方框图

3. 工作井设在饱和土层中时，必须在前墙设计施工一个与管道顶进高度、方位和坡度一致的穿墙管，以防地下水、泥砂涌入工作井内，并对管节起导正作用。

（二）穿墙止水

在饱和土层中、水体以下土层中顶管，必须设置穿墙管。打开穿墙管闷板，将穿墙管内夯填的粘土掏出，把工具管从穿墙管中顶入墙外土层，然后装好管外止水防渗密封设施，以防止地下水、泥砂、泥浆涌入工作井内。

（三）破土方法

1. 人工破土

人工破土时工作人员与管节前沿，在管子保护下用锄、铲、镐、锹等直接挖土成洞。挖下的土用推车、斗箕或皮带运输机运至工作井后、井外弃之。随着导向土洞的逐步延伸，工作井内千斤顶操作人员应根据工作面的指令间断地启动千斤顶，将管子按设计深度、方位、坡度顶进。

2. 机械破土

利用工具管前端的破土刀具的回转剪切破坏土体，并随管道顶进连续向前破土。

（1）伞式掘进机是常见的一种破土机械，由电动机、减速器、主轴、刀盘切削臂构成。根据土质不同，可在刀盘上或切削臂上安装不同性能的刀齿和不同的切削角。切削下来的土体由提升环的铲斗铲起倾卸于皮带运输机上运至工作井，再由工作井提升至井口弃之。伞齿掘进机，只适用于工作面土层稳定的条件下破土。

（2）机械手掘进机破土时，其旋转轴线垂直于管节轴线，电动机悬吊于工具管顶部，减速器装于工具管外。因此，工具管空间较大，切削速度较高，适用于管径大于 0.8m 的顶管工程。

（3）水平螺旋掘进机多用于小径短距离顶管工程，由固定导轨、钻头、螺旋输土器、给进千斤顶、回转器、减速机、电动机等构成。固定导轨又叫导向架，由角钢焊成，上面有导轨。

按管道设计深度、方位、坡度固定安装在工作井内。电动机、油泵、油缸、减速器均安装在导轨上，可随管子顶进向前移动。顶进时，管节和管节内的螺旋输土器分别低速回转，同步顶进。螺旋钻头采用双刃导向尖、双螺旋切削刃带与单螺旋叶片相连的结构。螺旋输土器的心轴用高级合金钢制成，如 16Mn；螺旋叶片为锰钢钢片。螺旋输土器分节组成，节与节之间用法兰盘连接。每节长度与所顶入的管节长相匹配。

3. 射流破土

利用饱和粉土或含水量超过液限的粘性土可由固态变成流态的这一性质，利用水枪喷射破坏土体，被射流破坏后的土体搅拌混合成流态，由吸泥泵将其排除在工作井外。湿陷性土层尤其是地面有重要建筑设施时，不得采用射流破土方法。

4. 挤压破土

采用挤压破土的主要条件是：(1)土质必须含水量高，孔隙度大、具可塑性和压缩性的粘土，如淤泥、软土等；(2)覆土厚度至少应大于 2.5 倍管径；(3)要考虑对地面建筑物与地下相邻设施的影响。一般距相邻设施最小距离应在 1.5 倍管子直径以上，且不能用于穿越重要地面建筑物。

分为出土和不出土挤压两种破土。出土挤压时将工具管刃脚贯入土中，挤出土柱，同时将孔壁四周土层挤压密实。不出土挤压破土，工具管顶进，进入管口内的土柱逐渐挤实形成坚硬密实的土锥，以此坚硬的土锥顶进破土。

(四) 顶进

顶进施工分为以下几个步骤：

1. 顶管设备安装

(1)导轨安装；(2)千斤顶安装；(3)顶进工具管安装；(4)顶铁安装。

2. 管道划分及安装

长距离顶管由于侧壁摩阻力很大，须将顶管全程管道分数段。段之间加接中继环，以保证管道顺利顶进。管段长度要根据管子规格尺寸刚度和顶进摩阻力大小综合计算决定。在顶管中，除人工破土外均设有工具管。工具管的设计，根据不同条件功能有所不同。但大多数工具管都具有破土、出土、测斜纠偏功能。工具管内腔分为前、中、后三个舱室。前舱为冲泥舱，舱前端装有切削，挤压土的格栅。中舱为操作室，两者间用胸板隔开。操作人员在操作室操纵水枪破土冲泥，还可以通过观察窗口观察和仪表显示，掌握冲泥情况和工作面土层坍塌情况。后舱是控制室，控制室内设有测斜仪、压力表、传感器、电子计算机、湿度计等仪表。控制室与操纵室之间用气闸门分开。这种工具管将人与工作面隔开，有利于工作人员安全。工具管尾部管外设有一道突出的泥浆环，可以通过泥浆环向管外环状间隙中压注触变泥浆，以平衡地压，减小管道顶进阻力。工具管工作时，在千斤顶顶推下，格栅将土体切开，再经高压水射流破碎、搅混成流态由吸泥泵排出井外。

3. 通风与照明

工作井与管内照明要用 36V 低压电；电线要用绝缘良好的电缆；灯光要设安全罩。

4. 气压应急保护

在地下水位压差较大，土层易坍垮时，要采用工具管头局部气压保护法顶进；当工具管前舱发生故障需要人员进入时，也要进行气压保护。给工作面压入一定压力的空气，可以平衡地层土压力和水压力，能有效地防止坍塌。

（五）测斜纠偏

在密实土层顶管，人或破土机械可直接进入工作面，其顶进方位、坡度均可用测量仪器直接跟踪检测，然后根据检测结果，采用偏心破土来纠偏。在水体下土层中顶管或是饱和土层中顶管，人和工作面隔离以及小径顶管、曲线顶管中，则要采用仪器自动检测，随时显示管道顶进方位、坡度参数，并根据偏斜方向、偏差值大小，启动纠偏油缸，使千斤顶产生行程差，改变工具管前进方向达到纠偏目的。

（六）固结灌浆

顶管结束后，为防止管道重力滑移，必须对外环孔隙进行灌浆处理。灌浆分三次完成，第一次灌浆的浆液配比是水∶水泥∶砂＝0.5∶1∶1。第一次灌浆后1～2d，第二次采用纯水泥浆，其配比为水∶水泥＝1∶2，进行循环灌浆，用风钻或电钻打开管道上50％的预留灌浆孔，先压水检查，根据吸水情况配置浆液进行压灌，直至持续15min不再吃浆为止。第三次灌浆是在第二次灌浆10d后，由风钻或小电钻打通管道上预留灌浆孔检查。如取样观察，固结良好且无较大渗水，则证明灌浆效果好。第三次灌浆根据第二次灌浆结果决定浆液类型。采用粘土水泥浆液时，其配比为水∶水泥∶膨润土＝1∶0.2∶0.8。

三、顶管施工的监理巡视检查

1. 入土破土时，监理人员应随时注意前进方向的土层稳固情况和地下水变化情况，注意观察土洞有无裂隙发生和坍垮征兆。

2. 如需使用穿墙管时，监理员要检查穿墙管的高度、方向、坡度是否与顶进管道一致。且穿墙管内径应比工具管大2％左右。

3. 如需使用工具管时，其外径一般比所顶管子直径大2％～5％。

4. 当遇到土洞断面有软硬夹层土时，施工人员应在软土一侧少挖，硬土一侧要超挖土0～20mm；土洞直径较大时，先定好中心点，从中部挖进，然后向四周圆形扩展；监理员随时掌握管道偏斜情况，根据偏差与施工人员一起决定偏心超挖纠偏措施。

5. 监理员应监督施工人员严格按照规定的裸露开挖长度进行破土。同时提醒工作人员应位于管节的保护下工作。要求施工人员采取勤测微调原则进行纠偏，每次纠偏量为10′～20′，不得大于1°。当顶管直径大于2m、入土深度小于20m时，可采用调整顶力中心的方法纠偏。

6. 挤压顶进时，施工人员应做到，顶进时从下方向开始，向上方向顶进。

7. 顶进作业中监理人员应监督施工人员注意的事项：

(1) 开顶前，必须对所有顶进设备进行全面检查，并进行试顶。

(2) 顶进中千斤顶行程不得大于允许行程，两侧不能站立行人。油压突然升高时，应立即停止顶进。并在工具管内充填土塞(指大、中口径顶管)；当土层可能坍塌时，应在管端部注满压力水或泥浆。

(3) 地面不允许隆起变形时，严禁采用闷顶。

(4) 在顶管外有承压水或在砂砾层中顶进时，应采用触变泥浆充填管外空隙；地下水压较大时，要采用管头局部气压顶进，其气压略小于地下水压；长距离顶进时，要加接中间接力顶推工作站(中继环)。

(5) 当吸泥泵莲蓬头堵塞需要进行处理时，应先顶入土层0.2～0.3m，不许带压打开气闸门。

8．在大中口径管道长距离顶进时，监理员应要求工作井不仅防渗漏，而且对后墙要用带钢筋的混凝土梁或钢梁圈加固。后墙面要光滑平整并与顶进方向垂直。

9．顶管施工中需要监控的关键点

(1) 采用射流破土时应要求施工人员将工具管顶入土层0.5m后再进行，同时严禁在工具管刃口外用高压射流破土。

(2) 采用挤压顶进操作时，监理人员应在现场并注意施工人员的操作是否符合以下规定，如不符合应立即纠正：

1) 首节管顶进要轻压慢顶，严格按设计方位、坡度顶进，并用测斜仪检查。

2) 管子必须有足够的刚度和稳定性，顶进中如遇刚性障碍物时，应换筒形钻头回转钻透穿越；防止将管子顶变形、破碎和方向偏差。

四、顶管施工的监理验收

顶进设备安装完毕后，监理人员应及时对其进行分项验收。

1．导轨：导轨高度一般为1.1～1.25m，两侧导轨高度偏差为－2～－3mm，并预留压缩高度；导轨前端与前墙间要预留间隙，间隙长度不小于1.0m；顶进钢管时，其钢管下底面与工作井底板间距不小于0.8m。

2．千斤顶：千斤顶尖沿顶管圆周对称布置，顶力中心线位于顶管管道底面以上，顶管直径高度的1/3～2/5处；千斤顶安装位置偏差不大于3mm，其头部严禁上仰；下倾不超过3mm，水平偏差不超过2mm；每台千斤顶应有独立的控制系统，但顶力必须相等。

3．顶进工具管：在导轨上，应测量其前后端的中心偏差和相对高差。

4．顶铁：顶进时，U形铁、环形铁应配合使用；纵向顶铁的中心线应与顶管轴线平行且与横向顶铁垂直相交，其铁着力点应位于顶管管底以上，顶管直径高度的1/3～2/5处；顶铁与导轨接触必须平整，且应加可塑性的软材料衬垫。

第二节　盾　构　法

一、盾构的组成与类型

(一) 盾构的构造

盾构的基本构造由钢制外壳、推进千斤顶、正面支撑机构、拼装管片用举重臂、液压系统、操作系统及盾尾密封等构成。

钢制外壳部分是整个盾构的骨架及保护体，通常可分为切口环、支承环和盾尾三部分。

1．切口环

盾构切口环具有承担土体开挖和正面挡土机能。不同类型盾构正面分别装有土体切削刀盘、网格、挡板(胸板)、正面支撑千斤顶、泥水室、土腔、反铲斗、土体切削头、活动帽檐等，切口环长度由开挖条件和方式等所需的空间而定。

2．支承环

支承环是整个盾构承受外荷的主体结构，介于盾构前端部和盾尾的中间。盾构推进用的千斤顶、液压系统、操作平台等均设置于支承环内。千斤顶通常安装在支承环外壳内侧，因千斤顶顶力中心需尽量与管片厚度方向的形心靠近，因此，在满足千斤顶就位的构造要求的同时，尽可能设计成靠向外壳，以改善顶力作用于管片时，易承受偏心于内弧面的受力条件。

3. 盾尾

盾尾部分是管片拼装区,其后部装有盾尾密封环、举重臂、真圆保持器等。盾尾长度一般不宜超过两倍的管片宽度,过长会直接影响盾构的工作灵敏度。

4. 盾构千斤顶

盾构千斤顶是盾构向前移动的动力部分,在设计千斤顶和位置配备上应注意以下几点:

(1) 千斤顶液压系统,压力应采用30～40MPa的高压系统,且具自锁能力,最常用的压力为32MPa。

(2) 千斤顶应均匀对称地配置于盾构支承环的外壳内侧,并应考虑尽可能靠近外壳,使管片环肋在千斤顶顶力作用下减少或避免发生混凝土剥落和压碎现象。

(3) 千斤顶以偶数配置为佳,考虑到盾构需纠偏,千斤顶应具备联动和分动功能。

(4) 千斤顶不论设计与安装均必须保证与盾构轴线平行;千斤顶顶块中心点与栓塞杆中心点间的偏心距应不致引起柱塞杆的弯曲变形以保证千斤顶正常使用。

(5) 千斤顶顶块(与管片相接触而防止应力集中的靴板)的刚度应满足构造要求,柱塞杆与顶块的连接条件应为理想球铰,顶块与管片相接触面应保证平整,并相应配置聚氨酯板或硬度(邵氏)较高的橡胶板,以确保管片的完好无损。

(6) 千斤顶行程应满足推进量,通常取

$$S_J = B + \alpha$$

式中 B——管片宽(mm);

α——工作间隙,应按曲线或纠偏条件考虑(mm)。

5. 开挖面支撑

为防止盾构正面地层塌方,须对开挖面进行支撑。支撑方法因盾构而异:有千斤顶类、刀盘面板类、网格类或气压等等。

(1) 千斤顶类支撑有支承盾构上部开挖面的前檐千斤顶,支承中部开挖面的正面支撑千斤顶、平台式千斤顶以及为了排除盾构前方障碍物用的开挖面拱顶部活动前檐式超前支撑等。

(2) 机械式盾构的正面支撑有刀盘面板、闸门装置、土腔胸板等等。

(3) 在气压条件下施工时,气压也属盾构正面支撑的一种辅助形式。

(4) 在软土地层中,常用网格型正面支撑形式。

盾构工作面上单位面积的挡土力为200～500kPa居多。

6. 举重臂

它是盾尾部的专用机械手,具有钳、伸缩、前后滑动和旋转功能。种类有环式、齿轮齿条式、中心筒体式(环式最常用)。通常装于支承环后部,结构形式由机械手(手)、自由伸缩的支架(手臂)、滚动支承的中空圆环(身躯)三部分组成。它能满足拼装管片和出土互不干扰的工作条件。

(1) 举重臂提升力应为最大管片重量(W_s)的1.5～2倍;伸缩支架推出力应为管片重量的5倍。前者为向心移动和转动,后者则为推向盾尾外壳的经向力。

(2) 举重臂拼装管片时转动速度分高速和低速2级。通常,高速旋转的线速度为250～400mm/s,低速为10～50mm/s。

(3) 举重臂的机械手有双点钳和单点钳两种，近年来国内外均趋于采用单点钳。管片的摇摆由四点固定键支承而实现。

举重臂支架的前后滑动装置是使管片能沿隧道轴线方向移动的结构体，主要解决管片沿隧道轴线方向的水平移动。封顶块为纵向插入时，在盾构顶部该水平移动量(S)应不少于管片宽度的1.25倍。土压平衡盾构倾斜的螺旋输送机有时难以保证举重臂水平移动量的空间位置，为此可将封顶块管片设计成先行径向插入，再行纵向楔入的形式，以此减少举重臂所需的水平移动量，此时水平移动量 S 可减少到小于1倍管片宽度。

当封顶块为径向插入式时，举重臂支架的水平移动量 S 宜取300～500mm。

7. 真圆保持器

盾构向前推进时，管片从盾尾部脱出，管片在自重和土压力作用下产生横向鸭蛋变形，当其变形量很大时，集成环和拼装环会产生段差，给安装纵向连接螺栓带来困难。为避免管片前后环的段差，宜设计成能使管片临时保持真圆的真圆保持器。真圆保持器通常用于错缝拼装的情况。真圆保持器是在两个支柱上装有上、下可伸缩的千斤顶(上部和下部分别装有圆弧形的支架)，在动力平架挑出的梁上可前后滑动，当一环管片拼装成环后，就让真圆保持器移到该环管片内，两个支柱的千斤顶伸出，使上、下弧形支架紧贴管片，盾构即行推进，盾构推进时，由于它的支承作用，该环管片就可避免横向鸭蛋变形而保持真圆状态。

(二) 隧道衬砌

盾构法施工的隧道衬砌应具有支承土压的能力和易于操作的结构形式。隧道的一次衬砌是管片其构造有多种形式，目前最常用的有：钢筋混凝土管片(RC管片)、复合管片和铸铁管片(DC管片)。

1. 钢筋混凝土管片

一般有箱形管片和平板形管片两种。箱形管片常用于大直径隧道施工，在等量材料条件下比平板形管片抗弯刚度大，管片便于连接可降低造价。但当管片的背板厚度较薄，而腔格偏大时，在盾构千斤顶作用下，混凝土将易发生剥落、压碎等情况。实践证明，箱形管片形式，紧固螺栓时，板手的板子空间宽裕，便于穿连接螺栓、便于操作。

平板形管片是中、小直径的隧道中常用的一种管片形式，在相等厚度条件下，其抗弯刚度及抗压条件均优于箱形管片。有时在大直径隧道内，也采用该形式的管片，它主要用于地面荷载大，或穿越地面建筑群时的隧道区段，用于抵抗较大的外荷载。当管片采用钢盒子接头形式时，连接件费用较高，在地铁工程中并非能大量推广应用。上海地铁二号线管片在吸收了箱形管片特点的同时，设计了具有箱形与平板形二种优点的改良型管片，实践验证效果较佳。

2. 复合管片

复合管片常用于普通隧道的特殊区段，如隧道与工作井交界处，旁通道连接处，变形缝处，垂直顶升段以及有特殊需要的泵房交界和通风井交界处等。有时也用于高压水条件下的输水隧道中，它的构造形式是：外周、内弧面或外弧面均采用钢板焊接，在钢壳内部用钢筋混凝土浇灌，形成由钢板和钢筋混凝土复合的管片。该管片强度比RC管片大，抗渗性好，与铸铁管片相比，它具有上马快，抗压性、韧性高等优点。但耐腐蚀性差，造价较高，无特殊要求时，不宜大量采用。

3. 铸铁管片

该管片重量轻,耐腐蚀性好,材质均匀,强度高,机械加工后的精度高,接头刚度大,拼装准确,防水效果也好。

4. 楔形管片

由楔形管片组成的楔形环有最大宽度和最小宽度,用于隧道的转弯和纠偏。用于隧道转弯的楔形管片由管的外径和相应的施工曲线半径而定。若假定管片的宽度和外径分别为900mm和5m,当曲率半径 $R=250$m时,楔形管片的最大宽度与管片标准宽度相等;当曲率半径 $R=150$m时楔形管片的最大宽度应减至750mm;曲率半径 $R\leqslant100$m时,楔形管片的最大宽度应缩小到450mm,这样才能保证施工要求。

纠偏用楔形管片的最大宽度一般取与标准宽度相同,纠偏用的楔形环数量大致是:圆环总数的5%~10%(转弯用楔形环除外)。楔形环的楔形角由标准管片的宽度、外径和施工曲线的半径而定。

(三) 压浆材料的种类

用作衬砌壁后压浆的材料种类大致可分为表7-7中所列的几种,可按施工环境选用。但一般在粉土或黏性土的地层中,为了保证流动性,大多使用稀软的材料。而在砂土或砾石地层中,则大多使用硬稠的材料。

压 浆 材 料 **表7-7**

分类	小砾石砂浆类	水泥乳浆类	砂浆类	化学浆液类	聚氨酯类	其他类
压浆材料	小砾石和砂浆分别注入;拌成小砾石混凝土后压入	普通水泥乳浆或水泥膨润土乳浆	普通砂浆、充气砂浆、速凝砂浆	悬浊液型、半悬浊液型、溶液型	预制泡沫层压浆法、现场发泡压浆法、充填泡沫压浆法	盾尾脱出后,将管片外层挡板顶住土体;或将注浆袋填入管片外围

(四) 盾构类型

1. 手掘式盾构

该盾构一般直径较大,工作面通常是全敞开的,每间隔2m左右设一工作平台,操作者站在平台上,采用风镐、铁锹等工具自上而下开挖土体,盾构的顶部装有可伸缩的活动前檐。

正面支撑千斤顶宜安装在支承环的立柱或横梁上,其间隔以盾构工作面能达到稳定为准;行程应大于一环管片宽。开挖时,正面支撑千斤顶需作分动,调换支撑位置。开挖后的土自落至盾构的下半部,由皮带运输机装入运土车运走。该盾构适应于复杂的互层地层,存在障碍物的地层以及土体和岩石有可能交错出现的地层。但要求开挖面在挖土阶段无塌方现象。对土体自立性很差的地层可先采用井点降水、气压乃至化学灌浆处理等措施。在无法袭用降水或气压的个别地段,土体为砂性土时,也可采用化学注浆作地基处理的辅助方法。

2. 挤压式盾构

该盾构的胸板上常开有可开启的进土孔和入土孔,在极软弱的土层中,胸板前方还常设有网格板。盾构推进时,正面土体呈挤压状态,被挤压的土体通过进土孔,挤入盾构胸板内侧进土孔的数量和大小按地质条件而定,孔口的面积与盾构正面的总面积之比称为开口率。当土体的含砂率在20%以下,液性指数 $I_L>0.6$,黏聚力 $c<50$kPa时,挤压盾构的开口率为

0.3%～0.8%，在极软弱的土层中，也可小于0.3%。开口率的大小是否合适，主要取决于盾构推进时对土体的挤压情况，开口率过大，进土量增加，引起超前地层损失，施工区域的地面产生先行沉降。反之，进土量过小时，则挤压力过大，地面便产生隆起。开口率还受气压大小，施工沿线地质条件的差异影响。为适应各种条件的变化，常将胸板上的每个进土孔设计成可开闭的千斤顶闸门形式，以此调整开口率。进土孔宜对称设置，这样有利于控制盾构的推进方向。开口率为"0"的盾构应考虑盾构极易上飘的问题。盾构外壳还宜设置防止偏转的稳定装置。挤压盾构的适应条件取决于地层的物理力学指标，比照日本的隧道规范，可按含砂率与黏聚力，液性指数与黏聚力的关系确定其适应范围。

3．半机械式盾构

半机械式盾构介于手掘式和机械式盾构之间，正面为敞开式，工作面安有机械挖土和出土装置，代替人工操作。具有省动力、省时间、高效等特点。半机械盾构的挖土装置前后、左右、上下均能活动，挖土机械装备有如下形式：

(1) 盾构工作面上半部装有正面支撑千斤顶和作业台由人工挖土，下半部分装有铲斗、切割头挖土，并将上半部挖落下来的土一起运走。

(2) 盾构工作面上半部分装有铲斗、或者装载机挖土，下半部分装有切割头或铲斗挖土。

(3) 盾构中心装有切割头挖土。

(4) 盾构中心装有铲斗或挖掘机挖土。

盾构铲斗式挖掘机由铲斗、铲斗千斤顶、臂架、臂架千斤顶、主机架等构成。铲斗可作上下、左右以及旋转等动作，盾构前方的挖土情况工作人员可直接观察到。

半机械盾构适用于较稳定的地层。形式(1)适用于开挖面需作支撑的地层，形式(2)较适用于能自立的粉质黏土与砾砂的互层，形式(3)大多适用于固结条件较好的黏土层、密实的砂土层，形式(4)适用于稳定的黏土和砾砂混合层。

4．机械式盾构

机械式盾构是一种由旋转大刀盘进行全断面开挖的盾构。它除了能改善施工环境、省力外，还能显著地提高推进速度，缩短工期。但造价高、后续设备多，基地面积大。隧道长度较短(＜500m)时，采用该盾构不够经济。单轴式大刀盘机械盾构与手掘式盾构相比，在曲率半径小的情况下，盾构纠偏或转向均较困难。该盾构大刀盘具备正面支撑，适应于土体不能自立的砂性土层，用在易产生流砂的区域施工时，需作降水或气压辅助施工。

5．土压平衡盾构

土压平衡盾构是对普通机械式盾构加以改进后的新型盾构。该盾构正面为密闭状态，能有效地控制工作面的土压和地表的沉降；最新研究成果表明，该盾构几乎能适应任何软质土层中施工，且能完全达到自动化控制，隧道内不需加气压。土压平衡盾构的基本工作原理是：由大刀盘切削土层，切削后的泥土与开挖面的土压(水、土压力)取得平衡的同时，由隧道和土腔相通的螺旋输送机输出，装于排土口的排土控制装置在出土量和进土量取得平衡的条件下，盾构不断推进。

6．泥水加压盾构

泥水加压盾构，也是在机械式盾构基础上改进开发的一种新型盾构。其基本形式及工作原理是：大刀盘的后方设一道隔板，隔板与大刀盘之间为泥水室，推进开挖下来的土体在泥水室中由搅拌器充分搅拌后进行流体输送，把送出的高浓度泥水进行土水分离，分离后的泥水重新返回工作面，而土体则同时排出。

泥水加压盾构对土体开挖面具有下列作用：

(1) 泥水压力和开挖面的水土压力保持平衡；

(2) 泥水作用于地层后，在一定的渗流条件下，在短时间内使开挖面的土体表面形成一层不透水的泥膜，使泥水产生有效的平衡力；

(3) 加压的泥水可渗透到地层的某一区域内，使该区域的土体相对稳定，改善土体的渗透条件；

(4) 全部开挖的土体均通过泥水输送到地面。

泥水加压盾构靠泥水护壁对土体具有良好的稳定作用，施工引起的地表沉降可控制在10mm左右，适宜在控制地面沉降要求特别高的范围内施工。在黏土和砂土兼有的土层中施工时，其适应性较强，但在黏土中施工存在泥水分离和排放问题。

二、盾构掘进施工工艺过程

(一) 掘进准备

1. 基地

盾构基地是用于建造盾构拼装井和设置盾构施工所需的地面临时辅助设施，一般包括有管片接缝防水处理场、拌浆间、配电间、充电间、空压机房、水泵房、垂直运输设施、地面运输及通讯设备等。

2. 竖井

竖井按用途分为始发竖井、中间竖井、方向转换竖井和到达竖井。始发竖井又作为盾构拼装井，盾构拼装就位后，由此出洞推进。该竖井宽度常比盾构直径大1.5～2.0m，长度应满足初期掘进时出土、管片运输等工序要求。底板高度应满足洞口防水处理需要，一般应低于洞中约1m。到达竖井又用作盾构拆卸井，盾构在井内整体式或解体后吊出地面。根据隧道用途和规模大小，有设置一个或多个竖井的。在隧道竣工后，这些竖井都被用作地下车站、通风井、地下泵站或出入口等永久性正式结构。

3. 盾构基座

盾构基座用于盾构安装和井内导向。要有足够的强度、刚度和精度。一般采用钢结构或钢筋混凝土结构。基座上设置两根导轨(采用38kg/m以上的重轨)，一般布置在盾构下半圆60°～90°范围内。导轨设置时，经测量正确定位，使盾构搁置稳妥和推进导向正确，基座要留出供安装盾构用的托轮位置。

4. 盾构后座

(1) 盾构后座设于盾构与后井壁之间，盾构推进时的推力，通过后座传递后，由竖井后井壁承担。通常采用临时衬砌、专用顶块或顶撑等。

(2) 用作临时衬砌的后座管片，在井底的垂直运输部位装成开口环，通常为圆环的3/4。开口环部分要设置具有足够刚度的后盾支撑，以确保后盾管片闭合环部分不产生严重变形。

(3) 为使后座管片拆除方便和传递顶力均匀，在井壁与后座管片之间浇筑易于凿除的低等级混凝土，此层混凝土并起到调整竖井内壁墙面与盾构推进之间偏差的作用。

(4) 后座管片支承于盾构基座的导轨上，其纵坡与推进纵坡相一致。

(二) 盾构推进

1. 盾构出洞

盾构出洞工序为:洞口处理－拆除洞口临时封板－盾构切土(至盾尾推出竖井)－洞口防水处理。洞口土体处理方法应根据土质、地下水、盾构形式、覆盖层厚度和施工作业环境等条件确定。通常有井点降水法、化学注浆法、替换法(泥浆固化法)、冻结法和竖井气压法、双层钢板桩施工法、开挖临时隔墙施工法等。选择施工方法时,有单独使用一种方法或同时使用两种方法,它是随安全、经济、工程进度及对地表沉降控制的严格程度来确定。

2. 盾构推进

(1) 开挖掘进前应按要求联结好车架又称后方台车检查车架上设置的操纵台、液压设备、电气设备、出碴设备、压浆设备及吊运管片等设备。完成井下运输,包括轨道安装和运输车辆调度的准备;组织运土空箱编组就位及壁后压浆用阀门与管路安装检查等。

(2) 盾构推进时要按以下要求进行:

1) 盾构千斤顶编组,根据盾构现状测量报表数据和施工轴线确定;

2) 盾构推进通常分连续推进或间隙推进;

3) 盾构使用时的总推力要控制在一定范围内,防止管片顶裂,避免地表隆起或下沉超过允许值;

4) 每只千斤顶使用时的最大顶力,应控制在衬砌允许强度范围内,尤其在盾构纠偏或在弯道推进时须特别注意;

5) 推进时,随时掌握盾构的位置和方向,不使偏离值超过允许范围,并防止盾构本身旋转;

6) 在弯道和变坡地段,以及纠偏时的推进,使用楔形管片,使盾构千斤顶轴线与管片环肋保持正交状态。

(3) 盾构开挖和支撑由地质条件、隧道断面大小及辅助施工设施等因素决定,并随盾构型式不同而异:

1) 采用手掘式盾构时随着盾构推进,将切口环前檐的刃口切入土层后,再开挖土体。通常自上而下开挖,用支撑千斤顶和撑板支护,然后再推进。

2) 采用网格式盾构及局部挤压盾构时开挖随盾构推进同时进行。盾构推进时,从网格上的放土孔挤进来的土体跌落到转盘内,通过竖向旋转的提土转盘运转,使土进入刮板运输机内运出开挖面。

3) 采用水力机械化盾构时在切口环前端设有网格,以支撑开挖面和切割土体。在切口环与支承环之间设有密封隔板,板上装有密闭门、观察窗和高压水枪等,经高压水枪切割土体后形成的泥浆,通过管道输送到地面,对泥水进行处理后排出。

4) 采用土压平衡盾构时用切削刀盘将开挖下来的土砂填满在工作面和隔墙间,以土压保持工作面稳定的条件下进行开挖,用贯通隔墙的螺旋输送机排土。施工时,工作面和隔墙间填满土砂,并加以可保持工作面稳定的压力,达到维持盾构的推进量和排土量之间的平衡。应量测土压及开挖土量,除必须控制螺旋输送机的回转数和掘进速度外,还需掌握切削刀的扭矩、推力等情况,防止工作面松弛。

(三) 衬砌拼装

1. 拼装准备

(1) 衬砌(管片)按拼装顺序在地面管片接缝防水处理场内分块排列、编号并作管片防水处理。

(2) 管片连接用螺栓等配件及拼装工具随管片运往井下工作面。

(3) 推进距离应达到大于管片宽度 20～25cm，确保管片拼装所需空间。

(4) 清理和检查盾尾及已成的环管片环面。

2．拼装设备

(1) 管片拼装机分为安装在盾构内的环式、中空式、齿轮齿条式等和与盾构分离安装的型式根据开挖出土方式进行选择：

1) 环式，在支承环后部或在盾构千斤顶支座附近设置支承滚轴，在滚轴上安装中空形的圆环，其中设有可自由伸缩的臂，采用这种型式时可得到较大的作业空间，便于布置出土设备出土和拼装管片作业，并可使出土作业和管片拼装作业同时进行；

2) 中空轴式，回转轴为中空式，其中能设置出土装置。采用这种形式时，可使上、中段的出土作业和管片拼装作业同时进行；

3) 齿轮齿条式，臂的回转由液压汽缸和齿轮齿条驱动，也有用油压汽缸驱动臂的伸缩的。

(2) 管片拼装机的能力可根据管片的种类、形状、重量和组装顺序等确定：

1) 推出力一般宜大于 5 倍的最大管片重量；

2) 起吊力(或收缩力)一般取管片最大重力的 1.5～2.0 倍；

3) 旋转力应使臂抓住最大重量管片后，在最大行程的条件下能易于旋转；

4) 旋转速度以管片外周处的圆周速度表示。高速档为 250～400mm/s，低速档为 10～50mm/s，且能把臂制动于任何位置；

5) 臂的伸缩速度指驱动臂沿半径方向伸缩的速度，一般采用 50～200mm/s；

6) 臂前后滑动距离，即拼装管片时可将管片沿隧道纵向移动的距离，一般取 150～300mm；

7) 工作液压力采用 10～20MPa。

3．内衬(二次衬砌)

(1) 内衬是用于满足对隧道输水的水量要求，或为了满足隧道的防止渗漏等要求；

(2) 在内衬施工前，要再次紧固一次衬砌的接缝螺栓，清洗内壁面，检查并处理好接缝使结构本身不存在渗漏方面的问题；

(3) 内衬混凝土通常采用水平滑动模板和泵送混凝土设备进行浇筑。

(四) 壁后压浆

1．壁后压浆的作用

盾构推进中，在管片和土体之间会出现盾尾空隙，采用壁后压浆及时充填此空隙可以防止地层变形和地层沉降；改善衬砌结构的受力状态；增强防水性能和有利盾构推进纠偏。

2．压浆方法

在盾构推进后，通过管片中预留的压浆孔，按一定顺序及时压浆；也可在盾尾后部因盾构推进出现空隙的同时，通过设置在盾构外侧的压浆管同步进行压浆。

3．普通压浆施工

在饱和含水的软土地层，宜采用压注浆体材料，以防四周土体向盾尾建筑空隙坍塌。

4．同步压浆施工

同步压浆装置，采用压浆压力自动控制系统，一边修正单轴螺杆泵的转速使压力保持一定，一边通过盾构机上所设的喷嘴或灌浆孔按与掘进长度和速度相应的量直接向盾尾空隙内压浆。其压浆量通过电磁流量计在检测流量的同时进行自动压浆的控制。

（五）盾构施工的监控测试

在软土层中采用盾构法掘进隧道，会引起地层移动而导致不同程度的沉降和位移，即使采用先进的土压平衡或泥水平衡式盾构，并辅以盾尾注浆技术，也难以完全防止地面沉降或位移。随着城市隧道工程的增多，在道路、桥梁、建筑物下进行盾构隧道施工要求将地层移动减少到最小的程度，为此，了解盾构施工引起的地层移动现象并掌握其规律，可改进施工方法和采取必要的技术措施。

1．监测的项目

盾构隧道施工须监测土体沉降、土体位移、土体应力、土体孔隙水压力、地面沉降及位移、构筑物沉降和倾斜等项目，常用的监测仪器和方法见表 7-8。

监测仪器一览表 **表 7-8**

测试项目	传感器	测试仪器	测试方法
盾构正面土压	振弦式压力盒	XC-3 自动测试频率仪	将压力盒设在切口网格上
土体孔隙水压	振弦渗压计	XC-3 自动测试频率仪	钻孔埋设渗压计
土体位移	塑料测斜管	OYO 倾斜仪	将倾斜仪放入测管，测管倾角算出位移值
土体沉降	磁环	分层沉降测试仪	钻孔分层埋设磁环，测出磁环沉降变化
构筑物倾斜	倾斜铝管/塑管	OYO 倾斜仪/经纬仪	铝管位移反应构筑物位移
江底隆陷		DZSO-2C 双通道测深仪，微波测距仪	用水面测量船测水深和定方位
地面沉降	地表桩	水准仪	水准高程测量

2．土体沉降、位移的量测

监测盾构施工引起的深层土体沉降、位移量的变化可了解土层扰动范围和影响程度。土体沉降量监测采用钻孔埋设测管及磁环，用分层沉降仪探测磁环随土层隆陷的变化。土体位移的量测采用钻孔埋设测管，用测斜仪探测管子的倾角变化算出水平位移量。土体沉降和位移也可以共用一个测孔及测管。

(1) 分层沉降仪

分层沉降仪由电磁感应探头、测绳和接收仪表组成。量测时，将探头缓缓放入测管，测出每个磁环与管口的垂直深度，测绳一般为钢尺，读数精度为 ±1 mm。用分层沉降仪量测的同时，必须测量测管管口的高程变化，以修正深层土体的隆陷值。

(2) 测斜仪

测斜仪由探头、测绳和接收仪表组成。探头有电阻应变式、加速度计式等。测斜仪长度超过 50cm，装有四只定向滑轮，轮距为 50cm。量测时，将测斜仪滑轮沿测管内壁十字定向槽缓缓放下，每隔 50cm 测定倾角变化，计算出不同深度土体的水平位移值。

当测管埋设深度低于隧道底部标高时，可把管底作为初始不动点。埋设在隧道顶部的测管一般以管顶为不动点，但必须测量管顶的水平位移值进行修正。

3．土体应力和孔隙水压力的量测

盾构掘进对土体的挤压作用破坏了土体结构，使土应力和孔隙水压力增大。对土应力和超孔隙水压的量测，能了解盾构的施工性能，对土层的扰动程度及预测固结沉降量。量测数据反馈后可及时调整施工参数，减小对土层的扰动。土应力和孔隙水压的量测，采取钻孔埋设测试元件监测土应力的自由场压力计，有钢弦式和电阻应变式两种。孔隙水应力计也有钢弦式和电阻应变式两种。钻孔埋设后填入粘土球，并将测线接入接收仪表。测点埋设在隧道外围。

4．地表沉降的测量

地表测量在沉降测量区域埋设地表桩采取常规的水准测量方法。地表桩的设置一般沿盾构隧道的轴线每隔 3～5m 设一测点；适当布置几排横向地表桩，测试盾构施工引起的横向沉降槽的变化。沉降测量必须将地表桩埋入道面下的土层里，才能比较真实地测量地表沉降。铁路的沉降测量必须同时监测路基和铁轨的沉降。在盾构切口到达前 3m 和盾尾通过后 3d 以内，应加密监测频率，确保运营安全。下管线的沉降测量，对重点保护的管线应将测点设在管线上，并砌筑保护井盖。一般的监测也可在管线周围地面上设置地表桩。

5．邻近构筑物的保护监测

对盾构直接穿越的房屋、桥梁等构筑物必须进行保护监测。对影响范围内的构筑物也应进行必要的监测。监测的内容为构筑物沉降、倾斜和裂缝。沉降测点设在基础上或墙体上，在构筑物外的地表上和构筑物底板上也设一些测点，用水准仪测量。构筑物倾斜监测可采用测量方法，也可在墙体上设置倾角仪，连续监测墙体的倾斜。构筑物裂缝采用肉眼观察，裂缝宽度可用裂缝观测仪测得。

6．施工监测的数据处理

盾构施工监测所采集的土体沉降、位移、土应力、孔隙水压力、地表沉降、构筑物沉降等大量数据，应及时整理并绘制成有关的图表。施工监测数据的整理和分析必须与盾构的施工参数采集相结合，如开挖面土压力、盾构推力、盾构姿态、出土量、盾尾注浆量等。在施工监测中，一些物理量的实测值的变化(如位移、应力等)与时间和空间坐标有关，一般采用回归分析的方法研究其相关性(工程中经常遇到的是一元非线性关系)。

(六) 辅助施工方法

在盾构施工中气压法、降低地下水位法、注浆加固法、冻结法和基础托换法等均可用作施工的辅助方法。

1．气压施工法

在含水的砂土地层和软弱粘土地层中，采用盾构法施工时，会发生开挖面涌水、土层坍塌等情况影响盾构的推进。气压施工是一种常用的稳定地基的方法，使盾构能在稳定地层的条件下顺利推进。

(1) 压气的功能

盾构施工时将压缩空气加于开挖工作面上，利用气压防止盾构施工时开挖面进水，并稳定盾构开挖面土体，防止发生流砂现象和土体坍塌。此外，由于压缩空气可使地层脱水，从而增大土体的抗剪强度，提高开挖面的稳定性。

(2) 气压值的确定

气压施工的气压值，一般按盾构底部往上 1/3 直径处的地下水压力确定，即按下式计算

$$p=\left(H+\frac{2}{3}D\right)\gamma_w$$

式中　p——压缩空气压力值(kPa)；

H——盾构顶部地下水头(m)；

D——盾构外径(m)；

γ_w——水的重度(kN/m^3)。

中小型盾构可采用1/2盾构直径处的地下水压力值来确定气压压力值，即

$$p=\left(H+\frac{1}{2}D\right)\gamma_w$$

当盾构在渗透系数很小的土层中施工时，由于部分水头压力消耗在土体孔隙的阻力上，实际所用到的附加气压值仅为理论值的70%～90%。

(3) 耗气量的确定

1) 为计算空气消耗量，可采用Hewett—Johwnsen经验公式

$$Q=CD^2$$

式中　Q——耗气量(m^3/min)；

D——盾构外径(m)；

C——系数，取决于土质情况(气压0.05～0.1MPa时，用表7-9的数值)。

取决于土质的系数 C 值　　**表7-9**

土　质	黏性土	普通土	砂　土	砂　砾
系数 C	1.0～1.5	1.5～3.0	3.0～5.0	5.0～10

2) 用实测试验的方法推算耗气量，可采用下式

$$Q=\frac{F_2p_2}{F_1p_1}Q_1$$

式中　F_1、p_1——分别为试验工程的开挖面面积和使用气压压力值；

F_2、p_2——分别为所求工程的开挖面面积和设计气压压力值；

Q_1——试验工程实测最大耗气量。

(4) 气压设备

1) 空气压缩机　在南方地区夏季施工时，若气压作业段温度过高，须设置压缩空气的冷却设备。

空压机须在必要台数以外再加备用量。当采用1～2台时，备用1台；当采用3台或3台以上空压机时，备用系数为1.33。同时，必须有两路电源供电或有备用电源。

2) 闸墙　将盾构工作面加气压部分和不加气压部分隔开，一般用钢板和型钢制成的钢结构。墙上预留进、排气管、动力照明电缆、通讯电缆、给排水管等管道的道孔，墙上还有观察窗和压力表。

3) 气闸

(A) 人行闸为施工人员出入专用闸，一般仅在中等直径以上的盾构施工中才设置。小直径盾构施工时，材料闸兼供人员出入。人行闸的高度不低于1.8m，每个作业人员最少占

有 0.75m^3 的空间。人行闸的大小须容纳每一工班的作业人员。

(*B*) 材料闸为材料、设备、出土、管片等进出气压段用的变压设施，材料闸直径一般为 2.0～2.5m，长度为 8～12m(相当于牵引车和 2～4 节平板车加材料闸一扇气密门的宽度)，材料闸内变压是采取快速加减压。用大直径盾构施工时，可设置两个材料闸来提高作业效率。

(*C*) 医疗闸一般设在竖井内或设在其附近，闸中有治疗室等，用来治疗气压施工人员的减压病，当工作压力大于 0.1MPa 时，要设置工地医疗闸，医疗闸至少高 1.85m，长 2m。

(5) 气压效果和土质关系

1) 黏性土地层，土质软弱，当工作面不稳定时，可依靠气压的支护作用和脱水作用使地层得到加固，故多采用气压法。

2) 粉砂地层，由于透水性小，故气压效果较好，是易于进行施工的地层。

3) 砂性土地层，因透气性很好，耗气量大。当覆盖层薄时，如增高气压，喷发危险性将加大，要完全阻止涌水有困难。涌水处开挖面崩塌危险性大。开挖面上部，受过剩气压作用，涌水被止住，土层含水率降低，黏聚力和抗剪强度增大，开挖面趋于稳定。当开挖面长时间暴露在气压下时，土体脱水干燥，会失去黏聚性，又有发生坍塌危险，在开挖面下部存在气压和水压之间的不平衡量，过剩水压的渗透作用会形成流砂现象，使开挖面有坍塌危险。

4) 砂砾地层，因透气性大，加气压时，漏气量会显著增大，气压效果不明显。

5) 当地层为由各种不同土层的互层形成时，情况较复杂，事先需作充分调查，在施工中严密监视，防止涌水、漏气、喷发或缺氧、空气可能喷出等问题出现。一般在渗透系数大于 1×10^{-2}cm/s 时，往往很难采用气压法。

2. 降水施工法

(1) 功能

在盾构法施工中，井点降低地下水位是一种常用的重要辅助施工方法。常用于盾构出洞、盾构进洞、降水段等场合，使洞门封板能顺利拆除、盾构安全进、出洞以及为盾构出洞后转入正常掘进创造条件所需要的一定的隧道长度。

(2) 种类和适用范围

中国曾采用过井点降水的土层渗透系数范围有大到 10^{-1}cm/s，小到 10^{-6}cm/s 以下的。对土层渗透系数不同，结合降水深度和工程特点，分别采用重力法降水、真空法降水和电渗真空降水。

3. 注浆加固施工法

在盾构法施工隧道时，常在下列场合采用注浆方法：

(1) 盾构进洞出洞段和盾构压气施工前的初始段，采用注浆方法以便防止涌水和工作面及周围地层坍塌。

(2) 盾构在重要建筑物或埋设物邻近或其下面通过时。

(3) 在江、河、湖、海水体下面或邻近地段穿越时。

(4) 隧道曲线段半径很小时设置的隔断墙；地下会合点的接合地段；扩挖部分的土体加固及气压施工时防止漏气等。

注浆方法应根据盾构形式、注浆目的和注浆材料、周围地层状态和施工难易程度等选择有关注浆的工艺。

4．冻结法

当用其他方法难以达到稳定开挖面土体时，可采用冻结法。冻结法可用于加固盾构的出洞、进洞部分、急转弯部分和盾构穿越河床底部的土体等。

(1) 种类和适用范围

1) 直接方式(低温液化气方法)即从工厂直接运送低温液化气(液氮，－193℃)到工地，输入预先埋设在地层中的冷冻管内，液氮在冷冻管中气化而使冷冻管周围地层冻结，气化后的氮气放入大气中。液氮冻结温度极低，冻结速度快，时间短，一般适用于临时性的小规模盾构工程施工，常用在一些地下的危急工程。

2) 间接方式(盐水冻结法)是利用氨压缩调节制冷，并通过盐水媒介热传递原理进行冻结。通常在工地现场设置冷冻设备，冷却不冻液(一般是盐水)，使冷却到－20～－30℃的盐水进入冻结管内把地层冻结，温度升高后的盐水回流到冷冻机再冷却，这样，盐水就在热交换过程中循环不息，冻结管周围土层的冻土圆柱体直径不断扩展变大，并同相邻冻土圆柱体相交，在工程施工范围内形成完整的屏蔽，成为具有一定厚度和强度的挡土墙。盐水冻结法一般适用于规模较大的冻结工程。

(2) 施工时的注意事项

1) 除冷冻管外尚须适当布置测温管，测定地层中的温度，确切掌握地层冻结状态；

2) 冷冻过程中必须防止因冻结管折损而引起盐水泄漏；

3) 在地下水丰富而且透水性大的砂和砂砾层中，应注意流动的地下水对冻土发育的影响，必要时应根据实际情况采取化学注浆或板桩等技术措施来减低地下水流动的速度；

4) 随着冷冻温度的降低，冻土强度随之增大，但当土壤含水低于10％时，则冻土强度不会较高；

5) 冻结时的冻土膨胀和隆起以及解冻时的地基下沉难以避免。隆起和下沉值随土质、冻结时间、冻结和解冻速度以及荷载条件而变化。通常在砂和砂砾层，隆起或下沉量较小，在黏土、粉砂、砂土中隆起或下沉量较大，腐植质土的沉降量特别大。对于解冻时产生的地表下沉，可采用化学注浆加以约束。

5．基础托换施工法

在盾构施工时，各种托换方法有单独使用的，也有多种托换方法综合使用的。托换时应注意：

(1) 托换前应采用适当方法对结构物的动态进行监控量测，并根据结构物的构造、用途等事先规定好允许位移值，并有针对性地选择量测仪器、决定量测频率，对结构物的垂直位移、水平位移、倾斜等进行测定；

(2) 托换后，因周围地层要达到稳定尚须延续相当一段时间，故在达到稳定前，仍应继续量测；

(3) 托换过程中，当上部结构和下部基础之间需临时脱开时，应在托换前对上部建筑结构稳定性进行加强。当基础为独立基础时，应在托换前对这类基础从整体上对基础进行加固；

(4) 托换前对盾构在结构物下面或邻近通过时及通过的前后，对土层变形应进行研究；

(5) 托换过程中结构物的支承状态会有变化，故对结构物的结构形式、应力状态、各支点的荷载、托换后的基础承载力等应作充分研究，并对托换施工程序、时间及方法作合理安排和选择。

三、盾构施工质量监控

1. 预控

(1) 监理人员在压浆施工前，需对压浆材料进行预控。压浆材料需符合如下要求：

1) 和易性好易压送、运输中不离析、不沉淀、不堵塞压浆管路，能达到完全填补盾尾空隙的流动性；

2) 在凝结时间上，要求压出的浆液在一段长时间内具有塑性，以免损坏盾尾密封装置；初凝时间要快，使浆液不易流失，以保证压浆质量；

3) 压浆后的浆体在凝固前能维持一定的浆体压力，在浆液凝固后其强度需略高于原状土强度；

4) 要求浆体凝固时产生的体积收缩率要小，以减少地表变形；

5) 在受到地下水稀释后不应产生材料分离现象。

采用普通压浆时浆液配比应根据地质条件、盾构施工工艺及对地表沉降的控制要求决定，常用浆液的配比可参见表7-10。

普通压浆常用浆液配比参数表 　　**表7-10**

编　号	配合比(质量比)					
	石灰膏	黏　土	磨细粉煤灰	工程砂	原状粉煤灰	水玻璃
1	1	1～2	3～4	4～5		0.04～0.08
2	1		4～5	4～5		
3	1	0.6	2.6		2	0.125

采用同步压浆时浆液的配比参见表7-11。

同步压浆常用浆液配比($1m^3$) 　　**表7-11**

浆液＼配比		水泥	粉煤灰水泥	工程砂	石灰砂	砂质土	塑化土	发泡剂	延迟剂	膨润土	水玻璃	锯末	水
砂浆	①	200		680		200	333		1.30				536
	②	133		1113			366						352
	③		440	1132									120
泡沫砂浆	①	200		100				1.25	1.30				375
	②	320			560			1.5kg				15	400
快硬浆		A液($0.5m^3$)									B液($0.5m^3$)		
		210	水422L							25	100L		400L

注：材料计量单位为kg，发泡剂、延迟剂单位为L。

(2) 盾构施工测量

盾构施工测量是盾构施工成功与否的关键，也是预控的项目之一。盾构工程测量包括地面控制测量、竖井联系测量、地下控制测量、盾构推进测量、隧道成洞测量、地表变形测量及贯通测量等。其要点是：

1) 地面进行控制测量前,应建立平面控制网和高程控制测量系统。根据国家一级水准点,经水准测量来设置水准基准点。基准点需长期使用,在施工期间应定期复核。

2) 竖井联系测量可采用铅锤测量法或光学垂线法。铅锤测量法使用的锤重一般为10～25kg,悬吊锤用的钢丝直径为0.3～0.5mm。光学锤线法使用的仪器为国产QZG1－2光学水准仪,该仪器测点偏差小于$\pm 5\times 10^{-6}$。

3) 地下高程控制测量应沿隧道一侧设置支承水准路线,其基准点不宜紧靠工作面。测点间隔一般在曲线段为20～30m,直线段为50m左右。

4) 盾构推进测量可根据地下导线点按极坐标法标定测站点,测站点每隔一定距离设置一个,以观测盾构和管片位置。盾构的纵向坡度和横向自转方向及角度可用坡度块根据垂线所指出的点位方法测定,也可用倾斜仪来测定。

2. 过程质量

(1) 在采用普通压浆施工时,监理人员应注意对以下几点进行控制:

1) 压浆压力控制,主要根据隧道复土深度而定,当覆土厚度为6～10m时,压浆压力一般不超过0.5MPa;

2) 压浆量可通过测试并实测地表变形确定。根据以往经验,一般压浆量为理论建筑空隙的150%～250%;

3) 压浆程序应随盾尾建筑空隙出现,立即进行初次压浆。而后,根据地面建筑物特点和土质条件,在相隔适当距离后进行补压浆或作多次压浆,以有效地控制地表沉降。当需要对管片轴线进行纠偏时,则应根据当时管片实际位置,选择适当的压浆孔压浆。

(2) 盾构施工安全

在盾构施工各个阶段,监理员还应要求施工人员遵守操作规程,注意安全施工。

1) 盾构推进安全要点

(*A*) 推进系统的电器设备发生故障(包括液压系统、出土运输、压浆系统等)或有危及管片安全现象发生时,应停止推进。

(*B*) 盾构停放时间超过一天,正面网格的进土孔应封闭;停放时间超过三天,正面应密封,盾尾用皮管嵌缝;停放期间,在支承环与管片之间应加支撑,要有防止盾构后退、变坡、偏斜措施。

(*C*) 非盾构司机,不得任意操作盾构。

2) 管片拼装安全要点

(*A*) 拼装施工必须有专人负责指挥。盾构司机在没有接到确切的指令时,不能操作。

(*B*) 电瓶车送管片时举重臂(管片拼装机)下方和前方禁止有人;举重臂纵向靠拢方向应与盾构千斤顶伸缩方向保持一致。

(*C*) 在拼装中应特别注意千斤顶顶块的位置,拼装旋转时以防碰落顶块;穿螺栓时注意手不能超出螺栓长,以防螺栓碰落后,压伤手。

3) 盾构进、出洞的安全

(*A*) 洞口临时封板若为固定在井壁上的垂直拔除式组合钢板时,拆除时必须用千斤顶顶动,然后再逐根抽除。若以井点降水来稳定工作面时,在抽除前应在封门上的不同位置开孔检查,必要时用地质钻孔判断降水效果,以防止突发性涌水涌砂事故;

(*B*) 拆除洞门前,应准备部分填塞材料,以防止土体流失过多,并准备洞口防水处理材料，如封口钢板、注浆设备及材料等；

(C) 拆除洞口钢封门时，应确保载人的吊篮安全可靠。割除钢封门的螺栓时，吊篮必须处在钢板上方，钢封门的对面严禁站人；

(D) 为保证洞口临时封门的安全，当盾构临近洞口时，应保证出土量，以防因盾构推力过大而把临时封门挤坏；

(E) 若盾构进洞前为气压施工，在与已加固的围岩交接处，必须根据盾构开挖面土体情况逐步降低气压，只有当确认正面土体已能自立而无坍方涌水危险时，方可停止用气，同时要在停气前严防喷发事故的发生；

(F) 若进洞时采用井点降水稳定土体时，应在盾构全部进入工作井的基底上，盾尾脱离内井壁、洞口防水处理结束后，方可停止降水。

4) 在进行气压作业时，监理人员还应监督施工人员按照以下安全规定施工：

(A) 用气压盾构施工时，气压作业段应保持干净、无味、无蒸汽、无粉尘、无有害气体；

(B) 施工作业人员在气压作业段内作业时，要保持气压稳定，避免出现气压波动；

(C) 当开挖面漏气严重时，开挖完了后，可用塑料布适当地贴在开挖面上，以减少漏气量；

(D) 气压作业段内除在特殊情况下，严禁采用明火。若必须使用电焊、气割，则除应对该设备加强安全检查外，还应加强通风及消防设备，并经安全部门批准后方可使用；

(E) 气压作业段内严禁使用乙炔发生器；严禁给蓄电池充电；

(F) 在压缩空气条件下使用氧气瓶和乙炔钢瓶时：①氧气瓶和乙炔瓶进入气压作业段，必须由两个人校验确保满瓶、瓶身无油污、安全附件灵敏可靠；②氧气瓶和乙炔瓶的停放和使用必须有一定的距离，瓶口相背，或设置有效的隔离措施；③气压作业段内、乙炔瓶内剩余压力不得低于 0.3MPa 加上工作压力；氧气瓶的工作压力不得低于 0.05MPa 加上 1.5 倍的工作压力。

(G) 进入气压段的封闭式油桶等容器，必须事先打开盖子。

5) 盾构法施工隧道时，除需遵守以上安全规定外，监理人员在巡视过程中还应防止突发下降性安全事故。尤其必须特别注意防止有瓦斯爆炸、火灾、缺氧、有害气体中毒、高气压病及涌水等。

(A) 尽力选用洞内可燃物少的施工方法或不使用明火的方法；建立防火体制，对火源及可燃物严格管理；若采用气压盾构时，严禁将火、火柴、打火机等可能引起火灾的物品带入洞内，原则上禁止使用焊接、气焊等明火或有电弧的作业方法；配置不同火源(普通火灾、油类火灾、电气火灾)所使用的灭火设备。

(B) 当预计有可燃性气体出现时，必须用钻探等方法，搞清可燃性气体的有无及其分布形态。施工时，必须对可燃性气体的浓度进行测定，当可燃气体浓度超过许可值时，必须立即使作业人员退避至安全地点，禁止使用明火或可成为火源的物品，加强通风、排气。对于甲烷气体，除了主要通风设备外，还必须采用移动或辅助通风设备，将洞内空气充分搅拌。

(C) 对上部有不透水层的砂砾层和没有地下水或地下水少的砂层；含有氧化铁或氧化锰的地层；含有甲烷、乙烷的地层；腐植土层；涌出或有可能涌出碳酸水的地层；在地层中夹有缺氧空气滞留带的地层；和在附近有其他的工程采用气压施工法施工时，应注意出现缺氧的危险。

(*D*) 大量的意外涌水和排水设备发生故障等可能会引起重大事故，特别在盾构用于江、河、海底施工时，更应引起重现。对排水设备和停电时的措施要充分考虑。

(*E*) 要防止盾构在气压条件下施工时，隧道内的压缩空气在不破坏覆盖层条件下，连续地泄漏；防止覆盖层被破坏，盾构内的压缩空气突然喷出造成气压段内作业人员的"沉箱病"。在陆上会造成地面塌陷，从而造成塌陷区范围内的人、车坠落事故，在水体下施工，则会引起江、河、海水向隧洞内倒灌的水淹事故，防止的措施是：

(*a*) 盾构采用气压法施工时，如漏气量大，致使气压效果不佳时，除为了加固地层防止涌水外，有时为防止漏气也采用压浆或遮断墙等方法在地下或地面制造遮断层；

(*b*) 开挖面严重漏气时，开挖完后在开挖面贴塑料布可减少漏气量，但不解决开挖过程中的漏气。特别在覆盖层薄、透气良好的地层中，开挖面易产生喷发现象。因此，施工前应对地层透气性作调查，对覆盖层进行厚度验算，当覆盖层厚度不足时，在江、河水体下施工时，常铺设黏土层来防止开挖面喷发。此外做好管片接缝防水处理和认真压浆。

3．盾构施工中的常见问题

常见故障及预防处理方法 表 7-12

故障	危害	防治措施
盾构旋转	① 使盾构设备操作和液压系统运转不正常，轻则操作不便，重时运转失常 ② 衬砌拼装困难，当管片采用纵向全插入成环时，封顶块管片难以拼装 ③ 给隧道施工测量带来不便，甚至影响测量精度	① 自转量较少时，可改变举重臂、大刀盘、转盘等大型旋转设备的旋转方向； ② 自转量较大时，在采用上述措施的同时，在盾构一侧加压重，使盾构重心偏离轴心，加速纠正盾构的自转
盾构密封漏浆	① 压浆材料从盾尾密封处漏出，使盾尾密封损坏而失效 ② 中途更换盾尾密封件较困难，且影响注浆效果	①注意避免管片的碎片或其他杂物进入密封中；②提高管片浇制精度和拼装精度；③及时检查注浆材料的渗漏情况并采取相应措施；④控制注浆压力不要过大；⑤设计可安装 2 排盾尾密封的结构，以便更换
盾构后退	① 不利于开挖工作面的稳定 ② 影响地表沉降量 ③ 影响管片拼装	①拼装管片时精心操作，尽量使较多的千斤顶投入工作；②常检查各操纵阀和千斤顶等液压系统；③盾构较长时间停止运转时，注意控制千斤顶，并采取相应措施防止盾构后退
盾构运转故障		①开挖前检查供油，液压系统及阀门情况；②运转中经常保持正常状态，发现问题及时排除；③运转转换中防止液压系统混入异物和漏油；④旋转部件要有安全措施；⑤随时将盾构运转情况记入作业日记，根据日记数据定期检修。

4．旁站监督

1．管片拼装施工时，监理人员应到场，注意以下几点：

(1) 拼装时，逐块缩回拼装块位置的千斤顶，同时应保持盾构不后退、不变坡、不转向；

(2) 管片拼装程序通常为先从后环、自下而上、左右交叉，最后封顶成环；

(3) 第一块管片就位时，应根据施工纠编要求正确定位，其他各块管片均根据纠偏要求与已成环管片相应位置定位。就位后，环向和纵向螺栓均按要求穿进，并初步拧紧；

(4) 拼装中应保护防水材料不受损坏，尤其是纵向插入式封顶成环时更应注意，一般适当放宽封口尺寸，待封顶就位后再收拢，确保封口环防水材料完好；

(5) 成环后，全部环向和纵向螺栓再次拧紧，使环缝和纵缝的防水材料压密量达到设计要求，并满足盾构顶进时的受力要求；

(6) 拼装时注意扶正千斤顶顶块，防止顶块碰坏和钢筋混凝土管片压裂。

2. 测管的埋设是盾构监测中的重要一环，监理人员须对其引起足够的重视，监理人员旁站检查时需满足以下要求：

(1) 分层沉降管和磁环的埋设要求：

1)钻孔后将塑料测管插入；2)沿测管外缘逐个把磁环送到设计标高，使磁环架的弹簧片弹出；3)测孔的空隙用黏土球填实，使磁环与土层紧密结合。

(2) 测斜管埋设要求：

1)钻孔后将塑料或铝合金测管插入；2)测管底部采用注入水泥砂浆固定；3)测管外空隙黏土球或砂浆填密实。

四、盾构法施工的监理验收

盾构法施工的管道，允许偏差应符合表 7-13。

盾构法施工管道的允许偏差 **表 7-13**

项目		允许偏差
高程	排水管道	+15mm −150mm
	套管或管廊	±100mm
轴线位置		150mm
圆环变形		8‰
初期衬砌相邻环高差		≤20mm

第八章　降　　水

第一节　降水的一般规定

采用降水排水措施时,应考虑以下的因素:

(1) 土的种类及其渗透系数。

(2) 要求降低水位的标高。一般地下水位应降低到基坑以下 0.5~1.0m。

(3) 采用何种形式的基坑壁支护形式,尤其是深基坑。

(4) 基坑的面积大小。

目前采用的降低水位的方法分为两类:一是表面排水,一是井点降水。降水方法的名称及适用条件如表 8-1。

降水方法的名称及适用条件　　表 8-1

名　称	适　用　条　件
轻型井点	粉砂、黏质粉土、渗透系数为 0.1~5m/d,地下水位较高,一级井点降水深度 3~6m,二级井点降水深度 6~9m,多级至 12m
管井井点	含水层颗粒较粗的粗砂卵石层,渗透系数较大,水量较大,降水深度在 3~15m
喷射井点	渗透系数为 0.1~50m/d 的砂土,基坑开挖深度大于 6m,喷射井点降水深度可达 20m 以上
电渗井点	饱和黏性土,特别是淤泥和淤泥质土,渗透系数很小,小于 0.1m/d
表面排水	碎石土、粗粒砂、渗水量不大的土

降水监测是整个降水工程得以顺利完成的重要环节。观测点的布置应能控制降水区和影响范围内的地下水动态。根据不同的观测目的,观测孔宜分别符合下列要求:

(1) 自降水区中心垂直和平行地下水流向各布置一排观测孔。在降水区内,观测孔排延至基坑中心,在降水区外,观测孔排延长 2~3 倍的降水深度,每排观测孔数不宜少于 4 个;

(2) 在降水深度内当存在 2 个以上的含水层时,为了解各含水层的降水情况,应分层布置观测孔;

(3) 当降水区靠近地表水体或水位漏水点时,为查明其渗漏对降水的影响,应增加少量观测孔;

(4) 为查明降水区内最不利(即受抽水影响最小点)的水位情况,应有选择地布置观测孔;

(5) 当降水区位于已有建筑物附近,为查明降水对已有建筑物的影响,应增设观测孔。

第二节　轻　型　井　点

一、轻型井点的施工工艺过程

(一) 成井工艺与方法

1．成孔：钻孔深度应比滤管底深 0.5m，以利沉砂。常用的成孔方法有：

(1) 水冲法：利用高压水力冲击土层形成井孔。一种是井点管下端带有水冲成孔管靴（冲孔器），当冲孔深度达到预定孔深时，停止继续下入井管，保持注水，至返水变清时为止。另一种是利用管装冲孔器，直径大于 200m，冲孔至预定深度，提出冲孔器。在砂层中冲孔时，管靴宜用尖锥形；在黏性土层中冲孔时，管靴宜用锯齿状。冲水压力视土层岩性而定，在易塌孔的地层中，压力不宜过大，一般能靠自重下沉即可，常用 400～500kPa。在需要扩孔地段（多为黏性土），压力可提高为 600～700kPa。

水冲法用水多为清水。当塌孔严重时，也可用泥浆做冲孔液，但泥浆液黏度应小于 17″，配制泥浆的黏土应选择优质膨润土。

(2) 钻孔法：利用钻机的冲击，回转钻进方法形成井孔。

(3) 夯击法：一种是利用冲击或振动冲击将带有管靴的套管打入土层预定深度，拔出套管形成井孔。另一种是直接在井点管下端安装锥形管靴（管靴外径大于过滤器外径 10mm 以上）将井点管打入预定深度。

2．成井：常按下列步骤进行：

(1) 下井管：在成孔结束前，应按设计要求配制好井管（沉淀管＋过滤管＋井管）。当井管较长时，也可分段编号，按顺序排列，逐根下入。连接要可靠，确保过滤器的包扎质量并避免碰撞磨损，以免井点漏砂而报废。

当成孔采用泥浆护壁时，应用清水置换稀释。

(2) 填砾料封孔口：井管下入后，立即向井管周围回填已准备好的砾料，多采用静水孔口手工回填，此法简单，多用于浅井，但应注意掌握回填速度，避免中部架空。必要时也可边填砾边向井管中注水的方法，达到填砾均匀，扩大井点出水量。

当填砾至孔口下 1m 左右时，应改换黏土，逐层填入捣实。

(3) 洗井试抽：由于井管直径较小，洗井方法常用注入清水—抽水—再注入清水—再抽水的反复工序，直到水清砂净为止。洗井结束后应进行试验抽水，以确定单井点的出水量。

(二) 地面抽水系统安装

地面抽水系统是将井点通过弯联管，给水总管与抽水设备相连接，组成统一的抽水系统。安装过程中应注意密封各连接点，逐点检查是否密封或统一安装完毕后，关闭每个弯联管上的阀门，用 120～150kPa 的压力检查各部是否漏水漏气，以确保抽水正常运行。为保证降深，须在进水箱竖管上端设置集气缸，并配置真空泵。

二、轻型井点施工的质量控制

1．轻型井点施工前的准备工作

(1) 井点的平面布置：一般沿基坑外缘 0.5～1.0m 布置，井点间距 1.0～2.5m，呈封闭状。当降水基坑呈窄条形时，基坑两端要求井点外延，外延长度为槽宽的 1～2 倍。每级轻型井点降深限于 4.5m，当开挖深度超过 12～15m 时，则仍须复核边坡的稳定性，并考虑到在被降水区域以下土层的渗透压力。

(2) 井点管采用直径 38～55mm 的钢管，长 6～9m，管下端配有长 1.5～2.0m 过滤器，管壁钻直径 10～18m 的孔眼，呈梅花状分布，孔隙率为 25% 左右。管壁外包两层过滤网，内层为细滤网，采用网眼 30～60 孔/cm^2 的尼龙网或铜丝网；外层为粗滤网，采用网眼 3～10 孔/cm^2 的铁丝网或尼龙网，或包 1～2 层棕皮，用铅丝分层扎紧。连接软管为螺纹胶管或塑料管，内径38～55mm，长1.2～2.0m，连接井点管与集水总管。集水总管为直径75～100mm的钢管，每根长4m左右，互相用法兰连接，在管壁每隔1～2m设一个连接井点管的接头，并与抽水泵连接。

(3) 井点管过滤器的设计与加工，以及滤料级配，参照供水井要求，成孔之前验收合格，方能使用。

2. 过程质量

(1) 轻型井点的钻孔直径不小于300mm。

(2) 在松软或松散易缩孔、塌孔的土层中钻探施工时，应要求施工方采用清水水压钻进。

(3) 应用清水水压钻进，监理员巡视过程中应注意要求送水泵压不得低于2MPa，流量不小于$20m^3/h$。

(4) 钻孔完毕后，应立即测量深度，钻孔深度应比设计井点管埋设深度大0.5～1.0m，以保证井点管下至预定深度。

(5) 在井点管周围投滤料时，应要求施工人员采用边向孔内送水边投滤料的方法，以保证填入的滤料空隙不被泥砂堵塞，有利于上层地下水通过井点孔向下部疏导。同时滤料投入量应不少于计算值的95%。

(6) 到设计预定孔深后，应加大泵量冲洗，将孔内土块及泥浆冲洗出孔口，使孔内水体的含泥量不大于5%，此时监理员应到场检查。

(7) 井点施工结束，施工人员应立即组织洗井，洗井应自上而下进行，洗至水清基本不出砂、出水正常，井点底部不存砂为止，监理员到场检查。

(8) 当每组井点施工结束，应督促施工方立即在集水管的中部位置着手组装水泵。组装时泵组应尽量降低高程，泵组吸水口与集水管、井点连接管的高程尽可能一致。

(9) 巡视中随机检查降水系统各部件，要求连接严密，不得漏气、漏水、漏电，同时还应注意检查水泵正反转，防止反转。

(10) 在试抽过程中，应要求施工人员定时观测抽水流量、工作压力、真空度以及观测孔的水位等，并做好记录，核检抽水量与设计计算值是否相符，试抽阶段的出水量应大于设计计算值，监理员可随时抽检，根据水位下降的趋势，分析其降水效果。如发现与设计有较大出入，应及时通知施工单位调整降水设计方案。

(11) 监理人员与施工单位有关人员在降水之前观测一次自然水位，在抽水开始的5～10d内，要求施工人员每天早晚各观测一次水位、流量；以后改为每天观测一次，并做好记录，监理人员可随时校对。进入雨期或出现新的补给源时，双方都应增加观测次数。

(12) 对于轻型井点降水，在观测水位、流量的同时，对水泵的工作压力，真空度、电压、电流进行观测与记录，分析运行是否正常，发现问题或异常及时要求施工单位处理，使工作水压力、真空度与降水深度、抽水量保持正常关系。

(13) 要求降水单位保证抽水设备的正常运行，降水期间不得停泵。

(14) 巡视检查时监理员应注意将抽出的水排至降水区以外，不应产生回渗，如有问题立即通知施工单位进行纠正。遇有大雨或暴雨，应督促施工单位及时排除地面和基坑积水，以减少下渗，保证降水。

以上各点中，监理员重点控制(2)、(3)、(4)、(10)、(11)、(14)。

3．施工过程中易出现的问题

(1) 钻探成井常见问题与处理

监理员在巡视中可参考以下的常见问题及其原因，并与施工人员分析采取什么相应措施，常见问题及原因分析见表8-2。

钻探成井常见问题与处理 表8-2

现　　象	原　　因	参考处理措施
回转遇阻	局部塌孔	立即上下活动钻具，保持冲洗液循环
提钻受阻	缩径掉块	转动钻具，送入冲洗液，严禁猛拉硬提
钻具卡在套管底端	套管与钻具不同心	转动钻具，使钻具进入套管
回转受阻，提不起来	孔壁坍塌，钻具被埋	保持冲洗液循环，上下活动钻具，边回转边上升；振动上拔；千斤顶顶升，保护孔壁，用反丝工具将钻杆逐根拔出
井管内淤粉细砂	滤料颗粒粗，滤网孔隙大	捞砂；继续洗井，减缓洗井强度
井管内淤塞含水层中较粗颗砂	滤网破裂，反滤部分设计不合理	局部修补；重新成井
长时间出水混浊	滤网、滤料设计不合理，止水不好	延长洗井时间，洗井强度应由小逐渐增大，减少停开次数
井点出水量小	泥浆堵塞；滤网密度大；抽水机械安装不合理	加大洗井强度，改变洗井方法，调整抽水机械的安装
井点出水量逐渐减少或不出水	过滤器被堵；水位下降；水源不足	重新洗井；调整抽水机械的安装

(2) 基坑降水常见问题与处理

基坑降水常见问题与处理见表8-3。

基坑降水常见问题与处理 表8-3

现　　象	原因分析	参考处理措施
基坑内水位下降至一定深度后不再下降	降水井点少 抽水设备类型不当 有新的水源补给	增加降水井点 调整或更换抽水设备
基坑内水位下降缓慢	井点较少 井点布置不合理	增加井点 延长抽水时间 增加坑内明排
基坑内水位持续下降，并超过设计降深	井点过多 水源不足	间断关停井点
基坑内水位下降不均匀	含水层渗透性差别 井点出水能力差别 井点布设不合理	调整井点布设 调整、更换抽水设备
基坑内出现流砂	基坑开挖速度超过水位下降速度	放慢开挖进度 增大降水能力
基坑外侧地表变形大	水位下降过快过大	在降水井点外侧布设回灌水系统

4．降水施工质量控制关键点

(1) 监理员测完孔深并达到要求后，施工人员应立即下入井点管，井点管应居孔中心，严禁将井点管强行压入孔中。

(2) 滤料填至地面以下1.0～1.5m时，监理员到场，施工人员改用黏土填至地面，并压实封闭孔口，以防地面水的渗入，实现真空降水。

(3) 井点施工结束，施工人员应立即组织洗井，洗井应自上而下进行，洗至水清基本不出砂、出水正常，井点底部不存砂为止，监理员应到场检查。

三、井点施工的监理验收

轻型井点施工的质量检验标准见表8-4。

井点施工检验标准 **表8-4**

序号	检查项目	允许值或允许偏差		检查方法
		单位	数值	
1	井管(点)垂直度	%	1	插管时目测
2	井管(点)间距(与设计相比)	%	≤150	用钢尺量
3	井管(点)插入深度(与设计相比)	mm	≤200	水准仪
4	过滤砂粒料填灌(与计算值相比)	mm	≤5	检查回填料用量
5	井点真空度	kPa	>60	真空度表
6	电渗井点阴阳极距离	mm	80～100	用钢尺量

第三节 管井井点

一、管井井点的施工工艺过程

(一) 成井工艺与方法

1. 成孔：利用各类钻机钻探成孔。常用钻探成孔方法见表8-5。

管井钻探成孔方法选择 **表8-5**

钻进方法	施工条件
硬质合金钻进	常规口径Ⅵ级以内岩层，大口径Ⅳ级以内岩石一次成井，黏性土、砂土、砾石层一次成井或多级扩孔
钢粒钻进	常规口径Ⅶ级—Ⅸ级基岩，大口径Ⅴ—Ⅵ级基岩，大漂石、卵石一次成井
牙轮钻进	大口径Ⅵ级以内基岩、砾卵石、漂石一次成井
冲击钻进	多为浅孔，砂土、砾石，用各种肋骨钻头，抽砂筒钻进，大卵石，漂石用冲击钻头钻进，配合抽砂筒抽渣
反循环钻进	土层、砂、砾、破碎基岩，一次成井

上述钻探方法中又可根据钻进时使用冲洗液护壁情况分为：

1) 跟管钻进：利用套管自重或加压下入孔内，边钻进边下入套管，保护孔壁不坍塌。钻进时使用清水作冲洗液，减少了孔壁被堵塞的机会，成孔质量好，并有利于提高成孔质量。但操作复杂，效率较高，成本高。

2) 泥浆护壁钻进：钻进时使用具有一定标准的泥浆冲洗液，用以保护孔壁，这种方法成孔效率高,操作简单,成本低,但易堵塞孔壁孔隙,处理不当易造成成井失败。

泥浆配制的原料为:黏土、水、处理剂。黏土为膨润土。多以小于0.002mm的胶粒和少部分的0.002~0.005mm的颗粒为主。

泥浆用水可就地取用,一般水均适用。当出现硬水时,宜加碳酸钠进行软化。如为咸水则应加抗盐钙的泥浆处理剂。

(2) 成井:包括下井管和回填砾料

1) 下井管:按下列步骤进行:

(A) 配制井管:按照设计的单井结构图要求,根据钻探成孔过程中的实际地层情况。首先确定过滤器的长度和位置,然后向下配制沉淀管,向上配制井管。其总长宜高于地面0.5m左右,配制好的井管应按从下至上的顺序逐根编号按序排列。

(B) 包扎滤网缠丝:除特殊过滤器外,一般均应在滤管外包扎滤网或缠丝。

(C) 探孔深:一切准备就绪后,进行探测孔深,当与井管长度不符时,一般应重新成孔。

(D) 下井管:一般采用钻机、卷扬机提吊下管法,逐根按顺序下入连接。当井管刚度较差,也可采用托盘下管法。下管时应注意轻提慢放,仔细检查滤网包扎质量,并使井管居中。当上部孔壁缩径或孔底淤塞,应向孔内注水,缓慢放入,禁止上下提拉和强行冲击。

2) 填砾料与封孔口:填砾的方法见表8-6,填砾前应将符合规格的砾料运至孔口。砾料的数量可按下式计算:

$$V=0.785(D^2-d^2)Lk$$

式中 V——管井填砾数量,m^2;

D——孔径,m;

d——井管外径,m;

L——填砾孔段长度,m;

k——超径系数,取1.2~1.5。

填砾方法选择 **表8-6**

方法	操作程序	特点	适用范围
整体下入	把砾料与滤水管安装在一起,同时下入孔中	重量大,制作复杂,单质量较好	采用贴砾,匡状,笼状过滤器时采用
静水填砾	填砾前彻底换浆稀释:停泵、孔口填入	简单,通过孔口返水判断填砾情况	井壁完整,地层稳定
动水填砾	边冲边填向井管内注水,使清水从管外上返,砾料从孔口填入	砾料清洁,均匀	井壁不稳,井深较大,砾料不易投入
边抽边填	用空压机从井管内抽水,砾料从井管外填入	增大出水量,滤层质量好,操作复杂,易塌孔	适于较完整的稳定含水层

当砾料填至预定深度时,上部宜进行黏土回填至孔口。当孔深范围内抽水含水层与其他非抽水含水层有水力联系时,应进行分层止水。

(3) 洗井与试抽:

洗井是成井工艺中重要的一道工序。一口井能否发挥作用,取决于洗井的质量。其主要任务是清除停留在孔内和渗入含水层中的泥浆与孔壁的泥浆。疏通含水层,并在井周围形成良好反滤层。洗井工作应在填砾后立即进行,以防井壁泥质硬化,造成洗井困难。常用的洗井方法见表8-7。

洗井方法选择　表8-7

洗井方法	适用条件	特点
活塞洗井	适用于井管强度高的金属井管及中砂含水层	迅速、有效、简便,与其他方法配合效果更好,成本低
空压机洗井	适宜于各种深度不同涌水量的钻孔,不受井管弯曲限制	洗井能力强,能清除孔底沉淀物,安装方便,但功率较低
封闭反压洗井	适宜于泥浆钻进,井管坚固,可进行分段止水	洗井时间短,效果好,设备简单,操作方便,成本低
水泵洗井	适宜于不同深度的基岩,松散层井孔,堵塞不严重	设备简单,成本低
冲孔器洗井	适宜于松散层,不填砾料小口径井管,非金属管	设备简单,操作方便,效果较好,成本低
抽水洗井	适宜于清水钻进成孔的基岩,松散层降深较小	设备简单,易操作,效果较好,成本低
泵压反洗井	适宜于不同深度管井,泥浆钻进成井	设备简单,方便,成本低
射流洗井	适宜于基岩及第四系井孔,不同深度,可进行分段洗井,采用泥浆钻进成井等	洗井时间短,分段洗井针对性强,洗井质量好,但操作要求严格
抽筒洗井	适宜于浅井,可清除孔底沉渣	简单,单洗井时间长,效果较差
多磷酸盐洗井	适宜于泥浆钻进含水层井壁不稳固的管井,滤水管外有砾料结构的井孔	对泥浆具有分散作用,对井壁泥皮溶蚀,剥离能力强,但对含水层孔隙疏导能力差
液态二氧化碳洗井	适宜于井壁稳定的各种管井,不同深度的新井,旧井或废井处理修复	产生直接水击,洗井效能高,节省时间、能源,设备简单,投资少
干冰洗井	适宜于各种类型井壁稳固的井孔	节省时间,操作方便,成本低

洗井方法常根据实际情况,选择二种以上方法配合使用,以取得更好的效果。

试抽是在洗井达到要求后,进行单井试验性抽水。以确定单井出水量和降深。

(二) 地面抽水系统安装

管井抽水系统安装简便,先在管井外侧修筑排水沟渠或排水总管。排水沟(管)规格由基坑总出水量决定,南方多雨地区还应注意地面降水的汇入水量。管井多以单井单泵抽水,只要将管井中的出水管(或水泵扬水管)通过弯联管接入排水沟(管)即可。当降深较小,单井出水量不大时,也可利用虹吸管将多个管井并联。

当各个井点安装完毕后,应进行整体试抽水,以检查水、电管网系统是否达到要求。

管井抽水有时也采用空气压缩机抽水。其工作效率低(一般仅15%~25%)。但其不受水位高低限制,不受井孔弯曲影响,可抽出含泥砂的水,用于洗井尤为有效,有时也可用来成孔成井,故也常使用。

二、管井井点施工质量控制

1. 管井井点施工前的准备工作检查

(1) 井点位置按照降水井点布设方案布设。一般沿基坑外缘 1～1.5m 布置，井点间距 10～2.0m，呈封闭状。当降水基坑呈窄条形时，基坑两端要求井点外延，外延长度为槽宽的 1～2 倍。

(2) 滤水管一般采用直径大于 200mm 的钢管、铸铁管、水泥管、塑料管或竹木管制成。同时管井过滤器长度宜与含水层厚度一致。管井井管直径应根据含水层的富水性及水泵性能选取，且井管外径不宜小于 200mm，井管内径宜大于水泵外径 50mm。沉砂管长度不宜小于 3m。钢制、铸铁和钢筋骨架过滤器的孔隙率分别不宜小于 30%、23% 和 50%。

(3) 井管外滤料宜选用磨圆度较好的硬质岩石，不应采用棱角状石渣料、风化料或其他粘质岩石。滤料规格宜满足下列要求：

1) 对于砂土含水层

$$D_{50}=(6\sim8)d_{50}$$

式中 D_{50}、d_{50}——填料和含水层颗粒分布累积曲线上重量为 50% 所对应的颗粒粒径。

2) 对于 $d_{20}<2mm$ 的碎石类土含水层

$$D_{50}=(6\sim8)d_{20}$$

3) 对于 $d_{20}\geqslant 2mm$ 的碎石类土含水层，可充填粒径为 10～20mm 的滤料。

4) 滤料应保证不均匀系数小于 2。

(4) 要求选择水泵的出水量与扬程应大于设计值的 20%～30%。

2. 过程质量

(1) 管井井点的钻孔直径不小于 500mm。

(2) 管井成孔时监理员宜建议施工单位用干孔或清水水压钻进，若用泥浆管井，井管下沉后施工人员必须充分洗井，保持滤网的畅通。

(3) 应用清水水压钻进，监理员要求施工单位的送水泵压不得低于 2MPa，流量不小于 $20m^3/h$。

(4) 钻孔完毕后，应立即测量深度，钻孔深度应比设计井点管埋设深度大 0.5～1.0m，以保证井点管下至预定深度。

(5) 到设计预定孔深后，应加大泵量冲洗，将孔内土块及泥浆冲洗出孔口，使孔内水体的含泥量不大于 5%，此时监理员应到场检查。监理员须把握洗井的具体要求，其具体要求是：洗井前后两次抽水涌水量相差小于 15%；洗井后，井内沉渣不上升或基本不上升。

(6) 在井点管周围投滤料，应要求施工人员采用边向孔内送水边投滤料的方法，以保证填入的滤料空隙不被泥砂堵塞，有利于上层地下水通过井点孔向下部疏导。滤料投入量应不少于计算值的 95%。

(7) 井点施工结束，施工人员应立即组织洗井，洗井应自上而下进行，洗至水清基本不出砂、出水正常，井点底部不存砂为止，监理员应到场检查。

(8) 当每组井点施工结束，应督促施工方立即在集水管的中部位置着手组装水泵，组装时泵组应尽量降低高程，泵组吸水口与集水管、井点连接管的高程尽可能一致，泵组应尽可能设置在集水管的中部。

(9) 巡视中随机检查降水系统各部件，要求连接严密，不得漏气、漏水、漏电，同时还应注意检查水泵正反转,防止反转。

(10) 在试抽过程中,应要求施工人员定时观测抽水流量、工作压力、真空度以及观测孔的水位等,并做好记录,核检抽水量与设计计算值是否相符,试抽阶段的出水量应大于设计计算值,监理员可随时抽检,根据水位下降的趋势,分析其降水效果。如发现与设计有较大出入,应及时要求施工单位调整降水设计方案。

(11) 监理人员与施工单位有关人员在降水之前观测一次自然水位,在抽水开始的5~10d内,要求施工人员每天早晚各观测一次水位、流量;以后改为每天观测一次,并做好记录,监理人员可随时校对。进入雨季或出现新的补给源时,双方都应增加观测次数。

(12) 要求降水单位保证抽水设备的正常运行,降水期间不得停泵。

(13) 注意抽出的水应排至降水区以外,不应产生回渗。遇有大雨或暴雨,应督促施工单位及时排除地面和基坑积水,以减少下渗,保证降水。

(14) 用空压机抽水时应注意:

1) 在井孔内观测动静水位需另下测水管。下入深度应低于混合器以下3~5m。

2) 风管、出水管、测水管直径应与井管直径、井孔涌水量、空压机容量等相适应。

3) 出水管上端应安装水气分离器。

4) 风管、水管连接应严防漏风、漏水。

以上各点中,监理员重点控制(2)、(3)、(5)、(10)、(11)。

3. 管井井点施工中的常见问题

与轻型井点同,见表8-2中的1、2。

4. 管井井点施工质量控制关键点

(1) 监理员测完孔深并达到要求后,施工人员应立即下入井点管,井点管应居孔中心,严禁将井点管强行压入孔中。

(2) 滤料填至地面以下1.0~1.5m时,监理员应到场,施工人员改用黏土填至地面,并压实封闭孔口,以防地面水的渗入,实现真空降水。

三、井点降水施工的监理验收

管井井点施工的质量检验标准见表8-8。

管井井点施工质量检验标准 **表8-8**

序	检查项目	允许值或允许偏差		检查方法
		单位	数值	
1	井管(点)垂直度	%	1	插管时目测
2	井管(点)间距(与设计相比)	%	≤150	用钢尺量
3	井管(点)插入深度(与设计相比)	mm	≤200	水准仪
4	过滤砂粒料填灌(与计算值相比)	mm	≤5	检查回填料用量

第四节 喷射井点

一、喷射井点的施工工艺过程

(一) 成井工艺与方法

1. 成孔:常用的方法有振冲、沉管、钻孔及水冲套管等方法。水冲套管法是利用高压水冲击土层,套管在自重作用下沉入土层,直至预定深度。水压一般在0.5MPa,当土层为黏性土时,压力可适当增大。达到预定孔深后,向孔内继续注入清水,置换稀释孔内泥浆液。

2. 成井:单管常按下列步骤进行:

(1) 下井管:将配制好的井管(沉淀管+带喷射器的过滤管+井管),从下至上按顺序下入套管中。下管时应仔细检查滤管包扎质量和喷射器,确保每根内外管的连接密封可靠。并使井管居中。

(2) 填砾与封孔口:砾料的规格和数量应符合设计要求,填砾应做好记录。对于水冲套管法施工的井点,应特别注意提管速度与填砾速度相适应。采用先提后填或边提边填。防止提管速度过快,造成孔壁坍塌。防止填砾过快,造成井管与套管之间间隙充填砾料产生摩擦而同时被提起。

砾料填至距孔口1m左右时,改换黏土填入,边填边捣实,直至孔口。

(3) 洗井与试抽:洗井方法同轻型井点。洗井结束后,应进行单井点的试验抽水,采用单井单泵向井管压入高压水流,检查成井质量和单井出水量。

(二) 地面抽水系统安装

喷射井点地面抽水系统包括井点管、工作水管,排水总管及抽水设备等。一般安装顺序为:

1. 安装抽水设施(水泵、空压机、水箱等)。

2. 工作水管、排水总管。

3. 检查安装质量。工作水管试验压力1MPa,排水总管试验压力0.15MPa。保证系统无漏水(气)现象。

4. 联接井点管。

5. 试抽、调整。

二、喷射井点施工质量控制

1. 喷射井点施工前的准备工作检查

(1) 井点位置按照降水井点布设方案布设。喷射井点的布设与轻型井点布设的要求基本相同,由于喷射井点的抽水能力大于轻型井点,井点间距通常比轻型井点间距大一倍左右。

(2) 井点的外管直径宜为73～108mm,内管直径为50～73mm,过滤器直径为89～127mm,过滤器的结构与真空井点相同。喷射器混合室直径可取14mm,喷嘴直径可取6.5mm,工作水箱不应小于10m^3。

(3) 工作水泵可采用多级泵,水压宜大于0.75MPa。

(4) 井点管过滤器的设计与加工,以及滤料级配,参照供水井要求,成孔之前验收合格,方能使用。

(5) 选择成孔方法时应把握以下原则:1)满足设计孔深、孔径;2)不至于降低孔壁透水能力;3)现场施工移动便捷;4)高效经济。

2. 过程质量

(1) 喷射井点的钻孔直径不小于300mm,不大于600mm。

(2) 如在钻探施工时发现土层松软或松散易缩孔、塌孔，监理员应立即督促施工方采用清水水压钻进。

(3) 一旦采用了清水水压钻进时，要求施工人员控制送水泵压不得低于 2MPa，流量不小于 $20m^3/h$。

(4) 钻孔完毕后，应立即测量深度，钻孔深度应比设计井点管埋设深度大 1.0m 以上，以保证井点管下至预定深度。

(5) 到设计预定孔深后，应加大泵量冲洗，将孔内土块及泥浆冲洗出孔口，使孔内水体的含泥量不大于 5%，此时监理员到场检查。

(6) 在井点管周围投滤料，应要求施工人员采用边向孔内送水边投滤料的方法，以保证填入的滤料空隙不被泥砂堵塞，有利于土层地下水通过井点孔向下部疏导。滤料投入量应不少于计算值的 95%。

(7) 井点施工结束，施工人员应立即组织洗井，洗井应自上而下进行，洗至水清基本不出砂、出水正常，井点底部不存砂为止，监理员到场检查。

(8) 当每组井点施工结束，应督促施工方立即在集水管的中部位置着手组装水泵，泵组应尽量降低高程，组装时泵组吸水口与集水管、井点连接管的高程尽可能一致，泵组应尽可能设置在集水管的中部。

(9) 巡视中随机检查降水系统各部件，要求连接严密，不得漏气、漏水、漏电，同时还应注意检查水泵正反转，防止反转。

(10) 抽水系统安装完毕，监理员应到场，施工方及时组织试抽，全面检查管路连接质量，泵组的工作水压力、真空度、电压及运转状况，井点的出水状况等，如发现不正常状况应督促施工单位及时排除。

(11) 在试抽过程中，应要求施工人员定时观测抽水流量、工作压力、真空度以及观测孔的水位等，并做好记录，核检抽水量与设计计算值是否相符，试抽阶段的出水量应大于设计计算值，监理员可随时抽检，根据水位下降的趋势，分析其降水效果，如发现与设计有较大出入，应及时要求施工单位调整降水设计方案。另外，在试抽时，如果出水混浊，含泥砂量高，监理员可建议不应排入循环水箱，以减轻喷射器的磨损。

(12) 监理人员与施工单位有关人员在降水之前观测一次自然水位，在抽水开始的 5～10d 内，要求每天早晚各观测一次水位、流量；以后改为每天观测一次，并做好记录，以便监理人员随时核对。进入雨季或出现新的补给源时，双方均应增加观测次数。

(13) 要求降水单位保证抽水设备的正常运行，降水期间不得停泵。

(14) 巡视检查时监理员应注意将抽出的水排至降水区以外，不应产生回渗，如有问题立即通知施工单位进行纠正。遇有大雨或暴雨，应督促施工单位及时排除地面和基坑积水，以减少下渗，保证降水。

以上各点中，监理员重点控制(2)、(3)、(12)、(13)、(14)。

3. 施工过程中的常见问题

因为喷射井点比较复杂，所以降水工程中除了与轻型井点出现的通病相同外，还有一些特有的问题出现，见表 8-9。

4. 喷射井点质量控制点

(1) 监理员测完孔深并达到要求后，施工人员应立即下入井点管，井点管应居孔中心，严禁将井点管强行压入孔中。

喷射井点的常见问题　　表 8-9

<table>
<tr><th>现　象</th><th>原　因</th><th>检 查 方 法</th><th>处 理 措 施</th></tr>
<tr><td rowspan="2">真空管内无真空</td><td>井点芯管被泥砂镇住</td><td rowspan="6">(1) 真空度表；
(2) 听：有上水声是好井点，无声则反之；
(3) 摸：冬天井点热是好井点，凉为坏井点，夏天则反之；
(4) 看：夏天湿、冬天干的井点为上水井点，同时观察管路漏水、水箱水位变化</td><td rowspan="6">(1) 反冲法：遇有喷嘴堵塞、芯管、过滤器淤积，可通过内管反冲水疏通但水冲时间不宜过长；
(2) 提起内管，上下左右转动，观测真空度变化，真空度恢复时为正常；
(3) 反浆法：关住回水阀门，工作水通过滤管冲土，破坏原有滤层，停冲后，悬浮的滤砂层重新沉淀，如反复多次无效，应停止井点工作；
(4) 更换喷嘴：将内管拔出，重新组装</td></tr>
<tr><td>异物堵住喷嘴</td></tr>
<tr><td rowspan="2">真空管内无真空，但井点抽水畅通</td><td>真空管本身堵塞</td></tr>
<tr><td>地下水位高于喷射器</td></tr>
<tr><td>真空管出现正压(即工作水流出)</td><td rowspan="2">工作水倒灌</td></tr>
<tr><td>井管周围翻砂</td></tr>
</table>

(2) 滤料填至地面以下 1.0～1.5m 时，监理员到场，施工人员应改用粘土填至地面，并压实封闭孔口，以防地面水的渗入，实现真空降水。

三、喷射井点施工的监理验收

喷射井点施工的质量检验标准见表 8-10。

喷射井点施工质量检验标准　　表 8-10

序	检 查 项 目	允许值或允许偏差		检 查 方 法
		单　位	数　值	
1	井管(点)垂直度	%	1	插管时目测
2	井管(点)间距(与设计相比)	%	≤150	用钢尺量
3	井管(点)插入深度(与设计相比)	mm	≤200	水准仪
4	过滤砂粒料填灌(与计算值相比)	mm	≤5	检查回填料用量
5	井点真空度	kPa	>93	真空度表
6	电渗井点阴阳极距离	mm	120～150	用钢尺量

第五节　电　渗　井　点

一、电渗井点的施工工艺过程

(一) 阴极

即井点管的埋设，可用轻型井点成孔的方法。当阴极数量少于阳极时，也可采用较大口径的管井。

(二) 阳极

垂直埋设，一般用锤击法将钢筋或钢管埋设于预定深度。

二、电渗井点的监理巡视检查

与轻型井点相同的不再赘述，仅提出与电渗井点有关的要求。

1. 电渗井点施工前的准备工作检查

(1) 作为阳极的钢筋选用直径 50～75mm 的钢管或直径 20～32mm 的钢筋。

(2) 阴极与阳极的间距：用轻型井点时为 0.8～1.2m，喷射井点时为 1.2～2.0m。

(3) 直流电源采用直流电焊机或硅整流电机，工作电压不大于 60V，在土中通电的电流密度为 0.5～1.0A/m^2。

(4) 通电前两极间地面应处理干燥，以避免电流从土面通过。

(5) 作为阳极的钢筋或钢管在打入土中前，在不需要通电的部位(如与砂层及地下水位以下土层对应的部位)涂一层沥青，以减少耗电。

2. 过程质量

(1) 监理员巡视过程中注意检查阳极是否埋设在井点管排的内侧，是否与井点管保持平行，是否不得相碰。

(2) 检查作为阳极的钢筋或钢管的入土深度，其深度应比井点管深 0.5～1.0m，以保证水位能降到所要求的深度。

(3) 通电过程中，由于类似电解作用，在阳极附近常有气体积聚，使电阻增大，耗电量大，因此通电 24h 后，监理人员可建议施工单位停电 2～5h，间歇后再通电。

3. 电渗井点施工中常见的问题

电渗井点施工中的常见问题及措施见表 8-11。

电渗井点的常见问题 表 8-11

现象	原因	参考处理措施
无法实现降水	钢筋或钢管埋设在井点管排外侧	将阳极重新布置在井点管排内侧
	降水电源使用的是交流电源	换用直流电源
降水不明显	通电时间过长，电阻过大	在阳极设置观测点，定时观测水位变化，适当调整供电时间及供电电极数量

三、电渗井点施工的监理验收

电渗井点施工的质量检验标准见表 8-12。

电渗井点施工质量检验标准 表 8-12

序	检查项目	允许值或允许偏差		检查方法
		单位	数值	
1	井管(点)垂直度	%	1	插管时目测
2	井管(点)间距(与设计相比)	%	≤150	用钢尺量
3	井管(点)插入深度(与设计相比)	mm	≤200	水准仪
4	过滤砂粒料填灌(与计算值相比)	mm	≤5	检查回填料用量
5	井点真空度：轻型井点 喷射井点	kPa kPa	>60 >93	真空度表 真空度表
6	电渗井点阴阳极距离：轻型井点 喷射井点	mm mm	80～100 120～150	用钢尺量 用钢尺量

第六节　排　　水

一、排水施工工艺过程

在基坑轮廓线以外，开挖排水沟，并设集水井。集水井多设置于基坑拐角。除承担排水沟汇水外，还起到降低周围地下水位的作用。因此，其井壁在保持稳定的情况下，应具有透水滤砂作用，故井壁外侧填以砾料。当基坑开挖至预定深度后，再对排水沟和集水井进行修整完善，在沟底添筑砾料，沟壁不稳时还须进行支护，可利用砖石干砌或用透水砂袋。当排水时间较长时，可沿排水沟铺以水平集水管(即过滤器管)，按管井有关规定埋于排水沟中，并与集水井相连，以便利工地施工管理。集水管材料多为透水混凝土管、钢管和 PVC 塑料管等。

二、排水施工的监理巡视检查

(一) 排水施工前的准备工作检查

1. 当土中水的渗出量较大、施工场地较宽时，在坑外距坑边 3～6m 外挖大型排水沟。沟底要比基坑底面低 0.5～1.0m。

2. 当基坑深度较大时，可在基坑边坡上分层设置排水沟，以防止上层水流对边坡面的冲刷造成塌方。

(二) 过程质量

1. 监理员控制排水沟的位置，应在基础轮廓线以外，不小于 0.3m 处(沟边缘离坡脚)的位置。

2. 集水井深一般低于排水沟 1m 左右，监理人员与施工单位有关人员根据排水沟的来水量和水泵的排水量共同决定其容量大小。应保证泵停抽后 10～15min 内基坑坑底不被地下水淹没。

3. 集水井底应铺上一层粗砂，监理员控制其厚度为 10～15cm，或分为两层：上层为砾石层 10cm 厚，下层为粗砂层 10cm 厚。

4. 监理人员可建议施工单位在集水井四面用木板桩围起，板桩深入挖掘底部 0.5～0.75m。

5. 当发现集水井井壁容易坍塌时，监理员应要求施工人员用挡土板或用砖干砌围护，井底铺 30cm 厚的碎石、卵石作反滤层。

(三) 排水施工中常见的问题

抽出的水未能输送到远离基坑的地方，产生回渗。因此抽出的水必须用橡皮管或水槽输送到远离基坑的地方，而且集水井必须在基坑施工完毕开始填土石方可停止。

三、排水施工的监理验收

排水施工的质量检验标准见表 8-13。

排水施工质量检验标准　　　　**表 8-13**

检查项目	允许值或允许偏差		检查方法
	单位	数值	
排水沟坡度	‰	1～2	目测：坑内不积水，沟内排水畅通

参　考　文　献

1．上海市建设和管理委员会主编．建筑地基基础工程施工质量验收规范（中华人民共和国国家标准 GB 50202—2002）．北京：中国计划出版社，2002

2．中国建筑工业出版社、建设部执业资格注册中心编．注册岩土工程师必备规范规程汇编．北京：中国建筑工业出版社，1999

3．林宗元主编．岩土工程治理手册．沈阳：辽宁科学技术出版社，1993

4．沈杰主编．地基基础设计手册．上海：上海科学技术出版社，1988

5．龚晓南主编．深基坑工程设计施工手册．北京：中国建筑工业出版社，2001

6．黄强编著．建筑基坑支护技术过程应用手册．北京：中国建筑工业出版社，1999

7．毛洪渊、于文著编著．地基与基础施工．北京：中国铁道出版社，2002

8．林宗元主编．岩土工程监理手册．沈阳：辽宁科学技术出版社，1993

9．刘建航、侯学渊主编．基坑工程手册．北京：中国建筑工业出版社，1999

10．于志成、施文华编著．深基坑支护设计与施工．北京：中国建筑工业出版社，2000

11．曾宪明、黄久松、王作民等编著．土钉支护设计与施工手册．北京：中国建筑工业出版社，2000

12．林天建、熊厚金、王利群编著．桩基础设计指南．北京：中国建筑工业出版社，1999

13．袁聚云、李境培、楼晓明等编著．基坑工程设计原理．上海：同济大学出版社，2001

14．崔江余、梁仁旺编著．建筑基坑支护设计计算与施工．北京：中国建材工业出版社，1999

15．罗国煜、陈新民、李晓昭、阎长虹编著．城市环境岩土工程．南京：南京大学出版社，2000